中国核能年鉴

2024年卷

中国核能行业协会 编

CHINA
NUCLEAR
ENERGY
YEARBOOK

中国原子能出版社

编辑说明

《中国核能年鉴》是由中国核能行业协会组织编纂的综合性资料年刊，于 2009 年创刊。创办此刊旨在如实记载我国核能行业各个领域改革发展的历程和情况，力求全面、系统、详实、准确、权威。《中国核能年鉴》的出版发行，可以为政府有关部门和各级领导科学决策提供支持，为广大会员单位提供丰富的行业信息资源，也为国内外各界人士了解、认识我国核能行业开启一扇窗口。

协会高度重视核能年鉴编纂工作，加大投入，持续巩固和提升《中国核能年鉴》出版物品质，着力打造核能年鉴文化品牌，彰显核能年鉴时代特色、年度特点，展现核能行业优秀文化内涵，使之成为以面向行业信息共享及文化宣传为重点方向的协会窗口之一。

《中国核能年鉴》2024 年卷采用分类编辑法，主体内容分为栏目、分目、条目 3 个层次，少数条目下设子目。全书除了“编辑说明”“《中国核能年鉴》编委会、编辑部组成人员名单”之外，共设特载、核能行业概况、核能骨干企业、大事记、附录等 5 个栏目。本书中所指我国均指我国大陆地区，不包含香港、澳门和台湾地区。

本卷为《中国核能年鉴》2024 年卷。文中记述时间截至 2023 年 12 月 31 日。年鉴资料均来自政府有关部门、中国核能行业协会和协会会员单位提供的材料。

由于编辑水平有限，缺点错误在所难免，敬请广大读者批评指正。《中国核能年鉴》编辑部将坚持中国核能行业协会的宗旨，不断提高年鉴质量，更好地为政府服务，为会员服务，为我国核能事业的发展服务。

本卷年鉴在编辑出版的过程中，得到了广大会员单位和政府有关部门的大力支持。在此，谨表诚挚的谢意。

《中国核能年鉴》2024 年卷编辑部

《中国核能年鉴》2024 年卷编辑委员会

主　任：张廷克

副主任：（按姓氏笔画为序）

王文宗　王凤学　高立刚　曹述栋

编　委：（按姓氏笔画为序）

王丛林　卢铁忠　李卫东　张作义　张海权　陈宝智　邵建明
高　峰　蒋兴华

审核专家组：

组　长：赵成昆

成　员：郑玉辉　杨志平

《中国核能年鉴》2024 年卷编辑部

主　编：张廷克

副主编：陈映坚　龙茂雄　杨　波　郑伟平　李　涛（常务）

编辑部主任：李　涛（兼）

成　员：（按姓氏笔画为序）

王　平　牛玉飞　刘佳周　刘金梁　刘　艳　米英心　李　涛
何　玲　张　哲　张　璎　陈　荣　陈鸿辉　赵　婷　姜丁宝
姜慧银　钱　兵　黄　鸿　盛　倩　常　冰　曾　玉　廖　勇
魏素青

目录

特载

核能行业概况

核能骨干企业

大事记

附 录

特　　载

党和国家领导人

对发展我国核能事业的关怀及重要指示

习近平与马克龙共同见证中法企业签订核能合作备忘录

2023 年 4 月 6 日下午，在国家主席习近平与法国总统马克龙的共同见证下，中核集团和中广核集团，分别与法国电力集团公司在北京签署《关于“核能支持低碳发展前瞻性研究”蓝皮书谅解备忘录》《关于核能领域设计与采购、运维、研发合作协议的签署声明》。中法企业分别就核能利用支撑能源低碳发展达成共识，积极应对环境挑战，深化产业和民用核能领域合作。（来源：中核集团、中广核集团）

习近平在广州考察时与企业代表、科研人员、一线职工等交流，中广核集团优秀技能人才代表参加交流活动

2023 年 4 月 12 日，习近平总书记在广东省广州市考察当地制造企业，并同企业代表、科研人员、一线职工等交流。中广核核电运营有限公司“中华技能大奖”获得者王建涛作为优秀技能人才代表参加了活动。王建涛向习近平总书记简要汇报了他通过自主创新、发明专用工具提升核电发电机安全与质量的情况。（来源：央视新闻联播）

习近平与哈萨克斯坦总统签署声明，商定拓展核电等清洁能源领域合作

2023 年 5 月 17 日至 5 月 19 日，国家主席习近平在西安同来华出席中国—中亚峰会并进行国事访问的哈萨克斯坦总统托卡耶夫会谈，两国元首签署了《中华人民共和国和哈萨克斯坦共和国联合声明》，双方商定继续深化天然铀领域合作，积极拓展风电、光伏、光热、核电等清洁能源领域合作。（来源：新华社）

习近平指出要确保核与辐射安全，建成同我国核事业发展相适应的现代化核安全监管体系

2023 年 7 月 17 日，习近平总书记出席全国生态环境保护大会并发表重要讲话：要确保核与辐射安全。坚持理性、协调、并进的核安全观，构建严密的核安全责任体系，严格监督管理，全面提高核安全监管能力，建成同我国核事业发展相适应的现代化核安全监管体系，推动核安全高质量发展，积极参与核安全国际合作。（来源：求是）

习近平在东北讲话强调要加快发展风光核等清洁能源

2023 年 9 月 7 日，习近平总书记在黑龙江省哈尔滨市主持召开新时代推动东北全面振兴座谈会并发表重要讲话时指出，加快发展风电、光电、核电等清洁能源，建设风光火核储一体化能源基地。（来源：新华社）

李强见证中广核集团与法国原子能和替代能源委员会（CEA）签署合作协议

2023 年 6 月 22 日，国务院总理李强在巴黎同法国总理博尔内举行会谈。两国总理共同见证了航空、空间研究、核能等领域多项双边合作文件的签署。中广核集团与法国原子能和替代能源委员会（CEA）共同签署《CGN-CEA 核研究与技术领域合作协议修正案》。本次《修正案》的签署是对原合作协议的续签，同时对原有合作范围进行了扩展和深化。（来源：中广核集团）

李强主持召开国务院常务会议，核准 10 台核电机组

2023 年 7 月 31 日和 12 月 29 日，国务院总理李强分别主持召开国务院常务会议，先后核准山东石岛湾、福建宁德、辽宁徐大堡核电项目和广东太平岭、浙江金七门核电项目共 10 台机组。会议强调，核电安全极端重要，必须坚持安全第一，按照全球最高安全标准和要求，稳步有序推进项目建设，加强全链条全领域安全监管，确保绝对安全、万无一失。（来源：央视新闻联播）

黄坤明到阳江核电基地、中广核集团先进燃料研制中心实地调研

2023 年 5 月 16 日，广东省委书记黄坤明到阳江核电基地、中广核集团先进燃料研制中心进行实地调研，强调要坚持安全至上，以严谨细致的作风做好电站运行管理监测，确保核安全万无一失，以持久稳定、高效清洁的电力保障更好支撑推动高质量发展。（来源：中广核集团）

张国清到国核自仪系统工程有限公司调研

2023 年 6 月 6 日，国务院副总理张国清调研国核自仪，深入工厂车间，向企业负责人、研发人员和一线职工详细了解相关产业创新发展等情况。（来源：国家电投集团）

陈吉宁参观展台，了解先进核电型号产业链建设情况

2023 年 9 月 26 日，上海市委书记陈吉宁一行莅临“2023 世界设计之都大会”展台，了解先进核电型号产业链建设情况。（来源：国家电投集团）

王勇对哈电集团作出重要批示

2023 年 1 月 5 日，国务委员王勇对哈电集团作出批示。他指出，2022 年，哈电集团为推动行业发展、服务东北地区振兴等方面作出了积极贡献。要求哈电集团要锚定对标世界一流装备制造企业，强化创新驱动，加强关键核心技术攻关，全面抓好经营管理和安全生产，有效防范化解各类风险，深入推进全面从严治党和反腐倡廉工作，持续推动我国电气装备制造业加快实现高质量发展。（来源：哈电集团）

政策法规

生态环境部关于发布《放射性固体废物近地表处置场辐射环境监测要求》等两项标准的公告

公告 2023 年 第 10 号

为贯彻《中华人民共和国环境保护法》《中华人民共和国放射性污染防治法》，保护环境，防治放射性污染，现批准《放射性固体废物近地表处置场辐射环境监测要求》和《六氟化铀运输容器》为国家生态环境标准，并由生态环境部与国家市场监督管理总局联合发布。

标准名称、编号如下：

一、《放射性固体废物近地表处置场辐射环境监测要求》（GB/T 15950-2023）；

二、《六氟化铀运输容器》（GB/T 42343-2023）。

以上标准自 2023 年 6 月 1 日起实施。

标准内容可在生态环境部网站（http://www.mee.gov. cn）查询。

特此公告。

（此公告业经国家市场监督管理总局田世宏会签）

生态环境部

2023 年 2 月 2 日

链接：https://wzq1.mee.gov.cn/xxgk2018/xxgk/xxgk01/202304/t20230410_1025658.html

生态环境部关于印发《核动力厂运行许可证有效期限延续安全评估报告的格式与内容》的函

核电函〔2023〕8号

各有关单位：

为指导核动力厂营运单位编制核动力厂运行许可证有效期限延续的安全评估报告，并规范相关核安全审评工作，我司组织编制了《核动力厂运行许可证有效期限延续安全评估报告的格式与内容》，现印发给你们，供参照执行。

本技术文件适用于压水堆核动力厂运行许可证有效期限延续安全评估报告的编写，可供核动力厂营运单位及核安全审评监督单位参考使用。

生态环境部核电安全监管司

2023年4月4日

链接：https://www.mee.gov.cn/xxgk2018/xxgk/sthjbsh/202304/t20230410_1025656.html

生态环境部关于发布核安全法规技术文件《核设施退役安全分析报告格式和内容》的函

辐射函〔2023〕7号

为指导核设施营运单位开展退役准备工作，规范核设施退役审评，我司组织编制了《核设施退役安全分析报告格式和内容》，现印发，供各有关单位参照执行。

生态环境部辐射源安全监管司

2023年4月26日

链接：https://www.mee.gov.cn/xxgk2018/xxgk/sthjbsh/202305/t20230511_1029659.html

生态环境部关于发布核安全法规技术文件《放射性固体废物近地表处置设施安全分析报告格式与内容》的通知

辐射函〔2023〕13 号

为进一步完善我国核与辐射安全法规体系，规范放射性固体废物近地表处置设施安全分析报告的编写，我司组织制定了核安全法规技术文件《放射性固体废物近地表处置设施安全分析报告格式与内容》（NNSA-HAJ-0002-2023），现予公布，自公布之日起实施。

生态环境部辐射源安全监管司

2023 年 5 月 19 日

链接：https://www.mee.gov.cn/xxgk2018/xxgk/sthjbsh/202305/t20230526_1031443.html

生态环保部等6部门关于加强互联网购销放射性同位素和射线装置安全管理的通知

各省、自治区、直辖市生态环境厅（局）、党委网信办、公安厅（局）、市场监管局（厅、委）、邮政管理局、通信管理局，新疆生产建设兵团生态环境局、党委网信办、公安局、市场监管局：

放射性同位素和射线装置有辐射、毒害等危险特性，社会敏感度高。近年来，随着我国电子商务的快速发展，出现了通过互联网购销放射性同位素和射线装置的情况，存在辐射安全风险和潜在社会风险。为加强互联网购销放射性同位素和射线装置相关行为管理，有效防范潜在风险，现就有关要求通知如下。

一、强化放射性同位素和射线装置信息发布管理

放射性同位素和射线装置销售单位，在取得辐射安全许可证并满足《互联网危险物品信息发布管理规定》要求后，方可在本单位网站发布放射性同位素和射线装置产品信息。

二、严格规范互联网购销放射性同位素和射线装置行为

禁止通过电商平台购销放射性同位素和射线装置。禁止个人在互联网上发布放射性同位素和射线装置购销信息。网络服

务提供者、电商平台经营者应加强对其接入网站及用户发布信息的管理，定期对发布信息进行巡查，及时发现并清理下架违规发布的放射性同位素和射线装置购销信息，并向有关主管部门报告。

三、各有关部门按照职责分工依法严肃查处网上购销放射性同位素和射线装置及违规发布购销信息行为

生态环境部门要加强对放射性同位素和射线装置生产、销售单位的监督检查，依法查处线上线下无证销售行为，商有关部门加强对电商平台的技术指导。网信部门督促网站平台落实主体责任，配合相关部门及时清理网上购销放射性同位素和射线装置的违法违规信息，依法依规处置违规账号。电信主管部门配合对违规发布放射性同位素和射线装置购销信息的网站（APP），依法依规予以处置。公安机关要依照职责加强对网络运营者的监督管理，依法查处不履行网络安全保护等义务的网络运营者。市场监管部门配合主管部门督促电商平台按主管部门要求严格落实主体责任、清理违规信息、下架相关产品。邮政管理部门应督促寄递企业落实主体责任，严禁收寄放射性同位素。

四、加大放射性同位素和射线装置相关普法宣传力度

各级各有关部门要进一步加大放射性同位素和射线装置相关法律法规、科普知识的宣传力度，提高人民群众安全意识。充分发挥群众监督作用，鼓励举报网上违法违规销售放射性同位素和射线装置行为，有关部门依法对举报信息予以查处。

各级各有关部门要按照本通知要求抓好贯彻落实，并认真研究工作中发现的新问题新风险，采取针对性对策措施加以解决，重要情况及时报告。

生态环境部
中央网信办
工业和信息化部
公安部
市场监管总局
国家邮政局
2023年10月23日

链接：https://www.mee.gov.cn/xxgk2018/xxgk/xxgk03/202311/t20231108_1055529.html

生态环境部关于发布核安全法规技术文件《核设施退役计划格式和内容（试行）》的函

辐射函〔2023〕27号

为落实《中华人民共和国放射性污染防治法》中关于退役计划的要求，指导核设施营运单位进行退役准备、开展退役计划编制工作，我司组织编制了《核设施退役计划格式和内容（试行）》（NNSA-HAJ-0003-2023），现予公布，供各有关单位参照使用。

附件：核设施退役计划格式和内容（试行）（略）

生态环境部辐射源安全监管司

2023年11月13日

链接：https://www.mee.gov.cn/xxgk2018/xxgk/sthjbsh/202311/t20231123_1057105.html

生态环境部关于发布《水中铅-210的分析方法 冠醚树脂分离-β计数器法》等两项国家生态环境标准的公告

公告2023年 第39号

为贯彻《中华人民共和国环境保护法》《中华人民共和国放射性污染防治法》《中华人民共和国核安全法》，保护生态环境，保障人体健康，规范辐射环境监测工作，现批准《水中铅-210的分析方法 冠醚树脂分离-β 计数器法》《生物中氚和碳-14的分析方法 管式燃烧法》为国家生态环境标准，并予发布。

标准名称、编号如下：

《水中铅-210的分析方法 冠醚树脂分离-β 计数器法》（HJ 1323-2023）

《生物中氚和碳-14的分析方法 管式燃烧法》（HJ 1324-2023）

以上标准自2024年1月1日起实施。

标准内容可在生态环境部网站（http://www.mee.gov.cn）查询。

生态环境部

2023年12月5日

链接：https://www.mee.gov.cn/xxgk2018/xxgk/xxgk01/202312/t20231222_1059734.html

生态环境部关于发布国家生态环境标准《放射性测井辐射安全与防护》和《建设项目竣工环境保护设施验收技术规范 核技术利用》的公告

公告 2023 年 第 40 号

为贯彻《中华人民共和国放射性污染防治法》《放射性同位素与射线装置安全和防护条例》《建设项目环境保护管理条例》等法律法规，规范放射性测井及核技术利用建设项目竣工环境保护设施验收工作，现批准《放射性测井辐射安全与防护》《建设项目竣工环境保护设施验收技术规范 核技术利用》为国家生态环境标准，并予发布。

标准名称、编号如下：

《放射性测井辐射安全与防护》（HJ 1325-2023）

《建设项目竣工环境保护设施验收技术规范 核技术利用》（HJ 1326-2023）

以上标准自 2024 年 2 月 1 日起实施。标准内容可在生态环境部网站（http://www.mee.gov.cn）查询。

特此公告。

生态环境部

2023 年 12 月 5 日

链接：https://www.mee.gov.cn/xxgk2018/xxgk/xxgk01/202312/t20231208_1058558.html

生态环境部关于发布国家生态环境标准《废放射源近地表处置安全要求》的公告

公告 2023 年 第 46 号

为贯彻《中华人民共和国放射性污染防治法》和《中华人民共和国核安全法》，规范废放射源近地表处置工作，现批准《废放射源近地表处置安全要求》为国家生态环境标准，并予发布。

标准名称、编号如下：

《废放射源近地表处置安全要求》（HJ 1336-2023）

标准自 2024 年 3 月 1 日起实施。

标准内容可在生态环境部网站（http://www.mee.gov.cn）查询。

特此公告。

生态环境部

2023 年 12 月 26 日

链接：https://www.mee.gov.cn/xxgk2018/xxgk/xxgk01/202401/t20240111_1063442.html

国家能源局关于成立第九届核电厂操纵人员资格审查委员会的通知

国能发核电〔2023〕12号

各有关单位：

第八届核电厂操纵人员资格审查委员会任期届满。经研究，现决定成立第九届核电厂操纵人员资格审查委员会，组成如下：

主 任：曾亚川

副主任：苟峰

委 员（按姓氏笔画排序）：苏圣兵、杜延辉、张初明、张福宝、张义昌、何小剑、李晓萌、周建平、邹正宇、胡守印、俞卓平、洪源平、莫银良、徐金龙、郭新刚、郭宏恩、蒋兴华、楼子昂、缪亚民、潘银生、戴兵

秘书长：李晓萌（兼）

国家能源局

2023年1月19日

链接：http://zfxxgk.nea.gov.cn/2023-01/19/c_1310699413.htm

国家能源局关于加强电力可靠性管理工作的意见

国能发安全规〔2023〕17号

各省（自治区、直辖市）能源局，有关省（自治区、直辖市）及新疆生产建设兵团发展改革委、工业和信息化主管部门，北京市城市管理委，各派出机构，全国电力安委会各企业成员单位，中国电力企业联合会、中国电力设备管理协会，有关电力企业：

为贯彻落实《电力可靠性管理办法（暂行）》（国家发展和改革委员会令2022年第50号），提升我国电力可靠性管理水平，保障电力可靠供应，更好服务新时代经济社会发展，现就加强电力可靠性管理工作提出以下意见。

一、充分认识加强电力可靠性管理工作的重要性

电力可靠性管理是保障电力安全可靠供应的重要基础。电力供应事关经济发展全局和社会稳定大局，是关系民生的大事。现阶段我国工业化、城镇化深入推进，电力需求持续增长，保障电力供应是电力管理工作的重中之重。电力可靠性管理是电力生产运行管理和技术管理的核心手段，基本任务是保障电力系统的充裕性和安全性，为保障电力供应发挥基础性作用。

电力可靠性管理是保障社会经济发展的重要手段。进入新时代，人民追求美好生活对电力的需求已经从“用上电”变成“用好电”，党中央、国务院关于乡村振兴、

优化营商环境等民生工作决策部署也对电力可靠性管理提出更高要求和明确目标，电力可靠性管理已成为提升电力普遍服务水平、支撑社会经济高质量发展的重要手段。

电力可靠性管理是推动建设新型电力系统的重要保障。近年来，我国电力工业发生了巨大变化，电力体制改革全面提速，新能源和分布式能源快速发展，电力系统安全稳定运行面临新的形势和挑战。为有效应对新形势，推动构建新型电力系统和实现“双碳”目标，需要进一步发挥电力可靠性管理的作用，保障电力系统安全稳定运行和高质量发展。

二、完善电力可靠性管理工作体系

（一）国家能源局派出机构、地方政府能源管理部门和电力运行管理部门根据各自职责和国家有关规定负责辖区内的电力可靠性监督管理。进一步厘清各自电力可靠性监督管理职责，明确工作内容、目标、流程和责任，加强监管人员力量配备，切实提升专业监管能力和效率。

（二）国家能源局派出机构要定期组织对辖区内的电力可靠性进行评价、评估和预测，及时发布相关可靠性信息和指标。加大电力可靠性监督检查力度，监督指导电力企业排查治理电力可靠性管理中发现的风险和隐患，依法依规调查处理瞒报、谎报电力可靠性信息的行为和造成严重影响的电力可靠性相关事件。

（三）省级政府能源管理部门和电力运行管理部门要进一步健全地方各级政府电力可靠性管理工作体系，全面组织落实国家乡村振兴、优化营商环境、电网升级改造等战略部署中的相关电力可靠性要求。加强电力供需管理，做好燃料库存、入库水量等的监测分析和协调处理，科学实施电力需求侧管理和有序用电，保障电力可靠供应。扎实推动电力用户可靠性管理工作，监督指导重要电力用户排查治理电力可靠性管理中发现的风险和隐患。

（四）国家能源局派出机构、地方政府能源管理部门和电力运行管理部门要进一步完善电力可靠性管理统筹协调工作机制，坚持统筹规划、统筹部署、统筹推进。要建立联席协调机制，定期分析、通报电力供需和电网运行情况，协调解决保障电力供应和电力系统稳定运行面临的问题，确保工作推动协调有力、信息沟通渠道畅通，形成工作合力。

（五）国家能源局及其派出机构、地方政府能源管理部门和电力运行管理部门应及时处理电力可靠性管理投诉举报。投诉举报查实后确存在提供虚假、隐瞒重要可靠性信息等违法违规行为的，应依照《电力可靠性管理办法（暂行）》第六十二条和相关规定处理，并纳入电力行业信用体系进行管理。

三、落实电力企业可靠性管理主体责任

（一）电力企业是电力可靠性管理工

作的重要责任主体，其主要负责人是电力可靠性管理第一责任人，要认真贯彻落实党中央、国务院相关决策部署和电力行业相关要求，建立健全电力可靠性组织、制度、标准体系和工作流程，加强技术力量配备，推进科技创新和先进技术应用，切实提升电力可靠性管理水平。

（二）电力企业要建立电力可靠性全过程管理机制，加强专业协同，形成覆盖电力生产供应各环节的可靠性全过程管理机制。

（三）电力企业要建立重要电力设备分级管理制度，构建设备标准化管理流程，打通上下游信息共享渠道，强化设备缺陷特别是家族性缺陷的排查治理，建立电力企业在设备选型、监造、安装调试、检修维护、退役等环节的全寿命周期管理机制。鼓励各地区、各单位因地制宜开展差异化检修，探索开展以风险分析为基础的维修、以可靠性为中心的检修等设备检修模式，确保检修质量和效率，严防设备“带病运行”。

（四）电网企业要优化安排电网运行方式，做好电力供需分析和生产运行调度，强化电网安全风险管控，优化运行调度，确保电力系统稳定运行和电力可靠供应。发电企业要加强燃料、蓄水管控及风电、光伏发电等功率预测，强化涉网安全管理，科学实施机组深度调峰灵活性改造，提高设备运行可靠性，减少非计划停运。电网企业要加大城乡电力基础设施建设力度，提升供电服务和民生用电保障能力。

（五）供电企业要指导电力用户安全用电、可靠用电，消除设备和涉网安全隐患，预防电气设备事故。按规定为重要电力用户提供相应的供电电源，指导和督促重要用户安全使用自备应急电源。

四、鼓励社会各方积极参与电力可靠性管理

（一）鼓励电力设备制造企业按照国家质量发展规划和要求，加强与电力企业的信息共享和协调管控，加大科技创新和产品开发力度，加强产品可靠性设计、试验及生产过程质量控制，从制造源头提升设备可靠性水平。

（二）鼓励电力企业、科研单位和电力用户等根据电力规划、建设、生产、供应、使用和设备制造等工作需要，研究、开发和采用先进的科学技术和管理方法，提高可靠性数据的准确性、时效性和可追溯性，经实践检验后推广应用。对取得显著成绩的单位和个人，政府部门和相关电力企业可根据相关法律法规给予表彰奖励。

（三）发挥行业协会、科研单位、技术咨询机构等第三方机构的技术优势，积极参与电力可靠性管理工作，加强电力可靠性数据分析、应用和推广，鼓励行业协会开展行业自律和服务，增强交流与合作。

五、加强电力可靠性信息管理

（一）电力可靠性信息实行统一管理、分级负责。国家能源局建立电力可靠性监督管理信息系统，实施全国范围内电力可

靠性信息注册、报送、分析、评价、应用、核查等监督管理工作，及时发布电力可靠性数据信息。国家能源局派出机构负责辖区内电力可靠性信息分析、发布和核查。

（二）电力企业应根据国家能源局有关规定，通过电力可靠性监督管理信息系统向国家能源局报送电力可靠性信息。

电力可靠性信息报送应当符合下列期限要求：

1. 每月 8 日前报送上月火力发电机组主要设备、核电机组、水力发电机组、输变电设备、直流输电系统以及供电系统用户可靠性信息；

2. 每季度首月 12 日前报送上一季度发电机组辅助设备、风力发电场和太阳能发电站的可靠性信息。

（三）电力企业应每年对自身电力可靠性管理工作开展情况进行全面总结，对发生的电力可靠性事件和相关生产运行、技术管理情况进行分析，于每年 2 月 15 日前将上一年度电力可靠性管理和技术分析报告报送所在地国家能源局派出机构、省级政府能源管理部门和电力运行管理部门，中央电力企业总部于每年 3 月 1 日前报送国家能源局。

（四）省级电网企业应按照国家能源局有关规定，每年对调度管辖范围内的电力供应情况、电力系统运行情况和电网安全风险管控情况进行评估分析，对下一年的电力供应趋势、电网安全风险辨识、电网运行方式安排等情况进行预测预判，于每年 1 月份将上一年度电力系统可靠性的评估分析和本年度的预测预判情况报送国家能源局派出机构、省级政府能源管理部门和电力运行管理部门；中央电网企业总部于每年 2 月份将有关情况报送国家能源局。

本文件自发布之日起施行，有效期为 5 年。《国家能源局关于加强电力可靠性监督管理工作的意见》（国能安全〔2015〕208 号）同时废止。

国家能源局

2023 年 2 月 14 日

链接：http://zfxxgk.nea.gov.cn/2023-02/14/c_1310699307.htm

国家能源局关于成立第二届核电厂消防专家委员会的通知

（国能发核电〔2023〕26 号）

各有关单位：

首届核电厂消防专家委员会任期届满。经研究，决定成立第二届核电厂消防专家委员会，现将有关事项通知如下。

一、主要职责

支持核电厂消防监督管理工作，为核电厂消防法规标准制（修）订、消防设计审查和验收、消防监督检查等提供专家咨询、审议意见和工作建议。

二、组成人员

主　任：曾亚川　国家能源局

副主任：朱国庆　中国矿业大学

宋卫国　中国科学技术大学

苟　峰　中国核电发展中心

委　员：（按姓氏笔画排序）

于得义　华能山东石岛湾核电有限公司

马　恒　原公安部消防局

王卫东　中广核惠州核电有限公司

王煜宏　深圳中广核工程设计有限公司

石　琦　中核能源科技有限公司

闫　术　辽宁红沿河核电有限公司

李　进　原北京市公安消防总队

李连海　江苏核电有限公司

李建伟　山东核电有限公司

杨佳庆　应急管理部上海消防研究所

肖　钧　生态环境部核与辐射安全中心

何先华　国核示范电站有限责任公司

何学超　应急管理部四川消防研究所

赵光辉　华龙国际核电技术有限公司

赵锦洋　电力规划设计总院

姚照红　中核核电运行管理有限公司

晏　风　中国建筑科学研究院

郭志伟　烟台众创核电研发中心

堵树宏　中国核电工程有限公司

黄　斌　台山核电合营有限公司

葛鸿辉　上海核工程研究设计院有限公司

疏学明　清华大学

秘书长：李晓萌　国家能源局

副秘书长：陈　薇　中国核电发展中心

请各有关单位对核电厂消防专家委员会的工作给予支持，保障专家委员会活动正常开展。

特此通知。

国家能源局

2023 年 3 月 27 日

链接：http://zfxxgk.nea.gov.cn/2023-03/27/c_1310711679.htm

国家能源局关于加快推进能源数字化智能化发展的若干意见

国能发科技〔2023〕27 号

各省（自治区、直辖市）能源局，有关省（自治区、直辖市）及新疆生产建设兵团发展改革委，有关中央企业：

推动数字技术与实体经济深度融合，赋能传统产业数字化智能化转型升级，是把握新一轮科技革命和产业变革新机遇的战略选择。能源是经济社会发展的基础支撑，能源产业与数字技术融合发展是新时代推动我国能源产业基础高级化、产业链现代化的重要引擎，是落实“四个革命、一个合作”能源安全新战略和建设新型能源体系的有效措施，对提升能源产业核心竞争力、推动能源高质量发展具有重要意义。为加快推进能源数字化智能化发展，现提出如下意见。

一、总体要求

（一）指导思想。以习近平新时代中国特色社会主义思想为指导，深入贯彻党的二十大精神，立足新发展阶段，完整、准确、全面贯彻新发展理念，加快构建新发展格局，深入实施创新驱动发展战略，推动数字技术与能源产业发展深度融合，加强传统能源与数字化智能化技术相融合的新型基础设施建设，释放能源数据要素价值潜力，强化网络与信息安全保障，有效提升能源数字化智能化发展水平，促进能源数字经济和绿色低碳循环经济发展，构建清洁低碳、安全高效的能源体系，为积极稳妥推进碳达峰碳中和提供有力支撑。

（二）基本原则。

需求牵引。针对电力、煤炭、油气等行业数字化智能化转型发展需求，通过数字化智能化技术融合应用，急用先行、先易后难，分行业、分环节、分阶段补齐转型发展短板，为能源高质量发展提供有效支撑。

数字赋能。发挥智能电网延伸拓展能源网络潜能，推动形成能源智能调控体系，提升资源精准高效配置水平；推动数字化智能化技术在煤炭和油气产供储销体系全链条和各环节的覆盖应用，提高行业整体能效、安全生产和绿色低碳水平。

协同高效。推动数据资源作为新型生产要素的充分流通和使用，打通不同主体间的信息壁垒，带动能源网络各环节的互联互动互补，提升产业链上下游及行业间协调运行效率，以数字化智能化转型促进能源绿色低碳发展的跨行业协同。

融合创新。聚焦原创性、引领性创新，加快人工智能、数字孪生、物联网、区块链等数字技术在能源领域的创新应用，推动跨学科、跨领域融合，促进创新成果的工程化、产业化，培育数字技术与能源产业融合发展新优势。

（三）发展目标。到 2030 年，能源系统各环节数字化智能化创新应用体系初步构筑、数据要素潜能充分激活，一批制约能源数字化智能化发展的共性关键技术取得突破，能源系统智能感知与智能调控体系加快形成，能源数字化智能化新模式新业态持续涌现，能源系统运行与管理模式向全面标准化、深度数字化和高度智能化加速转变，能源行业网络与信息安全保障能力明显增强，能源系统效率、可靠性、包容性稳步提高，能源生产和供应多元化加速拓展、质量效益加速提升，数字技术与能源产业融合发展对能源行业提质增效与碳排放强度和总量“双控”的支撑作用全面显现。

二、加快行业转型升级

（四）以数字化智能化技术加速发电清洁低碳转型。发展新能源和水能功率预测技术，统筹分析有关气象要素、电源状态、电网运行、用户需求、储能配置等变量因素。加强规模化新能源基地智能化技术改造，提高弱送端系统调节支撑能力，提升分布式新能源智能化水平，促进新能源发电的可靠并网及有序消纳，保障新能源资源充分开发。加快火电、水电等传统电源数字化设计建造和智能化升级，推进智能分散控制系统发展和应用，助力燃煤机组节能降碳改造、灵活性改造、供热改造“三改联动”，促进抽水蓄能和新型储能充分发挥灵活调节作用。推动数字技术深度应用于核电设计、制造、建设、运维等各领域各环节，打造全面感知、智慧运行的智能核电厂，全面提升核安全、网络安全和数据安全等保障水平。

（五）以数字化智能化电网支撑新型电力系统建设。推动实体电网数字呈现、仿真和决策，探索人工智能及数字孪生在电网智能辅助决策和调控方面的应用，提升电力系统多能互补联合调度智能化水平，推进基于数据驱动的电网暂态稳定智能评估与预警，提高电网仿真分析能力，支撑电网安全稳定运行。推动变电站和换流站智能运检、输电线路智能巡检、配电智能运维体系建设，发展电网灾害智能感知体系，提高供电可靠性和对偏远地区恶劣环境的适应性。加快新能源微网和高可靠性数字配电系统发展，提升用户侧分布式电源与新型储能资源智能高效配置与运行优化控制水平。提高负荷预测精度和新型电力负荷智能管理水平，推动负荷侧资源分层分级分类聚合及协同优化管理，加快推动负荷侧资源参与系统调节。发展电碳计量与核算监测体系，推动电力市场和碳市场数据交互耦合，支撑能源行业碳足迹监测与分析。

（六）以数字化智能化技术带动煤炭安全高效生产。推动构建智能地质保障系统，提升矿井地质条件探测精度与地质信息透明化水平。提升煤矿采掘成套装备智能化控制水平，采煤工作面加快实现采-支-运智能协同运行、地面远程控制及井下无人/少人操作，掘进工作面加快实现掘-支-锚-运-破多工序协同作业、智能快速掘进及远程控制。推动煤矿主煤流运输系统实现智能化无人值守运行，辅助运输系统实现运输车辆的智能调度与综合管控。推动煤矿建立基于全时空信息感知的灾害监测预警与智能综合防治系统。推进大型露天煤矿无人驾驶系统建设与常态化运行，支持露天煤矿采用半连续、连续开采工艺系统，提高露天煤矿智能化开采和安全生产水平。支持煤矿建设集智能地质保障、智能采掘（剥）、智能洗选、智能安控等于一体的智能化煤矿综合管控平台。

（七）以数字化智能化技术助力油气绿色低碳开发利用。加快油气勘探开发专业软件研发，推进数字盆地建设，推动油气勘探开发数据库、模型库和样本库建设。推动智能测井、智能化节点地震采集系统建设，推进智能钻完井、智能注采、智能化压裂系统部署及远程控制作业，扩大二氧化碳驱油技术应用。加快智能钻机、机器人、无人机、智能感知系统等智能生产技术装备在石油物探、钻井、场站巡检维护、工程救援等场景的应用，推动生产现场井、站、厂、设备等全过程智能联动与自动优化。推动油气与新能源协同开发，提高源网荷储一体化智能调控水平，强化生产用能的新能源替代。推动油气管网的信息化改造和数字化升级，推进智能管道、智能储气库建设，提升油气管网设施安全高效运行水平和储气调峰能力。加快数字化智能化炼厂升级建设，提高炼化能效水平。

（八）以数字化智能化用能加快能源消费环节节能提效。持续挖掘需求侧响应潜力，聚焦传统高载能工业负荷、工商业可中断负荷、电动汽车充电网络、智能楼宇等典型可调节负荷，探索峰谷分时电价、高可靠性电价、可中断负荷电价等价格激励方式，推动柔性负荷智能管理、虚拟电厂优化运营、分层分区精准匹配需求响应资源等，提升绿色用能多渠道智能互动水平。以产业园区、大型公共建筑为重点，以提高终端能源利用效能为目标，推进多能互补集成供能基础设施建设，提升能源综合梯级利用水平。推动普及用能自主调优、多能协同调度等智能化用能服务，引导用户实施技术节能、管理节能策略，大力促进智能化用能服务模式创新，拓展面向终端用户的能源托管、碳排放计量、绿电交易等多样化增值服务。依托能源新型基础设施建设，推动能源消费环节节能提效与智慧城市、数字乡村建设统筹规划，支撑区域能源绿色低碳循环发展体系构建。

（九）以新模式新业态促进数字能源生态构建。提高储能与供能、用能系统协同调控及诊断运维智能化水平，加快推动全国新型储能大数据平台建设，健全完善各省（区）信息采集报送途径和机制。提升氢能基础设施智能调控和安全预警水平，探索氢能跨能源网络协同优化潜力，推动氢电融合发展。推进综合能源服务与新型智慧城市、智慧园区、智能楼宇等用能场景深度耦合，利用数字技术提升综合能源服务绿色低碳效益。推动新能源汽车融入新型电力系统，提高有序充放电智能化水平，鼓励车网互动、光储充放等新模式新业态发展。探索能源新型基础设施共建共享，在确保安全、符合规范、责任明确的前提下，提高基础资源综合利用效率，降低建设和运营成本。推进能源行业大数据监测预警和综合服务平台体系建设，打造开放互联的行业科技信息资源服务共享体系，支撑行业发展动态监测和需求布局分析研判，服务数字治理。

三、推进应用试点示范

（十）推动多元化应用场景试点示范。围绕重点领域、关键环节、共性需求，依托能源工程因地制宜挖掘和拓展数字化智能化应用，重点推进在智能电厂、新能源及储能并网、输电线路智能巡检及灾害监测、智能变电站、自愈配网、智能微网、氢电耦合、分布式能源智能调控、虚拟电厂、电碳数据联动监测、智慧库坝、智能煤矿、智能油气田、智能管道、智能炼厂、综合能源服务、行业大数据中心及综合服务平台等应用场景组织示范工程承担系统性数字化智能化试点任务，在技术创新、运营模式、发展业态等方面深入探索、先行先试。

（十一）加强试点示范项目评估管理。强化试点示范项目实施监测，建立常态化项目信息上报及监测长效机制，提升项目管理信息化水平。建立试点示范成效评价机制，充分发挥行业协（学）会、智库咨询机构等多方力量在示范项目技术支持、试验检测、评估论证等方面的能力和作用，推动开展示范项目定期评优，分析评估新技术、新产品、新方案、新模式实际应用效果，总结可复制推广的做法和成功经验，组织遴选一批先进可靠、成熟适用、应用前景广阔、带动性强的示范内容，向领域内类似场景进行推广应用，加强标杆示范引领，确保取得实效。

四、推动共性技术突破

（十二）推动能源装备智能感知与智能终端技术突破。加快能源装备智能传感与量测技术研发，提升面向海量终端的多传感协同感知、数据实时采集和精准计量监测水平。推动先进定位与授时技术在能源装备感知终端的集成应用，加快相关终端产品研发。推动面向复杂环境和多应用场景的特种智能机器人、无人机等技术装备研发，提升人机交互能力和智能装备的成套化水平，服务远程设备操控、智能巡检、智能运维、故障诊断、应急救援等能源基础设施数字化智能化典型业务场景。推动基于人工智能的能源装备状态识别、可靠性评估及故障诊断技术发展。

（十三）推动能源系统智能调控技术突破。推动面向能源装备和系统的数字孪生模型及智能控制算法开发，提高能源系统仿真分析的规模和精度。加快面向信息物理融合能源系统应用的低成本、高性能信息通信技术研究，实现新型通信技术、感知技术与能源装备终端的融合，提升现场感知、计算和数据传输交互能力。推动能源流与信息流高度融合的智能调控及安全仿真方法研究，强化多源数据采集、保护数据隐私的融合共享及大数据分析处理，发展基于群体智能、云边协同和混合增强的能源系统调控辅助决策技术，提升能源系统动态监测、协同运行控制及灾害预警水平，探索多能源统一协同调度，支撑系统广域互济调节、新能源供给消纳和安全稳定运行。

（十四）推动能源系统网络安全技术突破。加强融合本体安全和网络安全的能源装备及系统保护技术研究，加快推进内生安全理论技术在能源系统网络安全领域的应用，提升网络安全智能防护技术水平，强化监控及调度系统网络安全预警及响应处置，提高主动免疫和主动防御能力，实现自动化安全风险识别、风险阻断和攻击溯源。推动开展能源数据安全共享及多方协同技术研发，发展能源数据可信共享与精准溯源技术，强化数据共享中的确权及动态访问控制，提高敏感数据泄露监测、数据异常流动分析等技术保障能力，促进构建数据可信流通环境，提高数据流通效率。

五、健全发展支撑体系

（十五）增强能源系统网络安全保障能力。推动煤矿构建覆盖业务全生命周期的“预警、监测、响应”动态防御体系，提升油气田工业主机主动防御能力，加强电厂工控系统网络安全防护，推进传统能源厂（站）信息系统网络安全动态防护、云安全防护、移动安全防护升级，加快实现核心装备控制系统安全可信、自主可控。进一步完善电力监控系统安全防护体系，推进电力系统网络安全风险态势感知、预警和应急处置能力建设，强化电力行业网络安全技术监督。加快推动能源领域工控系统、芯片、操作系统、通用基础软硬件等自主可控和安全可靠应用。

（十六）推动能源数据分类分级管理与共享应用。推动能源行业数据分类分级保护制度建设，加强数据安全治理。对于安全敏感性高的数据，提高数据汇聚融合的风险识别与防护水平，强化数据脱敏、加密保护和安全合规评估；对于安全敏感性低的数据，健全确权、流通、交易和分配机制，有序推动数据在产业链上下游的共享，推进数据共享全过程的在线流转和在线跟踪，支持数据便捷共享应用。加强行业大数据中心数据安全监管，强化数据安全风险态势监测，规范数据使用。充分结合全国一体化大数据中心体系建设，推动算力资源规模化集约化布局、协同联动，提高算力使用效率。

（十七）完善能源数字化智能化标准体系。立足典型场景应用需求，加强能源各行业现行相关标准与数字技术应用的统筹衔接，推动各行业加快编制一批数字化智能化关键技术标准和应用标准，推进与国际标准体系兼容，引导各行业分类制定数字化智能化评价体系。持续完善能源数字化智能化领域标准化组织建设，加强标准研制、实施和信息反馈闭环管理。建立健全能源数字化智能化与标准化互动支撑机制，完善数字化智能化科技成果转化为标准的评价机制和服务体系，广泛挖掘技术先进、市场推广价值优良的示范成果进行技术标准化推广应用。

（十八）加快能源数字化智能化人才培养。深化能源数字化智能化领域产教融合，支持企业与院校围绕重点发展方向和关键技术共建产业学院、联合实验室、实习基地等。依托重大能源工程、能源创新平台，加速能源数字化智能化中青年骨干人才培养，加速培育一批具备能源技术与数字技术融合知识技能的跨界复合型人才。鼓励将能源数字化智能化人才纳入各类人才计划支持范围，优化人才评价及激励政策。促进交流引进，大力吸引能源数字化智能化领域海外高层次人才回国（来华）创业和从事教学科研等活动。

六、加大组织保障力度

（十九）强化组织实施。国家能源局牵头建立能源数字化智能化发展专项协调推进机制，会同有关部门分工协作解决重大问题，指导各地方完善相关配套政策机制。各地方能源主管部门要根据意见要求，建立健全工作机制，结合实际加快推动本地区能源数字化智能化发展。各相关企业要切实发挥创新主体作用，依托专业领域优势，做好各项要素保障。相关行业协（学）会、智库咨询机构要充分发挥沟通政府与服务企业的桥梁纽带作用，做好政策宣传解读，及时反映行业和企业诉求，为相关部门和企业提供信息服务、搭建沟通合作桥梁。

（二十）推动协同创新。依托国家能源科技创新体系，推动建设一批能源数字化智能化研发创新平台，积极探索“揭榜挂帅”“赛马”等机制，围绕能源数字化智能化技术创新重点方向开展系统性研究，加快前沿和关键核心技术装备攻关，提升全产业链自主可控水平。充分发挥龙头企业牵引作用，鼓励民营企业和社会资本积极参与能源数字化智能化技术创新，支持由企业牵头联合科研机构、高校、金融机构、社会服务机构等共同发起建立能源数字化智能化创新联合体，大力推进产学研深度融合，鼓励开展国际合作，构建开放共享的创新生态圈，加速科技研发与科技成果应用的双向迭代。

（二十一）加大支持力度。国家明确的各类能源数字化智能化示范项目，各级能源主管部门要加大支持力度，优先纳入相关规划。将能源数字化智能化创新应用示范相关技术装备优先纳入能源领域首台（套）重大技术装备支持范围，享受相关优惠和支持政策，并在行业评优评奖方面予以倾斜。发挥财政资金的引导作用，落实好促进数字科技创新的投资、税收、金融、保险、知识产权等支持政策，用好科技创新再贷款和碳减排支持工具，鼓励金融机构创新产品和服务，加大对能源数字化智能化技术创新的资金支持力度，形成支持能源数字化智能化发展的长效机制。

国家能源局

2023 年 3 月 28 日

链接：http://zfxxgk.nea.gov.cn/2023-03/28/c_1310707122.htm

国家能源局

公告 2023 年 第 4 号

根据《中华人民共和国标准化法》《能源标准化管理办法》，国家能源局批准《新能源基地送电配置新型储能规划技术导则》等 310 项能源行业标准（附件 1）、《Code for Seismic Design of Hydropower Projects》等 19 项能源行业标准外文版（附件 2），现予以发布。

附件：

1. 能源行业标准目录
2. 能源行业标准外文版目录

国家能源局

2023 年 5 月 26 日

链接：http://zfxxgk.nea.gov.cn/2023-05/26/c_1310726596.htm

附件 1

能源行业标准目录（摘录与核能相关内容）

序号	标准编号	标准名称	代替标准	采标号	出版机构	批准日期	实施日期
69	NB/T 11234—2023	压水堆核电厂常规岛压力管道监督管理导则			中国电力出版社	2023-05-26	2023-11-26
130	NB/T 20001—2023	压水堆核电厂核岛机械设备制造规范	NB/T 20001—2013		中国原子能出版社	2023-05-26	2023-11-26
131	NB/T 20039.11—2023	核空气和气体处理规范 通风、空调与空气净化 第 11 部分：碘吸附器（Ⅰ型）	NB/T 20039.11—2011		中国原子能出版社	2023-05-26	2023-11-26
132	NB/T 20039.12—2023	核空气和气体处理规范 通风、空调与空气净化 第 12 部分：碘吸附器（Ⅱ型）	NB/T 20039.12—2011		中国原子能出版社	2023-05-26	2023-11-26
133	NB/T 20103—2023	压水堆核电厂事故分析和安全判据	NB/T 20103—2012		中国原子能出版社	2023-05-26	2023-11-26
134	NB/T 20124—2023	核电厂屏蔽混凝土施工及验收规范	NB/T 20124—2012		中国原子能出版社	2023-05-26	2023-11-26
135	NB/T 20126—2023	压水堆核电厂核岛厂房嵌缝施工及验收技术规程	NB/T 20126—2012		中国原子能出版社	2023-05-26	2023-11-26
136	NB/T 20128—2023	核电厂核岛基坑施工及验收规范	NB/T 20128—2012		中国原子能出版社	2023-05-26	2023-11-26
137	NB/T 20223—2023	核电厂机械设备维修指南	NB/T 20223—2013		中国原子能出版社	2023-05-26	2023-11-26
138	NB/T 20292—2023	核电厂用铁素体钢韧脆转变区参考温度 T0 的测试方法	NB/T 20292—2014		中国原子能出版社	2023-05-26	2023-11-26
139	NB/T 20312.1—2023	压水堆核电厂核岛机械设备在役检查规则 第 1 部分：通用要求	NB/T 20312—2014		中国原子能出版社	2023-05-26	2023-11-26

续表

序号	标准编号	标准名称	代替标准	采标号	出版机构	批准日期	实施日期
140	NB/T 20312.3—2023	压水堆核电厂核岛机械设备在役检查规则 第3部分：压力试验	NB/T 20312—2014		中国原子能出版社	2023-05-26	2023-11-26
141	NB/T 20312.4—2023	压水堆核电厂核岛机械设备在役检查规则 第4部分：检验方法	NB/T 20312—2014		中国原子能出版社	2023-05-26	2023-11-26
142	NB/T 20325.1—2023	压水堆核电厂安全壳预应力技术规程 第1部分：材料			中国原子能出版社	2023-05-26	2023-11-26
143	NB/T 20325.2—2023	压水堆核电厂安全壳预应力技术规程 第2部分：试验			中国原子能出版社	2023-05-26	2023-11-26
144	NB/T 20325.3—2023	压水堆核电厂安全壳预应力技术规程 第3部分：施工			中国原子能出版社	2023-05-26	2023-11-26
145	NB/T 20445.4—2023	应用于核电厂的二级概率安全评价 第4部分：外部事件			中国原子能出版社	2023-05-26	2023-11-26
146	NB/T 20251—2023	压水堆核电厂空气净化装置设计及试验准则	NB/T 20252—2013 NB/T 20251—2013		中国原子能出版社	2023-05-26	2023-11-26
147	NB/T 20560.8—2023	压水堆核电厂应急堆芯冷却系统过滤器设计和性能评价 第8部分：下游效应（堆芯外）分析技术要求			中国原子能出版社	2023-05-26	2023-11-26
148	NB/T 20632—2023	风险指引型方法用于核电厂定期试验周期优化的过程及要求			中国原子能出版社	2023-05-26	2023-11-26
149	NB/T 20633—2023	核电厂二级概率安全评价开发方法			中国原子能出版社	2023-05-26	2023-11-26
150	NB/T 20634—2023	核电厂防火屏障管理			中国原子能出版社	2023-05-26	2023-11-26

续表

序号	标准编号	标准名称	代替标准	采标号	出版机构	批准日期	实施日期
151	NB/T 20635—2023	核电厂防异物导则			中国原子能出版社	2023-05-26	2023-11-26
152	NB/T 20636—2023	压水堆核电厂堆外核临界安全评价方法			中国原子能出版社	2023-05-26	2023-11-26
153	NB/T 20637—2023	核电厂基于概率安全评价的抗震裕度评价方法			中国原子能出版社	2023-05-26	2023-11-26
154	NB/T 20638—2023	核电厂基于状态的维修管理导则			中国原子能出版社	2023-05-26	2023-11-26
155	NB/T 20639—2023	核电厂建设项目费用性质及项目划分导则			中国原子能出版社	2023-05-26	2023-11-26
156	NB/T 20640—2023	核电厂可靠性、可用性、可维修性和安全性管理规范			中国原子能出版社	2023-05-26	2023-11-26
157	NB/T 20641—2023	核电厂硼酸腐蚀管理导则			中国原子能出版社	2023-05-26	2023-11-26
158	NB/T 20642—2023	核电厂人员可靠性分析导则			中国原子能出版社	2023-05-26	2023-11-26
159	NB/T 20643—2023	核电厂设备管理分级技术导则			中国原子能出版社	2023-05-26	2023-11-26
160	NB/T 20644—2023	核电厂始发事件分析导则			中国原子能出版社	2023-05-26	2023-11-26
161	NB/T 20645—2023	核电厂退役计划编制指南			中国原子能出版社	2023-05-26	2023-11-26
162	NB/T 20646—2023	核电厂退役源项调查与放射性物质存留量估算			中国原子能出版社	2023-05-26	2023-11-26
163	NB/T 20647—2023	核电厂退役总体要求			中国原子能出版社	2023-05-26	2023-11-26
164	NB/T 20648—2023	核电厂系统失效模式、影响及危害性分析指南			中国原子能出版社	2023-05-26	2023-11-26
165	NB/T 20649—2023	核电厂以可靠性为中心的维修分析指南			中国原子能出版社	2023-05-26	2023-11-26

续表

序号	标准编号	标准名称	代替标准	采标号	出版机构	批准日期	实施日期
166	NB/T 20650—2023	核电厂运行生产数据管理要求			中国原子能出版社	2023-05-26	2023-11-26
167	NB/T 20651—2023	核电厂主数据管理导则			中国原子能出版社	2023-05-26	2023-11-26
168	NB/T 20652—2023	核电工程分部分项划分规定			中国原子能出版社	2023-05-26	2023-11-26
169	NB/T 20653—2023	压水堆核电厂安全壳机械贯穿件设计制造规范			中国原子能出版社	2023-05-26	2023-11-26
170	NB/T 20654—2023	压水堆核电厂安全壳喷淋系统调试技术导则			中国原子能出版社	2023-05-26	2023-11-26
171	NB/T 20655—2023	压水堆核电厂安全注入系统调试导则			中国原子能出版社	2023-05-26	2023-11-26
172	NB/T 20656—2023	压水堆核电厂棒控和棒位系统调试技术导则			中国原子能出版社	2023-05-26	2023-11-26
173	NB/T 20657—2023	压水堆核电厂堆芯功率分布测量试验技术要求			中国原子能出版社	2023-05-26	2023-11-26
174	NB/T 20658—2023	压水堆核电厂堆芯在线监测系统技术要求			中国原子能出版社	2023-05-26	2023-11-26
175	NB/T 20659—2023	压水堆核电厂轴封式反应堆冷却剂泵安装技术规程			中国原子能出版社	2023-05-26	2023-11-26
176	NB/T 20660—2023	压水堆核电厂反应堆冷却剂系统调试技术导则			中国原子能出版社	2023-05-26	2023-11-26
177	NB/T 20661—2023	压水堆核电厂反应堆压力容器安装技术规程			中国原子能出版社	2023-05-26	2023-11-26
178	NB/T 20662—2023	压水堆核电厂工况分类			中国原子能出版社	2023-05-26	2023-11-26
179	NB/T 20663—2023	压水堆核电厂核岛通风系统安装技术规程			中国原子能出版社	2023-05-26	2023-11-26
180	NB/T 20664—2023	压水堆核电厂核岛冷源系统调试技术导则			中国原子能出版社	2023-05-26	2023-11-26

续表

序号	标准编号	标准名称	代替标准	采标号	出版机构	批准日期	实施日期
181	NB/T 20665—2023	压水堆核电厂核供汽系统与汽轮机厂房接口设计准则			中国原子能出版社	2023-05-26	2023-11-26
182	NB/T 20666—2023	压水堆核电厂核取样系统设计准则			中国原子能出版社	2023-05-26	2023-11-26
183	NB/T 20667—2023	压水堆核电厂内部灾害防护设计总则			中国原子能出版社	2023-05-26	2023-11-26
184	NB/T 20668—2023	压水堆核电厂外部灾害防护设计总则			中国原子能出版社	2023-05-26	2023-11-26
185	NB/T 20669—2023	压水堆核电厂应急堆芯冷却系统设计准则			中国原子能出版社	2023-05-26	2023-11-26
186	NB/T 20670—2023	压水堆核电厂应急给水系统调试技术导则			中国原子能出版社	2023-05-26	2023-11-26
187	NB/T 20671—2023	压水堆核电厂应急硼化系统设计准则			中国原子能出版社	2023-05-26	2023-11-26
188	NB/T 20672—2023	压水堆核电厂蒸汽发生器安装技术规程			中国原子能出版社	2023-05-26	2023-11-26
189	NB/T 20673—2023	压水堆核电厂蒸汽发生器排污系统设计准则			中国原子能出版社	2023-05-26	2023-11-26
190	NB/T 20674—2023	压水堆核电厂主管道、波动管及其支撑安装技术规程			中国原子能出版社	2023-05-26	2023-11-26
191	NB/T 20675—2023	压水堆核电厂主蒸汽管道泄漏监测系统设计准则			中国原子能出版社	2023-05-26	2023-11-26
192	NB/T 20676—2023	压水堆核电厂自动卸压系统设计准则			中国原子能出版社	2023-05-26	2023-11-26

国家能源局关于印发《发电机组进入及退出商业运营办法》的通知

国能发监管规〔2023〕48 号

国家能源局各派出机构，中国核工业集团有限公司、国家电网有限公司、中国南方电网有限责任公司、中国华能集团有限公司、中国大唐集团有限公司、中国华电集团有限公司、国家电力投资集团有限公司、中国长江三峡集团有限公司、国家能源投资集团有限责任公司、国家开发投资集团有限公司、华润（集团）有限公司、中国广核集团有限公司，北京电力交易中心有限公司、广州电力交易中心有限责任公司，内蒙古电力（集团）有限责任公司，有关电力企业、交易中心：

为进一步规范发电机组和独立新型储能进入及退出商业运营管理，维护市场主体合法权益，促进电力系统安全稳定运行，我们对《发电机组进入及退出商业运营管理办法》（电监市场〔2011〕32 号）进行了修订，现将修订后的《发电机组进入及退出商业运营办法》印发你们，请遵照执行。

附件：

《发电机组进入及退出商业运营办法》（略）

国家能源局

2023 年 6 月 12 日

链接：http://zfxxgk.nea.gov.cn/2023-06/12/c_1310727967.htm

国家能源局

公告 2023 年 第 5 号

根据《中华人民共和国标准化法》《能源标准化管理办法》，国家能源局批准《电动汽车充放电双向互动 第 1 部分：总则》等 261 项能源行业标准（附件 1）、《Specification for geotechnical tests of offshore wind power projects》等 42 项能源行业标准外文版（附件 2），现予以发布。

附件：

1. 行业标准目录
2. 行业标准外文版目录

国家能源局

2023 年 10 月 11 日

链接：http://zfxxgk.nea.gov.cn/2023-10/11/c_1310746777.htm

附件 1

行业标准目录（摘录与核能相关内容）

序号	标准编号	标准名称	代替标准	采标号	出版机构	批准日期	实施日期
3	NB/T 11295—2023	核电厂用玻璃纤维增强塑料外包覆钢筋混凝土管道技术规程			中国电力出版社	2023-10-11	2024-04-11
4	NB/T 11296—2023	核电厂汽轮机数字电液控制系统维修导则			中国电力出版社	2023-10-11	2024-04-11
5	NB/T 11297—2023	直流蒸发器核电机组水汽回路清洁控制技术要求			中国电力出版社	2023-10-11	2024-04-11
54	NB/T 20057.3—2023	压水堆核电厂反应堆系统设计 堆芯 第 3 部分：燃料组件	NB/T 20057.3—2012		中国原子能出版社	2023-10-11	2024-04-11
55	NB/T 20129—2023	压水堆核电厂核岛应急柴油发电机组的安装、试验与验收技术规程	NB/T 20129—2012		中国原子能出版社	2023-10-11	2024-04-11
56	NB/T 20190—2023	核电厂生产厂房的噪声控制	NB/T 20190—2012		中国原子能出版社	2023-10-11	2024-04-11
57	NB/T 20196.1—2023	核空气和气体处理规范 试验规程 第 1 部分：空气处理系统的现场试验	NB/T 20196.1—2013		中国原子能出版社	2023-10-11	2024-04-11
58	NB/T 20196.2—2023	核空气和气体处理规范 试验规程 第 2 部分：气体处理系统的现场试验			中国原子能出版社	2023-10-11	2024-04-11
59	NB/T 20421.6—2023	核电厂安全重要电缆状态监测方法 第 6 部分：绝缘电阻			中国原子能出版社	2023-10-11	2024-04-11
60	NB/T 20469—2023	压水堆核电厂失去厂外电源试验技术导则	NB/T 20469—2017	修改采用 RCC-E-2005	中国原子能出版社	2023-10-11	2024-04-11

续表

序号	标准编号	标准名称	代替标准	采标号	出版机构	批准日期	实施日期
61	NB/T 20677—2023	核电厂照明设计规范			中国原子能出版社	2023-10-11	2024-04-11
62	NB/T 20678—2023	核电厂安全系统光缆、连接件及接头的鉴定			中国原子能出版社	2023-10-11	2024-04-11
63	NB/T 20679—2023	反应堆压力容器顶盖贯穿件 J 型焊缝超声及涡流检验			中国原子能出版社	2023-10-11	2024-04-11
64	NB/T 20680—2023	压水堆核电厂二次侧非能动余热排出系统调试技术导则			中国原子能出版社	2023-10-11	2024-04-11
65	NB/T 20681—2023	压水堆核电厂轴封型主泵调试技术导则			中国原子能出版社	2023-10-11	2024-04-11
66	NB/T 20682—2023	压水堆核电厂辐射监测系统调试技术导则			中国原子能出版社	2023-10-11	2024-04-11
67	NB/T 20683—2023	压水堆核电厂地震仪表系统调试技术导则			中国原子能出版社	2023-10-11	2024-04-11
68	NB/T 20684.1—2023	核电厂防腐施工管理规定 第 1 部分：防腐施工的质量保证			中国原子能出版社	2023-10-11	2024-04-11
69	NB/T 20684.2—2023	核电厂防腐施工管理规定 第 2 部分：防腐蚀工作人员要求			中国原子能出版社	2023-10-11	2024-04-11
70	NB/T 20685—2023	核电厂关键敏感设备管理导则			中国原子能出版社	2023-10-11	2024-04-11
71	NB/T 20686—2023	压水堆核电厂消耗品化学成分控制技术要求			中国原子能出版社	2023-10-11	2024-04-11

续表

序号	标准编号	标准名称	代替标准	采标号	出版机构	批准日期	实施日期
72	NB/T 20687—2023	压水堆核电厂严重事故后堆芯熔融物压力容器内滞留措施要求			中国原子能出版社	2023-10-11	2024-04-11
73	NB/T 20688—2023	压水堆核电厂反应堆冷却剂系统设计瞬态分析要求			中国原子能出版社	2023-10-11	2024-04-11
74	NB/T 20689—2023	压水堆核电厂核岛总体布置设计准则			中国原子能出版社	2023-10-11	2024-04-11
75	NB/T 20690—2023	压水堆核电厂乏燃料水池冷却和净化系统设计准则			中国原子能出版社	2023-10-11	2024-04-11
76	NB/T 20691—2023	核电厂职业病防护设施设计专篇内容和深度规定			中国原子能出版社	2023-10-11	2024-04-11
77	NB/T 20692—2023	核电厂维修规则的建立与应用导则			中国原子能出版社	2023-10-11	2024-04-11
78	NB/T 20693—2023	核电厂安全设施设计专篇格式内容和深度规定			中国原子能出版社	2023-10-11	2024-04-11
79	NB/T 20694—2023	压水堆核电厂主蒸汽管道断裂事故分析要求			中国原子能出版社	2023-10-11	2024-04-11
80	NB/T 20695—2023	核电厂堆外中子探测器鉴定			中国原子能出版社	2023-10-11	2024-04-11
81	NB/T 20696—2023	核电厂催化板式非能动氢气复合器定期检查与试验			中国原子能出版社	2023-10-11	2024-04-11
82	NB/T 20697—2023	核动力厂场内应急设施设计规范			中国原子能出版社	2023-10-11	2024-04-11
83	NB/T 20698—2023	压水堆核电厂反应性控制棒补偿技术要求			中国原子能出版社	2023-10-11	2024-04-11

续表

序号	标准编号	标准名称	代替标准	采标号	出版机构	批准日期	实施日期
84	NB/T 20699—2023	压水堆核电厂反应堆流动稳定性评定方法			中国原子能出版社	2023-10-11	2024-04-11
85	NB/T 20700—2023	压水堆核电厂燃料燃耗信用制方法应用导则			中国原子能出版社	2023-10-11	2024-04-11
86	NB/T 20701—2023	核电厂在役检查大纲编制规范			中国原子能出版社	2023-10-11	2024-04-11
87	NB/T 20702—2023	核电厂工业安全标识使用导则			中国原子能出版社	2023-10-11	2024-04-11
88	NB/T 20703—2023	压水堆核电厂化学控制效能指标			中国原子能出版社	2023-10-11	2024-04-11
89	NB/T 20704—2023	运行核电厂长期资产管理导则			中国原子能出版社	2023-10-11	2024-04-11
90	NB/T 20705—2023	核电厂退役辐射防护与监测要求			中国原子能出版社	2023-10-11	2024-04-11
91	NB/T 20706—2023	核电厂机组性能指数管理导则			中国原子能出版社	2023-10-11	2024-04-11
92	NB/T 20707—2023	核电厂铁素体钢焊缝相控阵超声检测			中国原子能出版社	2023-10-11	2024-04-11
93	NB/T 20708—2023	压水堆核电厂燃料棒性能分析方法与模型要求			中国原子能出版社	2023-10-11	2024-04-11
94	NB/T 20709—2023	核电厂射线照相底片数字化技术规范			中国原子能出版社	2023-10-11	2024-04-11
95	NB/T 20710—2023	核电厂退役费用编制方法			中国原子能出版社	2023-10-11	2024-04-11
96	NB/T 25018—2023	核电厂常规岛与辅助配套设施可靠性数据管理导则	NB/T 25018—2014		中国电力出版社	2023-10-11	2024-04-11

附件 2

行业标准外文版目录（摘录与核能相关内容）

序号	标准编号	行业标准名称	行业标准外文名称	出版机构
17	NB/T 20008.36—2019	压水堆核电厂用其他材料 第 36 部分：安全级设备用镍基合金丝	Other material for pressurized water reactor nuclear power plants—Part 36: Nickel-based alloy wires for nuclear safety related components	中国原子能出版社
18	NB/T 20160—2021	压水堆核电厂不锈钢水池覆面施工技术规程	The construction technical specification for watertight stainless steel liner of PWR nuclear power plant	中国原子能出版社
19	NB/T 20263—2021	核电厂通信设计规范	Design specification for communication system of nuclear power plants	中国原子能出版社
20	NB/T 20313—2014	核电厂运行文件体系	Operating Documentation System of Nuclear Power Plant	中国原子能出版社
21	NB/T 20317—2014	核电厂运行经验反馈管理	Management of operating experience feedback in nuclear power plant	中国原子能出版社
22	NB/T 20454—2017	核电厂培训体系要求	Requirements on training system of nuclear power plants	中国原子能出版社
23	NB/T 20504—2018	核电厂核岛工程微网测量技术规程	Technical practice for micro-grid survey of nuclear island project in nuclear power plant	中国原子能出版社
24	NB/T 20599—2021	核电厂安全级仪表阀鉴定	Qualification of safety class instrument valves for nuclear power plants	中国原子能出版社

国家能源局关于印发《中国先进压水堆核电标准体系项目表（2023年版）》的通知

国能发科技〔2023〕84号

各有关单位：

为深入贯彻“四个革命、一个合作”能源安全新战略，落实《国家标准化发展纲要》《国务院办公厅关于加强核电标准化工作的指导意见》等文件要求，充分发挥核电标准的规范引领作用，在前期工作的基础上，我局组织编制了《中国先进压水堆核电标准体系项目表（2023年版）》，现正式印发。

请各单位根据上述文件，积极开展核电标准的研究及制修订工作，以高质量标准体系建设支撑核电产业安全、可持续发展。

附件：

《中国先进压水堆核电标准体系项目表（2023年版）》（略）

国家能源局

2023年12月15日

链接：http://www.nea.gov.cn/2023-12/25/c_1310757074.htm

国家核安全局关于印发《中国核电厂设备可靠性数据报告》的通知

国核安发〔2023〕13号

各有关单位：

为推动概率安全分析（PSA）技术在我国核安全领域的应用，提高核电厂安全水平和核安全监管效率，我局建立了运行核电厂设备可靠性通用数据库，收集了各核电厂运行以来的设备可靠性数据，并先后印发了《中国核电厂设备可靠性数据报告》（2015版、2016版、2018版、2020版）。

在对相关数据进行分析、整理基础上，我局编制了《中国核电厂设备可靠性数据报告》（2022版），现印发给你们。

国家核安全局

2023年1月10日

链接：https://www.mee.gov.cn/xxgk2018/xxgk/xxgk09/202301/t20230112_1012548.html

国家核安全局关于发布核安全导则《核动力厂修改的管理》的通知

国核安发〔2023〕25号

为进一步完善我国核与辐射安全法规体系，指导和规范核动力厂修改工作，我局组织制定了核安全导则《核动力厂修改的管理》（HAD 103/14-2023），现予公布，自公布之日起实施。

国家核安全局

2023年2月9日

链接：https://www.mee.gov.cn/xxgk2018/xxgk/xxgk09/202302/t20230215_1016425.html

国家核安全局关于发布核安全导则《医疗、工业、农业、研究和教学中产生的放射性废物管理》的通知

国核安发〔2023〕26号

为进一步完善我国核与辐射安全法规体系，规范医疗、工业、农业、研究和教学中产生的放射性废物的处置前管理，我局组织制定了核安全导则《医疗、工业、农业、研究和教学中产生的放射性废物管理》（HAD 401/16-2023），现予公布，自公布之日起实施。

国家核安全局

2023年2月9日

链接：https://www.mee.gov.cn/xxgk2018/xxgk/xxgk09/202303/t20230317_1019924.html

国家核安全局关于发布《核动力厂厂址评价安全规定》的通知

国核安发〔2023〕38号

为贯彻落实《中华人民共和国核安全法》有关要求，在研究汲取日本福岛核事故的经验和教训、借鉴国际和国内核安全监督管理经验、结合我国三十多年核动力厂选址良好实践的基础上，经广泛征求国内有关部门、单位及专家意见，我局重新修订了《核动力厂厂址评价安全规定》（HAF 101），现予以发布，自发布之日起施行。

为指导HAF101的贯彻执行，我局将陆续修订有关核安全导则。在新修订的导则发布前，各有关单位可根据具体情况，经我局同意后，参照我国已发布的核安全导则或者国际原子能机构的相关导则执行。

附件：核动力厂厂址评价安全规定（略）

国家核安全局

2023年2月27日

链接：https://www.mee.gov.cn/xxgk2018/xxgk/xxgk09/202303/t20230303_1018320.html

国家核安全局关于发布核安全导则《放射性废物近地表处置设施营运单位的应急准备和应急响应》的通知

国核安发〔2023〕70号

为进一步完善我国核与辐射安全法规体系，规范放射性废物近地表处置设施的应急相关工作，我局组织制定了核安全导则《放射性废物近地表处置设施营运单位的应急准备和应急响应》（HAD 002/09-2023）。现予公布，自公布之日起实施。

国家核安全局

2023年4月28日

链接：https://www.mee.gov.cn/xxgk2018/xxgk/xxgk09/202305/t20230504_1028832.html

核能行业概况

综述

一、核能产业发展取得新进展

2023 年，我国商运核电机组数量位列全球第三，核电发电量位居全球第二，核电设备利用小时数继续保持高位，商运核电机组运行安全业绩良好，核能综合利用的场景不断拓展，核能助力实现“双碳”目标作用不断凸显。产业链供应链能力持续提升，核燃料循环产业及核电设备供应体系不断完善。核技术应用产业高速发展，成为健康中国、美丽中国、平安中国建设的重要助力。

（一）核电产业安全有序加快发展

2023 年，我国在运、在建机组合计达 8 733 万千瓦，已居全球第二位。运行机组安全业绩保持良好，在建工程稳步有序推进，安全质量进度有效控制。

1. 商运核电机组运行情况

2023 年，我国新增商运核电机组 2 台，即防城港核电二期 3 号机组和石岛湾高温气冷堆核电站示范工程，商运核电机组数量达到 55 台，额定装机容量达到 5 703 万千瓦，位列全球第三，仅次于美国、法国。

2023 年，我国运行核电机组全年累计发电量为 4 333.71 亿千瓦时，仅次于美国，位居全球第二，与 2022 年同期相比上升了 3.98%；累计上网电量为 4 067.09 亿千瓦时，比 2022 年上升了 4.05%，其中市场化交易电量占上网电量的 45.2%。

2023 年，我国核电发电量占全国累计发电量的 4.86%，与法国（62.5%，2022 年）、韩国（30.4%，2022 年）、美国（18.2%，2022 年）、加拿大（12.9%，2022 年）等国家以及全球平均水平（9.8%，2021 年）相比，我国核电发电量占比仍然较低，我国核电还有较大的发展空间。

2023 年，我国运行核电厂严格控制机组的运行风险，未发生国际核事件分级表[1]（INES）1 级及 1 级以上的运行事件；未发生一般及以上辐射事故；未发生较大及以上生产安全事故；未发生一般及以上环境事件；未发生职业病危害事故及职业性超剂量照射。

我国运行核电厂严格遵守国家环境保护法规和环境辐射监测标准以及国家核安全局批准的排放限值，对放射性流出物的排放进行了严格控制，对核电厂周围辐射环境进行了有效监测。2023 年 1—12 月放射性流出物排放统计结果表明，我国在运核电厂放射性流出物的排放量均低于国家核安全局批准限值。历月辐射环境监测数据表明，各在运核电基地外围监督性监测自动站测出的环境空气吸收剂量率在当地本底辐射水平正常范围内，未监测到因核电机组运行引起的异常。

1 国际核事件分级表把核事故共分为 7 级，其中将对安全没有影响的事故划分为 0 级，影响最大的事故评定为 7 级，1 级到 3 级被称为核事件，4 级到 7 级被称为核事故。

2023 年我国满足 WANO 综合指数计算条件的 54 台机组中，有 33 台机组的 WANO 综合指数达到满分（100 分），占比 61.11%。我国核电机组的 WANO 综合指数满分比例和 WANO 综合指数平均值均高于美国、俄罗斯、法国、韩国等主要核电国家，同时优于全球机组的平均水平。

与燃煤发电相比，2023 年我国核能发电相当于减少燃烧标准煤 1.23 亿吨[1]，减少排放二氧化碳 3.23 亿吨、二氧化硫 104.89 万吨、氮氧化物 91.31 万吨[2]。1994 年至 2023 年，我国核电发电量累计达到 39 322.4 亿千瓦时。相较于燃煤发电，核能发电大幅减少温室气体及大气污染物排放，相当于减少约 10.31 亿吨燃烧标准煤，约 29.64 亿吨二氧化碳排放、约 961.76 万吨二氧化硫排放、约 837.30 万吨氮氧化物排放。

与此同时，核能多用途利用场景不断拓展，持续助力用能低碳转型。在核电厂供暖方面，我国海阳、秦山、红沿河核电厂供暖示范项目陆续投产，2023—2024 年供暖季供热面积达到 1 320 万平方米。国家电力投资集团有限公司（简称国家电投）“暖核一号”三期核能供热项目实现全国首次跨地级市核能供热，“秦山核电核能供热”项目在新华网主办的 2023 碳达峰碳中和创新创造大会上获评“双碳”杰出贡献案例，取得了良好的社会效益和群众满意度；在工业供汽方面，不同类型的核反应堆设计参数范围可覆盖石化行业及加工制造业所需的各个蒸汽参数等级，江苏田湾、浙江三门核电厂核能工业供汽改造正在有序推进，中核苏能江苏徐圩核能供热项目正在开展前期工作。

2. 在建核电项目建设情况

2023 年，我国新核准 5 个核电项目共计 10 台核电机组，分别是福建宁德核电厂 5、6 号机组、山东石岛湾核电厂扩建一期工程 1、2 号机组、辽宁徐大堡核电厂 1、2 号机组、广东太平岭核电厂 3、4 号机组、浙江金七门核电厂 1、2 号机组。当年新开工核电机组 5 台，分别是三门核电厂 4 号机组，海阳核电厂 4 号机组，徐大堡核电厂 1 号机组，陆丰核电厂 6 号机组和廉江核电 1 号机组。2023 年我国核电核准项目、核准机组、开工机组数量均与 2022 年持平，且稳定在近五年较高水平。

截至 2023 年 12 月底，我国在建核电机组 26 台，总装机容量 3 030 万千瓦；在建机组数量和装机容量均继续保持世界第一，我国在建机组装机容量占全球在建机组总装机容量的 39.63%。从各机型装机容量占比来看，位列第一的是压水堆“华龙一号”HPR1000，共 11 台机组，装机容量占比 43.67%；后续依次为压水堆 CAP1000，共 6 台机组，装机容量占比 24.80%；压水堆 VVER-1200，共 4 台机组，装机容量占比 16.76%；压水堆“国和一号”CAP1400，共 2 台机组，装机容

1 国家能源局 2023 年 12 月 20 日发布信息显示，2023 年 1—11 月我国火电供电煤耗为 303.4 克标准煤 / 千瓦时。

2 减排计算方法来源于国家统计局网站，按照工业锅炉每燃烧一吨标准煤产生二氧化碳 2 620 千克，二氧化硫 8.5 千克，氮氧化物 7.4 千克计算。

量占比 10.12%；其他机型包括压水堆“玲龙一号”ACP100（小型模块化反应堆）1 台和钠冷快堆 CFR600 2 台，共 3 台机组，装机容量占比 4.66%。

国内在建核电工程整体上稳步推进，项目安全、质量、技术、环境保护等方面均得到有效控制。除 2023 年新开工的 5 台核电机组外，其余核电工程主要进度如下：全球首座具有四代核电技术特征的核电站——山东石岛湾高温气冷堆核电站示范工程正式投入商业运行；广西防城港 4 号机组完成热试；“国和一号”示范工程进展顺利；福建漳州 1 号机组完成冷试，2 号机组外穹顶钢衬里吊装就位；广东太平岭 1 号机组完成冷试，首台核岛主设备反应堆压力容器就位；浙江三澳 1 号机组完成应急柴油发电机组的引入工作，2 号机组完成穹顶吊装；海南昌江 3 号机组全面转入安装阶段，220 千伏辅助电源倒送电成功，4 号机组内穹顶吊装就位；江苏田湾 7 号机组全面转入安装阶段，反应堆厂房首台主泵泵壳开始引入反应堆厂房，8 号机组 500 千伏倒送电安装开始；海南昌江小堆示范工程反应堆内部结构主体施工完成，常规岛除氧器顺利吊装就位；辽宁徐大堡 3 号机组反应堆压力容器吊装就位，4 号机组反应堆安全壳钢衬里模块三吊装就位；浙江三门 3 号机组反应堆压力容器吊装就位。此外，“华龙一号”示范工程福清核电 5、6 号机组荣获 2022—2023 年度国家优质工程金奖。

（二）核能产业链供应链能力持续提升

作为核能大国，我国高度重视并不断完善核燃料循环产业及核电设备供应体系，推动相关环节技术升级和优化，不断提高核能产业供应链的整体水平、协同发展、运行效率和竞争力。

1. 铀矿找矿行动成果显著

在国家的推动和政策支持下，我国大力实施新一轮铀矿找矿突破战略行动。2023 年，我国投入 95 万米钻探工作量，开展基础性、战略性、公益性铀矿勘查工作。全年新增资源量大幅增长，达到全年钻探计划新增资源量的 2.5 倍，新发现铀矿工业孔 428 个，落实可地浸特大型铀矿床 1 处、大型铀矿床 1 处；在鄂尔多斯北部、松辽盆地南部、柴达木盆地新发现 3 个铀矿产地；在松辽盆地北部、柴达木盆地、赤峰平庄盆地等 10 个新地区首次发现或新层位发现较好的工业铀矿孔，圈定了一批极具前景的找矿靶区和远景区。

在大力开展铀资源勘查活动同时，持续夯实国内铀资源生产保障基础。我国首个单体千吨级铀矿建设项目——纳岭沟项目、737/739 产能延续项目、巴彦乌拉二期和棉花坑三期等 4 个产能项目获得核准批复，产能建设推进速度创纪录。钱家店Ⅳ块铀矿床地浸采铀工程实现达产达标。我国积极提升天然铀生产精细化管理水平，铀矿山生产运行稳定，自动化、数字化、智能化水平持续提升，我国在内蒙古构建了“数字原地浸出可视化高效采铀”体系，开启地浸采铀精准管控新模式。我国拓展铀资源保障来源，江西独居石综合利用项目，作为目前我国单体产能最大的独居石综合利用生产线，回收铀、钍、稀土等战略性资源，目前正在积极推进生产区建设。近年来，我国通过技术创新，铀及有价金属的浸出率、回收率、资源利用率已达到同行先进水平。

2. 核燃料加工生产运行平稳

巩固铀纯化转化能力，推动生产能力稳步提升。我国已经形成万吨级铀纯化转化能力，建成“一南一北”两个生产基地。2023年，国内两个生产基地生产稳定运行，全面完成各项生产任务。为了持续巩固生产保障能力，中核二七二铀业有限责任公司推进铀纯化老线安全改造，实现工艺厂房封顶；中核四0四有限公司稳步推进老线技术改造，不断挖掘生产线潜力。持续推进科技创新，一体化铀纯化转化技术具备工程化能力。为加强生产运行创新优化管理，中核二七二铀业有限责任公司推进生产“三化”（生产管理小时化、设备运行图表化、设备检修标准化）管理创新，大幅度提升了生产稳定性和生产效率。

铀浓缩生产线扩建有序推进，生产自动化水平不断提升。根据国内核电站新建节奏及国际市场需求，我国积极推动铀浓缩产能扩建，加快生产线项目建设。在运铀浓缩生产线保持生产运行稳定，为下游环节提供高质量浓缩铀产品。我国持续推动铀浓缩产业链生产数字化转型，启动专用设备智能化生产线建设，推进铀浓缩工程能源管理平台以及产品在线检测等数智化系统建设，实现铀浓缩工程耗能系统集中化控制，生产线节电效果提升明显，人员配置得到进一步优化，部分生产线劳动生产率最高可达此前的2倍。中核陕西铀浓缩有限公司获得工业和信息化部2023年度智能制造优秀场景、物联网赋能行业发展典型案例。

核燃料元件生产能力满足需求。我国具备了完善的核燃料元件加工能力，能够满足压水堆、重水堆、高温气冷堆等机组的核燃料元件需求，产业能力跻身世界前列。持续推进CF3自主品牌核燃料组件应用，大力推进核燃料元件加工智能化转型。中核北方核燃料元件有限公司（简称中核北方）推动压水堆燃料元件智能制造示范工厂建设，实施端塞焊线自动识别与测量系统等改造和开发应用，显著提升生产检测效率，并入选2023年工业和信息化部“智能制造示范工厂揭榜挂帅项目”；中核建中核燃料元件有限公司（简称中核建中）专项生产线实现运行状态数字感知和集中管控，并实现燃料棒焊缝X射线实时成像和外观自动化检测，生产效率显著提升。

3. 乏燃料得到安全有效管理

截至2023年底，我国压水堆核电厂累计产生乏燃料9 640吨，相比2022年增加1 249吨，其中8 990吨贮存在在堆水池或核电厂厂内干式贮存设施中。

乏燃料运输能力持续巩固提升。2023年，我国乏燃料运输体系正常运行，完成多批次公海铁乏燃料运输任务，保障核电厂安全运行；持续推进核电站海铁换装码头改造任务，扩充乏燃料运输容器等能力，满足不断增长的乏燃料运输需求；推动乏燃料运输活动审批机制的优化，促进乏燃料运输活动安全高效开展。

乏燃料贮存能力建设力度不断加大。我国建立了干式、湿式相结合的乏燃料离堆贮存能力。截至2023年底，形成2 500吨的湿式贮存能力，大约1 200吨干式贮存能力。其中田湾第一阶段已建成143吨的干式贮存能力项目、第二阶段388吨的干式贮存能力项目已开工建设（形成部分贮存能力）；大亚湾已建成397吨干式贮存能力项目；秦山第一阶段已建成368吨干式贮存能力项目，第二阶段50吨贮存项目正在建设中。我国加快论证集中乏燃料干式贮存设施，实现乏燃料运输、处理处置体系的紧密衔接，已初步完成离堆集中贮存设施建设方案和工作方案。

乏燃料后处理能力建设稳步推进。我国按照构建核燃料闭式循环体系目标，稳步推进乏燃料后处理能力建设。2023年，后处理重点工程相继完成里程碑节点，工程建设平稳有序，配套能力加快完善，为加快形成核燃料闭式循环体系奠定基础。

4. 低放废物处置布局初步形成

我国低水平放射性废物（简称低放废物）处置能力满足废物产生需求，现有低放废物处置场总体规划处置容量超过150万立方米，建成处置能力（设计）超过30万立方米，共计接收废物总量超过8万立方米。2023年，我国首个岩洞型处置设施广东阳江低放固体废物处置场完成建设，新增4.5万立方米处置容量，同时，推进广西防城港、辽宁徐大堡、山东海阳等低放废物处置场项目前期工作。我国低放固体废物“区域+集中”的处置布局已初步形成。

全年按计划处置全国核电低放固体废物2 300余立方米，有效保障我国核能可持续发展。其中龙和处置场作为全国核电低放废物的集中处置场，2022年11月正式投运后，已经接收并处置田湾、秦山、大亚湾、宁德等核电基地的积存废物，截至2023年底累计接收待处置废物近3 000立方米。

5. 核电装备制造持续推进高质量发展

我国核电装备制造产业已形成了每年10台/套百万千瓦级压水堆主设备的制造能力，自主三代百万千瓦级核电机组综合国产化率达到90%以上，建成了高温堆主设备产业链，建立了较为完整的原材料、主设备、辅助设备、仪控仪表产业链，生产与供应能力满足核电发展的需要。

近年来，国内核电装备制造企业始终坚持产业链的自主创新，以研发带动技术进步、以技术促进质量提升，从而形成核电装备平稳有序、协调发展的格局。

2023年，核电装备制造企业以服务国家战略为已任，持续加强进度风险管控，以年度关键节点计划、关键设备进度跟踪表等为抓手，强化项目计划的刚性约束和执行力，多措并举确保设备按期交付。在抓好在制项目设备制造的同时积极做好现场服务工作，持续加强“华龙一号”“国和一号”“玲龙一号”等项目工程现场服务工作组织和协调，全力保障重大工程关键节点按期实现。持续推动技术创新，加强核能装备制造科技创新能力提升，切实推进核电原创技术策源地建设。2023年装备制造企业全面完成示范快堆主设备研制，全面开展 600 兆瓦高温气冷堆主设备研制，全面参与多功能模块化小堆主设备科研预研。不断推进智能化、数字化水平，通过不断打造“硬核科技”和加快“数智制造”，提升核能装备制造的技术能级，支撑好各堆型技术的创新发展。与此同时，推进产业链和供应链自主可控，按计划组织推进国产化零部件的研发、鉴定和成果应用，着力解决核电设备“卡脖子”问题，推动核电装备制造高质量发展。

2023 年国内核电主设备累计交付 54 台套，具体情况如表 1 和图 1 所示。

表 1　2023 年我国核电主设备生产情况

单位：台 / 套

堆型	设备	交付数量
“华龙一号”	压力容器	4
	蒸汽发生器	10
	堆内构件	3
	控制棒驱动机构	2
	主泵	3
	稳压器	3
	主管道	5
	汽轮机	2
	发电机	2
	凝汽器 / 低加 /MSR	3
国和系列	压力容器	2
	主泵	1
	稳压器	2
	堆芯补水箱	2
	除氧器 / 高加	1

续表

堆型	设备	交付数量
“玲龙一号”	压力容器	1
	堆内构件	1
	稳压器	1
	凝汽器	1
钠冷快堆	堆容器	1
	堆芯支承	1
	除氧器 / 高加 / 低加	1
VVER	除氧器 / 高加	2
合计		54

注：以上数据根据各企业主要设备出产数据汇总，不含样机、试验件。

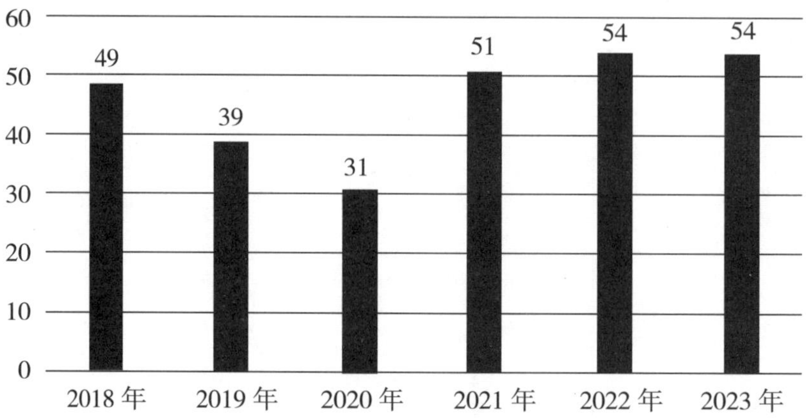

图 1　2018—2023 年我国核电主设备交付数量（台 / 套）

（三）核技术应用产业进入高速发展阶段

核技术应用产业是现代高新技术产业，是典型的战略性新兴产业，涉及核技术在工业、农业、医学、环保、公共安全等多个行业领域的广泛融合应用。我国核技术应用产业近年来发展迅速，已深度嵌入国民经济领域，成为健康中国、美丽中国、平安中国建设的重要助力。

1. 同位素向自主化生产和供应方向全面迈进

放射性同位素产能建设加快构建。中核集团、中广核集团、国家电投集团等单位全面布局并推动医用同位素自主化生产设施和能力的建设，力争在2024—2025年实现碳-14、碘-131、镥-177等市场需求较高的主要医用同位素的自主化生产与供应。中核集团秦山同位素生产基地建设项目所有子项完成封顶，商用堆辐照生产钇-90、镥-177、锶-89、碘-131技术开发取得实质性进展；第二批碳-14靶件辐照生产靶件入堆，并将于2024年实现首批靶件出堆，全面满足国内市场需求；夹江医用放射性同位素生产基地建设稳步推进，2024年6月实现试生产并具备投运条件，形成碳-14、碘-125、镥-177等8种国内市场急需医用同位素的稳定供应能力；夹江溶液型医用同位素生产堆取得建造许可证，正式开工建设；江西天红泳池式研究堆获得核准；由中国同辐、原子高科联合承研的国防科工局核能开发科研项目“诊疗一体化关键核素铜-64制备技术及相关药物研究”通过验收，标志着我国正式具备铜-64核素批量化市场供应能力。中广核核技术发展股份有限公司（简称中广核技）的（绵阳）医用同位素生产基地项目完成主体结构施工和水电暖通工程的施工，预计2024年上半年建成投产，形成锗-68、碘-123及医用锗镓发生器等批量化生产能力。国家电投重庆创新医用同位素项目通过环评，正式进入建设阶段。5月19日，中国首台商用30 MeV回旋加速器项目在成都纽瑞特开工建设，预计于2025年6月投产，实现锗-68、碘-123、锕-225等核素的批量化生产。

稳定同位素生产实现自主化突破。中核集团安徽桐城碳-13气体富集项目全线贯通，关键稳定同位素国产化实现突破；国内首次分离出丰度大于99%，纯度大于99.5%的镱-176同位素，切实增强了我国医用同位素无载体镥-177前体材料——高丰度镱-176同位素的国产化制备能力，标志着我国自主研制的镱-176同位素达到国际先进水平；通过自主研发首次获得公斤级丰度99%钼-100同位素，标志着我国在高丰度稳定同位素研究领域达到了世界领先水平，成为世界上极少数可以批量获得钼同位素的国家。

2. 加速器技术研发与产能建设取得新突破

中核集团突破基于直线加速器的高能X光源变相位聚焦和高功率密度靶等技术，成功研制S波段小焦点X光源加速管，达到国际同类直线加速器先进水平；成功研制出国内首台紧凑型加速器质谱仪（AMS），为加速器质谱的高灵敏分析应用奠定了坚实基础；基于回旋加速器的中子成像技术取得重大进展，获得国内首个基于回旋加速器的中子成像照片，分辨率达3线对/毫米。国核铀业自主研制的医用小回旋加速器—核创旋龙16i成功出束，国家电投集团首台自主质子加速器样机研制成功。中广核集团研发的我国首台大功率电子帘加速“120千电子伏-520毫安电子帘加速器”通过验收。

3. 放射性药物产能建设与创新研制全面展开

中核集团华北分子靶向诊疗药品生产基地建设项目完成土建施工等工作；注射用硫化胶体药盒、锝[^{99m}Tc]硫化胶体注射液、镓 [^{68}Ga] 多特安肽注射液、镥 [^{177}Lu] 氧奥曲肽注射液、氟 [^{18}F] 司他明注射液等一批新研核药获国家药品监督管理局（NMPA）批准临床试验，药物创新研发迎来高峰。成都纽瑞特加速器及同位素药物产业化项目顺利奠基启动，项目建成后将形成从前端放射性核素原料到终端放射性药物生产的全产业链条，项目建设单位成为中国生产商业化核素最多的基地。东诚药业 ^{177}Lu-LNC1004 注射液、^{177}Lu-LNC1003 注射液等获批临床试验，建成投运的同位素医药中心达到 27 家。2023 年 9 月 15 日，先通医药 Aβ-PET 显像剂欧韦宁® 氟 [^{18}F] 贝他苯注射液获得 NMPA 批准上市，成为国内首个获批用于 AD 诊断的 Aβ-PET 显像剂。

4. 核医疗多款高端装备实现重要节点突破

中核集团国产化高端医疗装备开发取得突破，国产 Tomo C 装备正式自主批量生产，开创了中国自主生产新型高端双螺旋断层放疗智造设备的先河；智能钴 -60 锥束聚焦立体定向治疗系统完成产品检测，并启动临床试验；230 兆电子伏超导质子回旋加速器及治疗端通过验收技术测试；国内首台基于强流回旋加速器的 BNCT 样机研制成功，为下一步开展 BNCT 商品机定型和临床技术研究提供了坚实保障。中科离子自主研制的 240 兆电子伏高能医用超导回旋质子加速器成功出束；玖谊源回旋加速器及同位素药物研发生产基地正式投产，满产运行年产能可达 50~100 台，成为全球规模最大的医用回旋加速器生产基地；上海联影放射治疗计划软件、永新医疗单光子发射及 X 射线计算机断层成像系统（SPECT）获国家药品监督管理局批准上市。

5. 工业辐照应用持续拓展

辐照加工产业持续发展壮大。中广核集团多个辐照中心项目投产，国内在运辐照中心达 18 座，布局电子加速器 62 台，布局由长三角、珠三角地区逐步向华北地区拓展；试点“辐照 + 云仓”业务模式，为辐照业务客户提供全新的“辐照 + 物流”24 小时保姆级服务。上海青浦辐照中心实现地纳米加速器配置四进四出双工位，单日产能达到 2 000 千米以上，远优于行业平均水平（单日 800~1 000 千米），具备打造行业标杆站点的水平。中核集团积极打造电子束固化产业生态圈，实现电子束固化板材工艺和生产线打通以及电子束固化彩涂板和薄膜领域产业布局。

电子束处理特种废物应用范围不断拓展。中广核技联合清华大学自主研发的电子束处理特种废物技术在印染废水、化工园区废水、医疗废水 / 固废、制药废水、城镇生活污水等多个领域实现应用，于国内各地落地一大批应用项目。中广核技与清华大学联合研发、国内首创的“电离辐射技术处理抗生素废水及菌渣”科技成果，为无害化处理处置抗生素废水及菌渣提供了新途径，荣获“2023 年度水处理领域创新技术一等奖”，实现设备首销与交付。

6. 核安保持续助力平安中国建设

中核集团研制的薄壁能谱 CT 实时精准无感通关系统，荣获北京市科技进步一等奖；与清华大学共同研制的“基于碳纳米管冷阴极分布式 X 射线源的静态 CT 智能查验系统”入选“科创中国”先导技术榜，使我国成为全球第一个掌握全新 X 射线源技术的国家；安检设备和整体解决方案成功应用于海口美兰机场、三亚凤凰机场、琼海博鳌机场以及洋浦港、南港、清澜港海关等查验现场，实现了查验模式和客户体验的双革新，助力海南自贸港建设；发布小型化太赫兹人体安检仪等一批新产品，推动安检技术升级换代；车载移动式集装箱 / 车辆检查系统、行李物品 X 光机等多款安检设备高质量保障和服务 2023 年杭州亚运会、大学生运动会等重大活动安全保障工作。

二、核能科技创新迈上新台阶

我国始终把核科技创新摆在核工业发展的核心位置，持续推进新时代核能科技创新体系建设，强化核能技术研发，扎实推进“热堆—快堆—聚变堆”的核能“三步走”发展战略。2023 年，“国和一号”示范工程建设深入推进，高温气冷堆核电站科技重大专项示范工程正式商运投产，小型堆、钠冷快堆、熔盐堆、铅铋堆、聚变堆等关键技术持续取得新突破，核燃料循环全产业链系列技术取得新进展。

（一）先进核能技术实现多领域快速发展

1. 自主三代核电技术持续升级优化

“华龙一号”（HPR1000）稳步推进型谱化系列化发展。在“华龙一号”批量化建设过程中，科研团队秉承持续创新优化的理念，以不断提高“华龙一号”安全性、经济性和先进性为目标，不断加大技术研发力度，从强化和完善“华龙一号”主要的创新设计特征、提高单机组功率、提高机组可利用率、优化系统设计方案和配置、完善布置和土建结构设计、提高设备国产化率、提升电厂运行性能等方面着手，逐步推进“华龙一号”型号技术升级，提升核电站的综合能力。

华龙后续机型研发已完成方案设计研究，全面转入标准初步设计研究阶段，完成反应堆及一回路初步设计，建成安全系统综合试验装置，工程科研加速推进，五十余项科研成果成功用于在建和新开工机组。2023 年 12 月，核动力院顺利完成华龙后续机型安全系统冷管段小破口等首批典型工况试验，获得了重要试验数据，为华龙后续机型的原型设计及软件验证，以及安全审评提供重要的数据支撑，也标志着华龙后续机型研发进入了重要的设计验证新阶段。

中广核集团结合中广核“华龙一号”示范项目防城港 3 号机组建设及运维经验，进一步做精做优技术方案，在工期优化、可建造性、运维便利等方面开展技术优化，通过技术改进提升“华龙一号”综合性能和竞争力。中广核集团深入推进改进方案试验验证工作，建成了整体效应试验台架等一系列重大试验台架，为技术方案验证及“华龙一号”新版本研发打下坚实基础。

2. 第四代核电技术科研持续推进

（1）高温气冷堆核电站示范工程正式投产运行

2023 年 12 月 6 日，具备第四代核电技术特征的高温气冷堆核电站—华能石岛湾高温气冷堆核电站示范工程正式投产运行。该工程围绕高温气冷堆运维及推广应用开展了包括高温气冷堆调试、运行、维修、在役检查、辐射防护、水化学及制氢、核能供热等多项研究。工程建设单位积极推进高温气冷堆关键设备国产化工作，开展了高温气冷堆关键泵阀设备攻关；研制出国内首台用于高温气冷堆冷却剂系统和主蒸汽系统的核级先导式安全阀样机；研制出核电厂用抗震雨淋阀组，核心系统和关键零部件实现全国产化；研发了球形阀瓣、锥形阀座主密封组件的截止阀和可脱离式无磨损主密封结的球阀，相关技术填补国内空白。

（2）百万千瓦级钠冷快堆核能系统工程化扎实稳步推进

我国完成堆芯概念设计评审和工程项目概念设计，中国原子能科学研究院联合中国核电工程有限公司、华东电力设计院等多家单位协同攻关，优化大功率中间热交换器、蒸汽发生器、钠管道波纹管等设备设计，简化系统设计，实现了反应堆堆功率提升近一倍、核岛厂房体量不增反降。

（3）铅（铋）基堆技术能力不断提升

我国建成全国首台动态铅铋环境下反应堆结构材料力学性能测试试验台架，基于台架开展了铅铋堆新研材料的拉伸、持久和疲劳性能试验，获取首批材料铅铋环境下的力学数据。自主研发了适用于铅铋堆的 NbMoTaW（铌钼钽钨）和 TaWVCr（钽钨钒铬）涂层，这类涂层在低氧含量的铅铋合金中表现出优秀的耐铅铋腐蚀特性。建立关键部件材料在高速动态 S-CO_2 环境的抗冲刷腐蚀性能测试台架，为推进铅基堆工程化应用提供有力支撑；首次建成中子辐照 IASCC 试验研究平台。

我国积极开展多种功率等级铅基快堆创新方案研究，推动突破新型宽氧控耐腐蚀合金材料等关键共性技术。围绕小微型铅冷快堆技术方案设计与优化、耐腐蚀合金材料的研制与实验、基于新型合金的关键设备与部件设计制造技术及工艺研究，开展小微型铅冷快堆非能动余热排出系统研究与系统安全分析。

（4）钍基熔盐实验堆获得国家运行许可

2023 年 6 月，位于甘肃省武威市的 2 MWt 液态燃料钍基熔盐实验堆获得由国家核安全局颁发的运行许可证，由中国科学院上海应用物理研究所负责运营 10 年。

3. 小型压水堆技术取得新突破

（1）ACP100“玲龙一号”首堆工程稳步推进

2023 年 8 月，“玲龙一号”的反应堆压力容器吊装成功；11 月初，钢制安全壳顶封头顺利吊装就位，标志着全球首个开工建造的模块式小型示范堆的关键结构封顶，全面进入内部安装高峰期，不断刷新工程建设“进度条”。

（2）NHR200-Ⅱ低温供热堆设计持续优化

中广核集团与清华大学合作，以供热

小堆标准初步设计深化、经济性提升、工程验证试验为主线开展攻关。工程设计方面，两家单位完成供热小堆核岛标准初步设计，通过核能行业协会组织的专家评审，具备科研转工程应用条件；经济性提升方面，从设计、采购、建造、调试及生产准备等方面深入挖掘优化项，进一步提高了市场竞争力。

（3）国和系列小型堆型号逐步形成

国家电投集团基于重大专项研发成果，瞄准核能供热市场，依托型号研发平台，突出关键技术研究，形成国和系列的小型堆型号。完成一体化供热小堆型号初步设计，完成内置式控制棒驱动机构、缠绕管式换热组件等主设备研制，完成关键换热设备水化学相容性验证、水化学与结构材料和燃料包壳材料相容性研究等关键试验。围绕形成具有完全自主知识产权的紧凑式先进小型压水堆型号目标，突破多项关键技术，完成了直连结构、水室封头与主泵泵壳一体化结构水力特性、主回路支撑设计方案优化等研究内容，为型号工作的进一步开展打下坚实基础。

4. 聚变核能技术不断取得新进展

（1）聚变大科学性装置不断突破运行记录

2023 年 4 月，中国大科学装置“人造太阳”——世界首个全超导托卡马克东方超环（EAST）在实验中成功实现了 403 秒稳态长脉冲高约束模式等离子体运行，创造了托卡马克装置高约束模式运行新的世界纪录；8 月，“中国环流三号”（HL-3）首次实现 100 万安培等离子体电流下的高约束模式运行，再次刷新我国磁约束聚变装置运行纪录，解决了等离子体大电流高约束模式运行控制、高功率加热系统注入耦合、先进偏滤器位形控制等关键技术难题。

（2）聚变堆关键技术研究取得突破

针对偏滤器和包层第一壁等聚变堆关键堆内核心部件以及高温超导磁体技术前沿难题，我国拥有大尺寸氧化物弥散强化钨面向等离子体材料的制备技术、大尺寸原位氧化物弥散强化铜合金热沉材料的熔炼制备技术、百公斤级高纯钒合金的制备技术和各材料间的可靠高温扩散连接技术、高温超导股线与管内铠装导体制备及低温与高场测试技术等多项关键技术，实现了材料显微组织与性能综合调控、材料强度 / 韧性 / 再结晶温度的协同提升、纳米氧化物颗粒在铜基体中的原位形成与弥散分布，大尺寸氧化物弥散强化钨材料综合性能达到了同类型材料的国际领先水平，实现了低活化钢无缝薄壁与激光焊接两类方管及高性能的百米级股线和管内电缆导体（CICC）短样的研制。另外，中核集团率先突破了高温承压部件的热氦检漏技术，研制了中大型高灵敏度热氦检漏设备，其核心指标满足国际热核聚变实验堆（ITER）的高标准要求，检测灵敏度优于国内外同类装置两个数量级，达到国际领先水平。

（3）全球首项核聚变领域国际标准正式发布

由核工业西南物理研究院（简称核西物院）主导编制的我国首项核聚变领域国

际标准《反应堆技术—核聚变反应堆—核聚变堆高温承压部件的热氦检漏方法》(标准编号为 ISO 4233:2023）正式发布，它也是 ISO 发布的首项核聚变领域国际标准。

（二）持续推进核燃料循环技术创新

1. 铀矿勘查采冶技术取得新进展

“绿色、智能、安全、高效”的天然铀采冶技术体系逐步形成，复杂地区与深部层位铀资源高效、经济、智能化开采能力大幅提升。我国自主研发了数字综合测井等先进勘探装备，质谱仪等关键仪器实现国产化。拥有了大规模细粒级堆浸关键技术，开展百万吨级堆浸试验。打通了铀多金属矿选冶工艺流程，中试线建设加快。海水提铀试验平台建成投运，推进海水提铀等非常规铀资源开发。

2. 核电燃料组件研制稳步推进

核燃料进入自主化、系列化、型谱化的快速发展阶段，CF4 模拟组件完成制备，首次完成堆内高温高压环境运行的水力学特性试验；SAF-14 先导组件完成所有堆外试验和设计分析，先导棒正式入商用堆考验；STEP-12C 先导组件完成第一循环商用堆辐照考验，池边检查结果符合设计预期；ATF 燃料组件完成首堆循环考验。

3. 退役治理技术研发实力增强

自主研发的 TBP 热解焚烧设施投入运行；中国核电工程有限公司联合核西物院顺利完成等离子体高温熔融工程样机研发任务。核退役治理技术中心成立，统筹全行业科研力量，聚焦解决核退役治理重难点“卡脖子”问题。

4. 高放废物处置研发进展顺利

高放废物深地质处置地下实验室建设各项任务进展顺利，斜坡道施工已完成 3 000 米，人员竖井已至 570 米。地下实验室场址地下水监测网络建成并投入运行，实现了关键部件设计加工、监测设备系统集成的自主可控。

（三）共性技术创新提升核科技整体水平

1. 加强基础研究

材料研究方面。一是研制出了适用于不同堆型需求的新型高熵合金材料，并完成了各项使役性能研究，打通了包括模拟计算、材料制备和性能评测在内的全流程高熵合金材料研发技术路线，探明了高熵合金材料抗辐照耐腐蚀的机理，为新一代压水堆及其它特殊堆用关键部件的候选材料提供了理论指导和数据支持。二是成功解决了铅铋冷却快堆中结构材料腐蚀严重这一技术难题，在国内首次实现了耐液态铅铋腐蚀材料工业规模生产和供货，填补了国内相关领域空白，对我国铅铋冷却快堆技术发展具有重要意义。

探测器技术方面。一是成功研制出国内首个基于 DDAA（快中子慢化趋势特征差分衰减分析）技术的核材料高效主动探测系统原理样机，并达到预期全部技术指标要求，为在复杂条件下进一步开展核材料高效主动探测提供了关键技术支撑。二是成功研制国际首款核辐射探测芯片，可用于涉核领域放射工作场所、人员、环境等辐射剂量监测场景，能够实现 X/γ 和中子剂量的准确测量，相关能力达到国际先进水平。

加速器技术方面。一是成功研制出国内首台紧凑型加速器质谱仪（AMS），标志着我国在高端核分析设备研制方面取得重要进展，为加速器质谱的高灵敏分析应用奠定了坚实基础。二是国内首台基于强流回旋加速器的 BNCT 样机研制成功，为下一步开展 BNCT 商品机定型和临床技术研究提供了坚实保障，有力推动了 BNCT 装备成果转化。

工业软件方面。一是国内首次实现堆用小型化 DCS 工程应用，为未来小堆工程的实堆应用奠定技术基础，也为小堆核电源 DCS 设计提供了重要参考。二是成功研发国内首套商用级液态钠冷反应堆系统分析与安全评价软件，该软件的成功研制解决了快堆设计和安全分析关键工业软件的“卡脖子”技术难题，对我国先进钠冷反应堆研发具有重要意义。三是成功建成我国第一座重水反应堆（101 堆）退役虚拟仿真交互实验室，并投入使用，为 101 堆退役工程实施提供了重要的技术支持。

2. 推进数字化转型

DCS 龙鳍®首台套产品达国际先进，我国自主研发的第四代核电安全生产管理系统 ASP-1 通过验收，中国核电数字化运行规程平台在福清核电 3、4 号机组和海南核电 1、2 号机组同步上线。

中核内蒙古矿业数字化地浸远程控制中心升级改造项目正式投入运行，建成国内首个地浸铀矿山智能化远程管控中心，做到“千里之外、一键采铀、一屏掌控”。

新一代核电工程精益建造平台上线运行，有效支撑核电工程建设的精益化管理，以工程建造“进度、成本、安全、质量”四大管理为主线，制定智能化核电建造系统性解决方案。

自主研发的中核集团核工业“龙吟”大模型 2.0 版正式亮相，是国内首个面向核工业领域的大语言模型，可以数字生产力的形式辅助现场工程师大幅提高工作效率，降低各环节人力成本，促进核工业数字化创新与高质量发展。

“核 + 北斗”融合应用助力数字化转型。我国通过建设霞浦核电智慧工地等示范性强、成效显著的北斗示范应用项目，形成了可复制、高可用的北斗应用系统和产品，为进一步推动北斗系统在核能领域的规模应用奠定坚实基础。

（四）创新人才队伍不断壮大

经过多年努力，我国已拥有从核地质勘查、铀矿采冶、铀纯化转化、铀浓缩、元件制造、反应堆设计、装备制造、土建安装、核电运行管理、核技术应用、基础理论研究到后处理的完整核能科技工业体系，打造出一支专业齐全、梯次合理、素质优良的核能全产业链人才队伍，人数已超过 22 万人。

2023 年，中核集团首席专家、中国原子能科学研究院研究员叶国安当选中国科学院院士，中核集团首席专家、中国原子能科学研究院副总工程师胡石林当选中国工程院院士；核工业领域有 24 名技能人才荣获“全国技术能手”称号；生态环境部核与辐射安全中心副总工潘荣荣获第三届全国创新争先奖章。截至 2022 年 12

月，共计 2 855 人持有核动力厂操纵人员执照，其中持有高级操纵员执照 1 676 人，持有操纵员执照 1 179 人。

高质量人才是发展新质生产力的核心动力。围绕未来核电新机组建设，行业各单位立足战略发展需求，遵循“企业发展，人才先行”的指导思想，深入推进人才强企战略，前瞻性制定人才培养计划，多措并举推进人才引进、培养与人才梯队建设，在重大工程建设实践中培养和凝聚一流人才。中核集团强化“大人才观”，依托领域、学科、专业建设，分类构建战略科学家及院士、领航、领军、领英、高潜、核星计划等高质量人才发展体系，人力资源管理体系标准实施相关工作成果获评第十九届军工企业管理创新一等奖。中广核集团深入实施“红鹭计划”“白鹭计划”“领鹭计划”等培养计划，持续打造完善管理干部梯队建设，集团的智能化人才画像模型项目获得国务院国资委“智能监管业务模型创新大赛”人事管理与培训赛道最高等级的卓越应用奖。国家电投集团积极推进各类技术研究中心和科研平台建设，以研发中心、平台等为依托聚集高端人才，运用即时奖励、专项奖励、揭榜挂帅奖励、荣誉表彰奖励等多种激励方式激发人才创新活力。中国华能集团有限公司（简称华能集团）以核电开发、建设和运营为依托，以标准化管理为抓手，统筹推进人才“引育留用”工作，加快打造高素质核电人才队伍。中国东方电气集团有限公司（简称东方电气）建立科学严谨的内部选拔机制，选拔内部首席技术专家、有突出贡献优秀专家、有突出贡献高技能人才以及各类青年拔尖人才等，分阶段、分层次建立人才梯队。哈尔滨电气集团有限公司（简称哈电集团）建立优才“快通道”，为吸引国内重点院校优秀毕业生，做好毕业生薪酬规划，签约人数逐年上涨，为公司发展提供了后续人才储备。上海电气集团股份有限公司（简称上海电气）通过重大项目历练、内部轮岗、培训计划、导师制度等多种内部培养方式提升和培养员工能力素质。

中国国家原子能机构加强我国核能人才的国际化培养，举办 IAEA 中国籍职员后备人才培训班、实习生合作项目推介会。启动了中国政府原子能奖学金二期项目，按计划完成年度招生工作。

三、稳步推进国际核能合作

我国核能行业积极落实国家“一带一路”倡议、核电“走出去”战略。2023 年，面对国际化、市场化新形势新要求，核能行业始终坚持共商、共建、共享、共治，为和平利用核能事业提供中国方案，推动构建全球核能发展命运共同体。

2023 年，我国海外国际多边合作与双边合作成果丰硕，与国际原子能机构（IAEA）、ITER、WANO 等核能国际组织广泛交流、深入合作，国际科技创新合作取得新进展，在国际重大核能项目中贡献中国力量；积极参与核能多边合作，与俄罗斯、巴基斯坦、法国、哈萨克斯坦等国家持续深化国际合作，签署重要合约、开展国际核能论坛、推动重要核能双边合作，在核电建设、天然铀、技术服务合作方面取得新成果。

（一）国际多边合作

1. 加强与 IAEA 合作交流

IAEA 总干事访华，达成多项合作成果。2023 年 5 月 22 日至 26 日，中国国家原子能机构主任会见格罗西总干事，签署了《中国国家原子能机构与国际原子能机构关于小型模块化反应堆和核电基础设施开发领域合作实际安排》等重要协议，共同见证中国国家原子能机构、中核集团、中科院合肥物质科学研究院等与 IAEA 签署多项合作文件，内容涉及核能应对气候变化、核技术诊断治疗癌症、核数据科学与核燃料循环等多个领域。生态环境部核与辐射安全中心与 IAEA 在京签署全球首个核与辐射安全协作中心合作协议，并正式授牌。

积极参加 IAEA 重大会议活动。中国国家原子能机构代表出席在 IAEA 召开的第二次气候变化与核能作用国际大会，介绍中方关于更大发挥核能作用，应对全球气候变化的立场主张；在 IAEA 第 67 届大会全面阐述中国积极支持 IAEA 致力于维护国际和平和安全，促进和平利用核能核科技，造福广大发展中国家的立场主张。IAEA“利用电离辐射进行废水处理的质量管理”国际技术研讨会在苏州开幕，来自 IAEA 各成员国的 20 余位国际专家，基于辐照工厂质量管理的视角，对各国前沿研究成果及应用案例进行报告分享。

核科技创新合作取得丰硕成果。中国国家原子能机构与 IAEA 在海南共同主办小型模块堆技术发展和应用研讨会。中国核电工程有限公司与 IAEA 签署的《小型模块化反应堆人因工程研究合同》正式生效，该项目将应用于中国首个模块化小型压水堆 ACP100 设计过程中。原子能院参加中国农业科学院作物科学研究所、联合国粮农组织、IAEA 及中国国家原子能机构联合举办《亚太区域的快速诱变育种提高作物产量和质量》项目中期会议，赴串列实验室开展学术交流。国家电投集团核能首席科学家、“国和一号”设计师出任 IAEA 核能常设咨询组主席。

积极履行核领域国际义务。中国政府代表团圆满完成《核安全公约》缔约方第八次和第九次联合审议大会中国国家报告审议，中国履约情况获得各缔约方高度肯定。中国国家原子能机构组织有关国家级核应急技术支持中心和救援分队参加 IAEA 组织的 4 次国际公约演习；推动国家核应急响应技术支持中心、中核检修有限公司加入国际原子能应急准备与响应能力建设中心。为响应 IAEA“希望之光”倡议，在中国国家原子能机构和中国驻尼日利亚大使馆的指导下，中核集团主办首期中国—尼日利亚“肿瘤诊断和治疗”培训。

2. 在国际热核聚变实验堆计划中贡献中国力量

ITER 合作取得积极进展。ITER 托卡马克主机安装一号合同（TAC1）项目稳步推进，ICS3L 工作任务已全部完成。2023 年 11 月 3 日，中国完成最后一批全球最大“人造太阳”项目磁体支撑产品，标志着ITER磁体支撑系统研制任务圆满收官，为ITER计划第一次等离子体放电的重大工程节点奠定了基础。核西物院与ITER总部签署协议，宣布新一代人造太阳“中国环流三号”面向全球开放。

3. 积极与WANO开展合作

2023年4月13日，中国核能行业协会秘书长与WANO签署了CNEA与WANO会员关系调整的合作谅解备忘录，CNEA将通过WANO上海中心平台进一步加强合作，共同为世界核电行业的安全改进和绩效提升做出更大贡献。国家电投集团配合WANO-AC完成IER21-4《提高电站可靠性》落实情况评估暨应急消防演习观察活动，并配合WANO完成同行评估（CPR）预访问活动。红沿河核电配合WANO开展了为期5天的CPO评估，标志着红沿河核电2023年WANO评审第一阶段圆满结束。WANO SHO（上海中心）的负责人成为WANO历史上首位中国籍区域中心负责人。

4. 积极参加其他重要多边合作

中国国家原子能机构和经合组织核能署举办首届中国—经合组织核能署核设施退役与放射性废物管理国际交流会。国家电投集团与OECD—NEA签订“材料完整性寿命延长（SMILE）项目”协议。

中核集团作为核能企业代表参加“联合国气候变化框架公约”第二十八次缔约方大会。

中核集团、中广核集团、国家电投集团、中国华能集团等12家中国企业以中国展团的形式参加第五届世界核能工业博览会，重点展示“华龙一号”等国家名片，以及核电泵阀、辐射检测新材料、配套元器件等具有国际竞争力的技术产品，多家民营企业也搭乘“大船”出海，展示自主创新取得的技术成果。

由中核集团主导提出的粒子加速器工作组（IEC /TC45/WG20）获批成立，这是第一个由我国提出并牵头成立、担任召集人的核领域国际标准工作组。中核集团主导修订的国际标准ISO 22188:2023《放射性物质非故意转移和非法运输的监测》正式发布。

（二）国际双边合作

1. 俄罗斯

推进先进核能领域战略合作。2023年10月19日，第五届中俄能源商务论坛在北京开幕，国务院副总理丁薛祥、俄罗斯总统能源发展战略和生态安全委员会秘书长谢钦出席开幕式并分别宣读两国元首贺信并致辞，双方就落实两国元首的重要共识，打造更加紧密的能源合作伙伴关系达成共识。

民用核能领域合作不断深化。3月27日，中俄峰会期间，ROSATOM能源项目公司和中国国家原子能机构签署了一项在快中子反应堆和关闭核燃料循环领域长期合作的综合计划。这项原合计划涵盖一系列战略领域，包括新型原子反应堆的开发，徐大堡核电站3号机组建设启动仪式。中核集团与ROSATOM能源项目公司签署《第三国核电合作备忘录》。7月11日，中俄核能合作项目徐大堡核电站3号机组关键设备11日从俄罗斯南部罗斯托夫州伏尔加顿斯克市运抵中国。8月3日，俄罗斯国家原子能集团公司（ROSATOM，简称俄原集团）旗下企业俄罗斯原子能建设出口公司，将田湾核电站7号机组反应堆压力容器和其他设备运抵工地。

2. 法国

高层推动核能领域合作。2023年4月6日，在国家主席习近平与法国总统马克龙的共同见证下，中核集团与法国电力集团（EDF）签署《关于“核能支持低碳发展前瞻性研究”蓝皮书谅解备忘录》，双方共同对核能领域的技术发展方向和市场发展趋势进行前瞻性研究，编制发布“蓝皮书”，展示两国企业应对气候变化、解决能源问题的共同立场，双方已对“蓝皮书”内容达成共识，基本具备出版条件。中广核集团与法国电力集团签署《关于核能领域设计与采购、运维、研发合作协议的签署声明》，深化民用核能领域合作。4月7日，中法发布联合声明，提出中法两国在政府间和平利用核能合作协定框架下，开展民用核能务实合作。6月22日，国务院总理李强在巴黎同法国总理博尔内共同见证中广核集团与法国原子能和替代能源委员会（CEA）共同签署《CGN-CEA核研究与技术领域合作协议修正案》，对原有合作范围进行了扩展和深化。

深入推动核能科技创新合作。中法核能科技合作40周年纪念活动在北京举行，回顾中法40年核能科技合作之路，展示中法核能科技合作成果，深入拓展进一步合作关系。第六届中法核能技术创新研讨会在巴黎成功召开，双方成功签署了增材制造二期项目和非金属材料老化项目的合作协议。法国电力集团与中国核工业建设股份有限公司（简称中国核建）举行核电工程建设专题交流活动，互相借鉴先进的核电建造技术与管理理念。核西物院挂牌成立法国研发中心。

3. 巴基斯坦

核电工程合作持续深化。2023年2月2日，巴基斯坦K-3项目举办落成仪式，标志着“华龙一号”海外首个工程2台机组全面建成投产，正式交付巴方。当地时间7月14日，巴基斯坦恰希玛核电站5号机组（C-5）破土动工，成为我国自主三代核电“华龙一号”出口巴基斯坦的第3台机组。8月1日至5日，国家核安全局赴巴基斯坦参加第11届中巴核安全合作指导委员会会议并与巴方续签技术合作协议《关于成立中国－巴基斯坦核安全合作中心的谅解备忘录》，持续推动和落实中巴中心的后续建设和活动实施。中核集团与巴基斯坦原子能委员会共同完成C-6项目推进方案，完成M-1/M-2项目合作协议谈判，同步推进K-4/K-5合作。

服务巴方核电机组高效运行。K-3机组首次换料大修工期较K-2机组缩短17.1天。C-4机组第四次大修历时20.6天，创造巴基斯坦机组大修最短纪录。中核集团与巴方构建常态化沟通机制，分享人因失误预防、减少非计划停机停堆次数等10项经验反馈及20余项运维课题，协助巴方提升核电运行管理水平。

4. 哈萨克斯坦

着力拓展对哈核能领域合作。5月17日至5月19日，国家主席习近平在西安同来华出席中国—中亚峰会并进行国事访问的哈萨克斯坦总统托卡耶夫会谈，两国元首签署了《中华人民共和国和哈萨克斯坦共和国联合声明》，双方商定继续深化天然铀领域合作，积极拓展风电、光伏、光热、核电等清洁能源领域合作。中核集团与哈萨克斯坦合作方共同编制中哈核能合作路线图，一体化推动核电、核燃料、天然铀合作。

5. 纳米比亚

天然铀资源合作成效突出。中核集团纳米比亚罗辛铀矿运营持续向好，2023年全年完成产量创中核集团2019年收购以来最高纪录；罗辛四期开发前期准备工作加速推进，为2024年全面启动采矿预剥离打下坚实基础。中广核集团纳米比亚湖山铀矿实现产品量、净利润双突破，创造历史最优水平，全年产品量、剥采总量、磨矿量均创新高。中核集团参股的纳米比亚兰格海因里希铀矿项目正在开展复产准备工作，2024年正式复产。中核集团纳米比亚工程技术研发中心正式启动。

6. 其他国家

国家能源局局长率团访问阿联酋、沙特阿尔伯、卡塔尔，落实首届中阿、中海峰会成果，推进能源务实合作。我国核电企业参与调试启动全过程的芬兰奥尔基洛托（Olkiluoto）核电站具备商运条件，于当地时间4月16日凌晨2点开始正常发电。中核集团与阿根廷签署核电项目《合同生效延期协议》，确保项目延续性。泰国首台托卡马克实验装置TT-1启动仪式在泰国那空那育府举行，标志着中泰合作的核聚变实验装置正式开始运行。中国核电企业进入加纳核电项目招标短名单，开展厂址踏勘。阿尔及利亚B3项目前期论证稳步推进。

四、核能行业管理与安全保障成效显著

2023年，是全面贯彻党的二十大精神的开局之年。7月17日，习近平总书记在全国生态环境保护大会上强调："要确保核与辐射安全。坚持理性、协调、并进的核安全观，构建严密的核安全责任体系，严格监督管理，全面提高核安全监管能力，建成同我国核事业发展相适应的现代化核安全监管体系，推动核安全高质量发展"，为我国核能行业实现高质量发展提出了新的更高要求。国务院常务会议两次讨论核电发展问题，核准5个核电新建项目共10台机组。核能行业认真落实党中央、国务院的决策部署，贯彻新发展理念，构建新发展格局，着力推进高质量发展，管理体系和能力现代化水平持续提升，核能行业管理和安全保障各项工作取得显著成效，为构建我国新型能源体系作出了新的贡献。

（一）核能行业管理推动高质量发展

作为国务院核电主管部门，国家能源局积极推进能源法立法和《核电管理条例》制订工作，积极推进核电项目建设。

在确保安全的前提下，有序推动沿海核电项目核准建设，因地制宜推进核能供暖与综合利用。继续抓好核电重大专项实施管理。稳步有序推进核电数字化转型发展，印发《关于加快推进能源数字化智能化发展的若干意见》。该文件提出：推动数字技术深度应用于核电设计、制造、建设、运维等各领域、各环节，打造全面感知、智慧运行的智能核电厂，全面提升核安全、网络安全和数据安全等保障水平。加强标准化建设，通过《中国先进压水堆核电标准体系建设三年行动计划（2022—2025年）》《2023年度能源行业核电标准立项建议》等四项文件；正式印发《中国先进压水堆核电标准体系项目表（2023年版）》（简称《体系项目表》），《体系项目表》共设置标准项目1 126项，其中能源行业核电标准973项、相关标准153项。为保障核电安全、推动核电高质量发展，进一步加强核电厂操纵员培养和消防工作，召开第九届核电厂操纵人员资格审查委员会和第二届核电厂消防专家委员会第一次会议。

作为国务院核工业主管部门，国家原子能机构积极推进原子能法立法工作，经国务院常务会议讨论，决定提请全国人大常委会审议。印发《关于进一步加强核领域项目前期论证工作的通知》，推动全行业严把工作质量关，狠抓项目前期工作，力求从源头提升项目质量，以高质量工作确保项目高速推进，实现价值创造。组织编制核燃料加工企业运行绩效评估指标体系等文件，通过对企业经营管理、科技创新、生产运行及安全质量等领域开展评价，指导和推动行业高质量发展。组织发布《核燃料循环国际观察》双月刊，为行业提供权威、系统、前沿的情报咨询信息，深化社会各界对核燃料循环产业的认识。积极推动行业重点实验室重组，组织开展核领域第二批重点实验室论证，设立“铀资源探采与核遥感重点实验室”“中子科学与技术重点实验室”以及“核退役治理技术创新中心”。

论证形成核领域科技创新平台体系建设布局思路，加大对分散重复、业务交叉的研发平台整合力度，优化核科技资源配置机制，加强核领域重点实验室、创新中心、研发中心建设，不断强化国家战略核科技力量。统筹京津冀地区涉核科技研发新增需求，力争形成一批具有国际影响力的大科学装置和研究设施，打造中国核科学研究中心。完成“十四五”第二批科研项目立项，启动2024—2025年指南征集。批复2023年度地勘总体方案，核准一批新建铀矿产能和在役铀矿改造项目，持续夯实国内铀资源保障基础；持续加强核燃料加工企业经营管理，推动核燃料循环产业数字化转型工作；启动秦山基地乏燃料干式贮存设施（第二阶段）工程建设，进一步缓解核电站乏燃料贮存压力。统筹全行业科研力量，打造高水平的核退役治理科技创新和成果转化平台。落实《医用同位素中长期发展规划（2021—2035年）》，按照“利旧”与“建新”相结合的原则，推动建立自主可控的同位素供应保障体系；开展高性能仪器仪表关键器件、材料及电子学系统技术研究，提高自主化供应水平；推广核技术在国民经济各领域的应用。

（二）核与辐射安全监管能力持续提升

作为国务院核与辐射安全监管部门，生态环境部（国家核安全局）深化核安全形势分析研判，完成“十四五”核安全与放射性污染防治规划中期评估，推进《中华人民共和国放射性污染防治法》修订和核安全法规标准制修订。圆满完成国家重大活动核与辐射安保应急备勤，修订生态环境部核事故应急预案、辐射事故应急预案，指导相关核设施、省级生态环境部门开展核与辐射事故应急演习，完成第一次全国民用核设施自然灾害综合风险普查工作。加强国控大气辐射环境自动监测站运维管理，积极推动新建核设施辐射环境现场监督性监测系统建设。不断提升公众沟通工作质效，建设法规标准文件库、监管对象数据库，打造集权威信息发布、业务办理服务、提升业务能力、推进公众沟通为一体的综合性平台。多渠道推进海洋辐射监测能力建设，以高水平核安全为核事业高质量发展提供保障。

国家核安全局组织开展全面加强核电行业核安全管理专项行动。修订发布《核动力厂厂址评价安全规定》，印发《核动力厂修改的管理》等文件。强化首堆、新堆监管，开展伴随式审评和保障式监督，联合国家能源局印发《关于进一步加强在建核电厂承包商管理工作的通知》。完善并有效运转国家核安全局经验反馈体系，建立经验反馈集中分析机制。严格开展核电厂和研究堆核安全许可审批，颁发 1 座研究堆运行许可证、4 台核电机组和 1 座研究堆建造许可证、10 台核电机组和 1 座研究堆场址选择审查意见书。圆满完成《核安全公约》第八次、第九次履约现场审议工作。2023 年，我国大陆地区 55 台运行核电机组、17 座在役民用研究堆继续保持良好安全业绩，26 台在建核电机组和 1 座在建研究堆建造质量整体受控。

国家核安全局加快核设施退役、放射性废物管理、核技术利用、铀矿冶项目验收等方面的监管法规标准建设，发布《废放射源近地表处置安全要求》《放射性废物近地表处置设施营运单位的应急准备和应急响应》等多项技术规范文件；规范网络购销放射性同位素和射线装置行为，联合网信办、工信部、公安部等部门印发《关于加强互联网购销放射性同位素和射线装置安全管理的通知》；持续开展核技术利用辐射安全监管信息化建设，完成国家核技术利用辐射安全监管系统部分功能升级；深入开展射线装置辐射安全监管政策调研、铀矿冶核与辐射安全隐患排查三年行动及监测数据在线填报和统计分析；严把许可关口、优化审批流程，颁发 1 个放射性固体废物处置、贮存许可证，1 个核电站废旧金属熔炼示范项目运行许可证，批准西北低中放固体废物处置场一期二阶段投入运行，颁发 2 个老旧核设施退役批准书。

（三）核应急管理不断完善

国家核事故应急办公室印发《国家核事故应急法规标准体系（2023 版）》。审查批准云南省核事故应急预案，霞浦、海阳、石岛湾、广东、田湾核电场外核事故应急预案，以及山东海阳一体化小型堆示范工程，广东陆丰核电1、2号机组，国家电投山东莱阳核电一期工程厂址区域核应急方案。持续做好核应急演习和培训工作，开展各级各类演习57次、培训55次。组织开展“防线—2023”联合桌面推演，以及山东荣成国和一号示范工程核电厂等场内外联合应急演习，开展“神盾—2023”中国核应急救援队综合性演习。强化核应急技术支持体系和救援体系建设，国家核应急指挥中心基本建成，实现功能间投用、基础平台建成、专网互联互通、业务系统上线试运行等。指导完成核设施及周边区域辐射现状水平航空调查工作，推进北斗卫星等先进技术在核应急领域的应用，形成国家级核应急力量优化调整方案。组织编写《全国核应急工作大事记（1986—2021）》《中国核应急管理简史》。

国家原子能机构组织出席国际原子能机构核应急与响应标准委员会，审议核应急标准草案及制修订中长期计划。签署《关于在应急准备与响应领域开展教育、培训、知识网络构建和管理及人力资源开发合作的实际安排》，推动国家核应急响应技术支持中心、中核检修有限公司加入IAEA应急准备能力建设中心。组织有关国家级核应急技术支持中心和救援分队参加国际原子能机构组织的4次国际公约演习。

（四）核安保与核材料管制进一步加强

国家原子能机构贯彻落实“三严”要求，面向全行业印发《关于进一步加强核材料管制工作的通知》，通报一批核材料管制违规案例；与国家核安全局首次联合开展核材料许可证取证现场检查；开展专项检查，严控两会、第20届中国—东盟博览会、第19届亚洲运动会活动期间等重大核材料活动。全年完成3家单位设计基准威胁确认，11家单位实物保护系统初步设计专篇的批复；42家单位核材料取换证和许可证变更；18家单位的核材料管制例行监督检查工作；2家实物保护系统验收工作（包括“华龙一号”全球首堆）;首次综合“陆、海、空、网”全要素，成功举办“风暴—2023”核安保综合演练。

（本文摘自《中国核能发展报告2024》蓝皮书总报告）

核电

在役核电厂运行情况

2023 年我国运行核电机组数量为 55 台[1]，总装机容量为 5 703.33 万千瓦，截至 2023 年 12 月 31 日，总运行堆年[2]为 579.88 堆年，机组数量及装机容量均列世界第三。

2023 年，我国运行核电机组继续保持安全、稳定运行，取得了良好业绩。全年运行核电机组发电量（含调试发电量）为 4 345.27 亿千瓦时，同比增长 4.01%；上网电量（含调试上网电量）为 4 077.32 亿千瓦时，同比增长 4.07%；核电装机容量约占全国电力总装机容量的 1.95%，发电量占全国总发电量的 4.88%；与燃煤发电相比，核能发电相当于减少燃烧标准煤约 1.237 1 亿吨[3]，减少排放二氧化碳约 3.241 1 亿吨、二氧化硫约 105.15 万吨、氮氧化物约 91.54 万吨。

截至 2023 年，我国运行核电机组自首次并网以来累计发电量为 39 582.14 亿千瓦时，累计上网电量为 37 142.63 亿千瓦时。

2023 年，我国运行核电机组有 8 台核电机组共计发生 8 起非计划自动停堆、47 台核电机组未发生非计划自动停堆，共有 38 台核电机组按计划执行机组换料大修，共发生 22 起国际核事件分级表（INES）0 级运行事件。

2023 年，各核电厂人员的个人剂量和集体剂量均远低于国家标准规定的限值，放射性流出物排放总量低于国家监管部门批准排放年限值，环境空气吸收剂量率在当地本底辐射水平正常涨落范围之内，没有发生影响环境与公众健康的事件。

2023 年 1—12 月投入商运核电机组信息

省份	核电厂名称	机组号	装机容量 /MWe	开工日期	首次装料开始日期	商运日期
广西	防城港核电厂	3 号机组	1187.6	2015-12-24	2022-11-25	2023-03-25
山东	石岛湾核电厂	1 号机组	211	2012-12-09	2021-08-20	2023-11-29

1 本报告将已进行首次装料核电机组列入运行核电机组进行统计。

2 总运行堆年，为所有机组运行堆年总和。各机组运行堆年自机组装料开始计算。

3 国家能源局 2023 年 12 月 20 日发布信息显示，2023 年 1—11 月我国火电供电煤耗（6 000 千瓦及以上电厂）为 303.4 克标准煤 / 千瓦时。减排计算方法来源于国家统计局网站，按照工业锅炉每燃烧 1 吨标准煤产生二氧化碳 2 620 千克，二氧化硫 8.5 千克，氮氧化物 7.4 千克计算。

一、2023 年中国运行核电机组

2022 年中国运行核电机组一览表

核电厂—机组		机组[1]CN 号	隶属集团[2]	堆型	额定电功率 / 兆瓦	开工日期	首次装料日期	首次并网日期	商业运行日期
秦山核电厂	1 号机组	CN-01	中核集团	压水堆	330	1985-03-20	1991-08-02	1991-12-15	1994-04-01
大亚湾核电厂	1 号机组	CN-02	中广核集团	压水堆	2 × 984	1987-08-07	1993-06-01	1993-08-31	1994-02-01
	2 号机组	CN-03				1988-04-07	1993-11-26	1994-02-07	1994-05-06
秦山第二核电厂	1 号机组	CN-04	中核集团	压水堆	2 × 650	1996-06-02	2001-10-09	2002-02-06	2002-04-15
	2 号机组	CN-05				1997-04-01	2004-01-29	2004-03-11	2004-05-03
	3 号机组	CN-14			2 × 660	2006-04-28	2010-05-30	2010-08-01	2010-10-05
	4 号机组	CN-15				2007-01-28	2011-10-21	2011-11-25	2011-12-30
岭澳核电厂	1 号机组	CN-06	中广核集团	压水堆	2 × 990	1997-05-15	2001-12-08	2002-02-26	2002-05-28
	2 号机组	CN-07				1997-11-28	2002-07-15	2002-09-14	2003-01-08
	3 号机组	CN-12			2 × 1 086	2005-12-15	2010-04-21	2010-07-15	2010-09-15
	4 号机组	CN-13				2006-06-15	2011-01-05	2011-05-03	2011-08-07
秦山第三核电厂	1 号机组	CN-08	中核集团	重水堆	2 × 728	1998-06-08	2002-07-18	2002-11-19	2002-12-31
	2 号机组	CN-09				1998-09-25	2003-03-16	2003-06-12	2003-07-24

1 机组 CN 号为国际原子能机构核动力堆信息系统（IAEA—PRIS）对我国核电机组的统一编号。

2 表中各集团公司名称均为简称，“中核集团”全称“中国核工业集团有限公司”，“中广核集团”全称“中国广核集团有限公司”，“国家电投集团”全称“国家电力投资集团有限公司”，“中国华能集团”全称“中国华能集团有限公司”。

续表

核电厂—机组		机组[1]CN 号	隶属集团[2]	堆型	额定电功率 / 兆瓦	开工日期	首次装料日期	首次并网日期	商业运行日期
田湾核电厂	1 号机组	CN-10	中核集团	压水堆	2×1 060	1999-10-20	2005-10-18	2006-05-12	2007-05-17
	2 号机组	CN-11				2000-09-20	2007-03-16	2007-05-14	2007-08-16
	3 号机组	CN-45			2×1 126	2012-12-27	2017-08-18	2017-12-30	2018-02-15
	4 号机组	CN-46				2013-09-27	2018-08-25	2018-10-27	2018-12-22
	5 号机组	CN-53			2×1 118	2015-12-27	2020-07-09	2020-08-08	2020-09-08
	6 号机组	CN-54				2016-09-07	2021-04-14	2021-05-11	2021-06-02
红沿河核电厂	1 号机组	CN-16	中广核集团 - 国家电投集团	压水堆	6×1 118.79	2007-08-18	2012-11-22	2013-02-17	2013-06-06
	2 号机组	CN-17				2008-03-28	2013-09-03	2013-11-23	2014-05-13
	3 号机组	CN-26				2009-03-07	2014-09-17	2015-03-23	2015-08-16
	4 号机组	CN-27				2009-08-15	2016-01-15	2016-04-01	2016-06-08
	5 号机组	CN-49				2015-03-29	2021-05-15	2021-06-25	2021-07-31
	6 号机组	CN-50				2015-07-24	2022-03-25	2022-05-02	2022-06-23
宁德核电厂	1 号机组	CN-18	中广核集团	压水堆	4×1 089	2008-02-18	2012-09-29	2012-12-28	2013-04-15
	2 号机组	CN-19				2008-11-12	2013-11-08	2014-01-04	2014-05-04
	3 号机组	CN-34				2010-01-08	2015-01-29	2015-03-21	2015-06-10
	4 号机组	CN-35				2010-09-29	2015-12-31	2016-03-29	2016-07-21
福清核电厂	1 号机组	CN-20	中核集团	压水堆	4×1 089	2008-11-21	2014-05-30	2014-08-20	2014-11-22
	2 号机组	CN-21				2009-06-17	2015-05-15	2015-08-06	2015-10-16
	3 号机组	CN-42				2010-12-31	2016-04-01	2016-09-07	2016-10-24
	4 号机组	CN-43				2012-11-17	2017-06-13	2017-07-29	2017-09-17
	5 号机组	CN-51			2×1 161	2015-05-07	2020-09-04	2020-11-27	2021-01-30
	6 号机组	CN-52				2015-12-22	2021-11-06	2022-01-01	2022-03-25

续表

核电厂—机组		机组[1]CN 号	隶属集团[2]	堆型	额定电功率 / 兆瓦	开工日期	首次装料日期	首次并网日期	商业运行日期
阳江核电厂	1 号机组	CN-22	中广核集团	压水堆	6 × 1 086	2008-12-16	2013-10-25	2013-12-31	2014-03-25
	2 号机组	CN-23				2009-06-04	2015-01-25	2015-03-10	2015-06-05
	3 号机组	CN-40				2010-11-15	2015-09-09	2015-10-18	2016-01-01
	4 号机组	CN-41				2012-11-17	2016-11-19	2017-01-08	2017-03-15
	5 号机组	CN-47				2013-09-18	2018-04-20	2018-05-23	2018-07-12
	6 号机组	CN-48				2013-12-23	2019-04-29	2019-06-29	2019-07-24
方家山核电厂	1 号机组	CN-24	中核集团	压水堆	2 × 1 089	2008-12-26	2014-09-01	2014-11-04	2014-12-15
	2 号机组	CN-25				2009-07-17	2014-12-03	2015-01-12	2015-02-12
三门核电厂	1 号机组	CN-28	中核集团	压水堆	2 × 1 251	2009-04-19	2018-04-25	2018-06-30	2018-09-21
	2 号机组	CN-29				2009-12-15	2018-07-04	2018-08-24	2018-11-05
海阳核电厂	1 号机组	CN-30	国家电投集团	压水堆	2 × 1 253	2009-09-24	2018-06-21	2018-08-17	2018-10-22
	2 号机组	CN-31				2010-06-20	2018-08-08	2018-10-13	2019-01-09
台山核电厂	1 号机组	CN-32	中广核集团	压水堆	2 × 1 750	2010-04-15	2018-04-10	2018-06-29	2018-12-13
	2 号机组	CN-33				2010-04-15	2019-05-30	2019-06-23	2019-09-07
昌江核电厂	1 号机组	CN-36	中核集团	压水堆	2 × 650	2010-04-25	2015-08-26	2015-11-07	2015-12-25
	2 号机组	CN-37				2010-11-21	2016-05-06	2016-06-20	2016-08-12
防城港核电厂	1 号机组	CN-38	中广核集团	压水堆	2 × 1 086	2010-07-30	2015-09-02	2015-10-25	2016-01-01
	2 号机组	CN-39				2010-12-23	2016-05-22	2016-07-15	2016-10-01
	3 号机组	CN-55			1 187.6	2015-12-24	2022-11-25	2023-01-10	2023-03-25
石岛湾核电厂	1 号机组	CN-44	中国华能集团	高温气冷堆	211	2012-12-09	2021-08-21	2021-12-14	2023-12-06
合计	55 台机组，总装机容量 57 031.34 兆瓦								

二、发电量和上网电量

2023年，我国运行核电机组全年发电量[1]为4 345.27亿千瓦时，上网电量为4 077.32亿千瓦时，较2022年发电量增加4.01%、上网电量增加4.07%。

2019—2023年运行核电厂发电量

核电厂	年度发电量 / 亿千瓦时				
	2019	2020	2021	2022	2023
秦山核电厂	26.27	26.82	27.45	27.93	28.52
大亚湾核电厂	161.95	166.01	164.67	161.40	151.54
秦山第二核电厂	209.72	214.55	214.28	215.84	224.71
岭澳核电厂	315.21	310.52	318.67	323.40	336.96
秦山第三核电厂	116.35	116.64	115.71	116.46	119.53
田湾核电厂	328.90	355.39	485.16	525.58	502.76
红沿河核电厂	327.30	327.03	400.07	451.73	500.93
宁德核电厂	313.64	327.52	352.94	335.23	344.82
福清核电厂	307.53	325.03	424.23	496.76	494.82
阳江核电厂	443.37	453.07	523.28	530.53	531.88
方家山核电厂	169.47	165.02	175.49	175.40	183.14
三门核电厂	106.71	189.13	199.80	194.90	206.29
海阳核电厂	207.20	190.51	197.08	206.57	192.91
台山核电厂	185.04	231.18	197.49	133.25	160.14
昌江核电厂	97.20	95.63	97.62	105.24	105.01
防城港核电厂	171.53	168.37	181.26	177.60	256.62
石岛湾核电厂	/	/	0.03	0.06	4.69[2]
合计	3 487.41	3 662.42	4 075.23	4 177.86	4 345.27

2019—2023年运行核电厂上网电量

核电厂	年度上网电量 / 亿千瓦时				
	2019	2020	2021	2022	2023
秦山核电厂	24.48	24.97	25.60	26.04	26.60
大亚湾核电厂	154.76	158.73	157.43	154.34	144.89
秦山第二核电厂	196.86	201.08	201.02	202.42	210.92
岭澳核电厂	298.68	294.41	302.68	306.98	319.86
秦山第三核电厂	107.78	107.76	106.82	107.51	110.29

1 自机组并网后开始统计发电量及上网电量。

2 石岛湾核电厂2023年12月6日商运。

续表

核电厂	年度上网电量 / 亿千瓦时				
	2019	2020	2021	2022	2023
田湾核电厂	305.67	329.45	452.43	490.90	469.07
红沿河核电厂	307.64	306.50	375.75	422.93	470.75
宁德核电厂	292.78	306.39	331.55	314.06	323.60
福清核电厂	287.33	303.10	397.34	465.54	464.79
阳江核电厂	416.41	424.93	492.15	499.29	500.33
方家山核电厂	159.59	154.98	165.16	165.14	172.47
三门核电厂	98.61	175.45	186.44	181.95	192.88
海阳核电厂	193.99	178.37	184.10	193.03	180.04
台山核电厂	173.09	215.73	184.87	124.11	149.52
昌江核电厂	89.95	88.48	90.40	97.80	97.56
防城港核电厂	161.19	158.20	170.56	165.83	239.98
石岛湾核电厂	/	/	0.01	0.03	3.78
合计	3 268.77	3 428.53	3 824.33	3 917.90	4 077.32

说明："/" 为机组当年未并网发电。

三、机组能力因子和负荷因子

2019—2023 年运行核电机组的机组能力因子

核电厂 / 机组		机组能力因子 /%				
		2019	2020	2021	2022	2023
秦山核电厂	1 号机组	88.09	92.20	90.72	92.96	94.68
大亚湾核电厂	1 号机组	92.94	99.99	88.92	91.96	99.64
	2 号机组	92.35	89.21	99.98	93.24	74.25
秦山第二核电厂	1 号机组	88.13	99.96	92.15	89.42	99.97
	2 号机组	86.75	92.34	99.91	92.86	94.99
	3 号机组	98.80	90.43	88.18	100.00	95.56
	4 号机组	91.50	99.97	89.13	89.42	99.96
岭澳核电厂	1 号机组	95.04	99.99	89.67	82.03	95.53
	2 号机组	87.12	89.17	99.98	91.14	84.56
	3 号机组	99.98	90.71	83.40	89.65	99.99
	4 号机组	89.29	92.77	86.11	99.77	93.15
秦山第三核电厂	1 号机组	87.62	99.93	89.52	99.91	91.74
	2 号机组	99.99	91.04	98.61	86.31	100.00
田湾核电厂	1 号机组	98.64	89.57	90.13	100.00	93.18
	2 号机组	91.43	98.56	93.14	90.98	100.00
	3 号机组	81.88	91.28	93.38	100.00	84.98
	4 号机组	84.75	95.39	95.93	93.63	92.35
	5 号机组	/	100.00	85.95	99.97	89.98
	6 号机组	/	/	99.99	85.25	93.70

续表

核电厂 / 机组		机组能力因子 /%				
		2019	2020	2021	2022	2023
红沿河核电厂	1 号机组	90.30	91.09	99.99	92.71	80.53
	2 号机组	91.57	90.88	91.26	99.99	92.47
	3 号机组	84.75	99.78	88.16	91.81	90.83
	4 号机组	92.02	92.74	92.90	91.82	88.80
	5 号机组	/	/	99.99	87.93	99.86
	6 号机组	/	/	/	99.76	86.98
宁德核电厂	1 号机组	97.54	91.39	92.56	99.99	84.07
	2 号机组	91.13	99.99	90.70	93.65	99.63
	3 号机组	91.62	96.73	95.06	92.41	96.42
	4 号机组	90.92	91.22	99.99	91.16	91.48
福清核电厂	1 号机组	89.16	99.30	92.54	90.99	100.00
	2 号机组	99.35	92.02	88.15	100.00	92.93
	3 号机组	95.76	89.69	90.99	100.00	92.46
	4 号机组	91.79	92.47	100.00	89.60	67.27
	5 号机组	/	/	90.42	75.72	92.02
	6 号机组	/	/	/	96.73	80.91
阳江核电厂	1 号机组	89.23	98.50	88.72	94.41	99.61
	2 号机组	90.24	85.96	99.97	91.78	94.04
	3 号机组	99.99	85.51	93.33	99.99	91.93
	4 号机组	91.72	96.18	89.41	93.07	99.99
	5 号机组	82.10	92.64	94.40	92.72	92.34
	6 号机组	95.99	81.82	98.02	93.56	90.91
方家山核电厂	1 号机组	91.18	89.78	99.86	92.55	94.29
	2 号机组	91.49	99.96	88.14	93.36	100.00
三门核电厂	1 号机组	92.26	88.18	93.94	89.41	98.65
	2 号机组	8.96	99.99	91.54	92.10	92.25
海阳核电厂	1 号机组	97.44	86.73	93.18	96.61	90.40
	2 号机组	99.66	90.05	93.48	98.97	89.81
台山核电厂	1 号机组	90.88	71.56	55.79	29.03	15.45
	2 号机组	99.99	97.71	78.96	57.65	91.33
昌江核电厂	1 号机组	89.49	90.83	92.71	99.96	90.83
	2 号机组	95.87	93.07	92.01	89.62	99.90
防城港核电厂	1 号机组	99.29	91.20	92.69	98.93	91.84
	2 号机组	92.14	91.98	99.99	93.09	90.78
	3 号机组	/	/	/	/	98.20
石岛湾核电厂	1 号机组	/	/	/	/	/

说明：“/”为机组当年未投入商运或不满足 WANO 指标年度值统计要求。

2019—2023 年运行核电机组负荷因子

核电厂 / 机组		负荷因子 /%				
		2019	2020	2021	2022	2023
秦山核电厂	1 号机组	90.88	92.53	94.95	91.10	93.01
大亚湾核电厂	1 号机组	94.36	101.64	90.01	93.02	100.88
	2 号机组	93.52	90.41	101.02	94.22	74.93
秦山第二核电厂	1 号机组	89.56	97.49	93.80	88.91	99.11
	2 号机组	88.74	91.11	101.37	94.93	91.28
	3 号机组	98.55	87.40	88.31	100.90	94.02
	4 号机组	88.60	97.00	90.09	88.67	98.46
岭澳核电厂	1 号机组	90.62	90.71	89.52	80.73	95.04
	2 号机组	82.70	84.18	98.03	91.39	83.89
	3 号机组	93.22	84.22	81.66	84.35	98.89
	4 号机组	80.11	81.86	82.34	98.70	92.21
秦山第三核电厂	1 号机组	85.57	94.89	86.05	98.05	89.81
	2 号机组	96.87	87.50	95.40	84.57	97.62
田湾核电厂	1 号机组	95.41	85.88	87.55	94.20	90.78
	2 号机组	88.23	89.89	92.18	85.51	92.64
	3 号机组	78.17	78.26	87.08	95.47	76.47
	4 号机组	82.39	84.29	94.28	90.57	83.72
	5 号机组	/	79.46	82.18	97.26	87.51
	6 号机组	/	/	93.75	81.62	90.60
红沿河核电厂	1 号机组	87.78	85.89	97.59	82.84	76.90
	2 号机组	87.66	84.53	88.89	96.50	88.25
	3 号机组	81.35	75.63	86.32	78.51	87.12
	4 号机组	77.17	86.71	90.39	86.98	84.21
	5 号机组	/	/	97.99	68.03	90.83
	6 号机组	/	/	/	83.69	83.81
宁德核电厂	1 号机组	89.90	83.22	90.06	94.40	82.74
	2 号机组	74.22	90.32	89.78	82.48	97.40
	3 号机组	83.01	87.39	90.56	87.92	94.13
	4 号机组	81.65	81.46	99.58	86.61	87.19
福清核电厂	1 号机组	73.25	93.61	90.96	90.80	99.85
	2 号机组	89.89	87.58	85.42	93.58	88.77
	3 号机组	84.11	82.06	80.98	91.07	86.48
	4 号机组	75.12	75.00	94.61	89.04	64.67
	5 号机组	/	15.13	88.31	70.25	89.55
	6 号机组	/	/	/	76.50	78.28

续表

核电厂 / 机组		负荷因子 /%				
		2019	2020	2021	2022	2023
阳江核电厂	1 号机组	89.19	90.85	88.51	93.43	98.92
	2 号机组	83.76	72.91	98.07	91.07	90.58
	3 号机组	96.37	73.72	87.39	100.38	90.15
	4 号机组	77.60	89.02	89.15	87.50	100.50
	5 号机组	75.04	81.89	91.62	92.15	89.48
	6 号机组	91.33	66.56	95.31	93.13	89.45
方家山核电厂	1 号机组	89.05	80.24	98.86	91.54	93.18
	2 号机组	88.60	92.27	85.10	92.32	98.79
三门核电厂	1 号机组	88.40	85.96	92.44	86.73	97.41
	2 号机组	8.98	86.15	89.89	91.12	90.98
海阳核电厂	1 号机组	91.96	85.06	89.68	98.23	87.59
	2 号机组	96.81	88.03	90.71	95.28	88.17
台山核电厂	1 号机组	83.28	63.52	53.03	29.00	14.48
	2 号机组	71.34	86.87	75.80	57.93	89.98
昌江核电厂	1 号机组	82.30	85.68	84.80	98.30	87.82
	2 号机组	88.41	81.81	86.66	86.53	96.60
防城港核电厂	1 号机组	95.85	88.42	91.26	94.88	89.43
	2 号机组	84.46	88.08	99.27	91.80	90.37
	3 号机组	/	/	/	/	84.53
石岛湾核电厂	1 号机组	/	/	2.85	0.31	25.39

说明：“/”为机组当年未并网。

四、非计划自动停堆

2019—2023 年核电机组非计划自动停堆次数统计表

核电厂 / 机组 \ 年度		2019	2020	2021	2022	2023
秦山核电厂	1 号机组	1	1	0	0	0
大亚湾核电厂	1 号机组	0	0	0	0	0
	2 号机组	0	0	0	0	0
秦山第二核电厂	1 号机组	0	0	0	0	0
	2 号机组	0	0	0	0	0
	3 号机组	1	0	0	0	0
	4 号机组	1	0	0	0	0

续表

核电厂 / 机组（年度）		2019	2020	2021	2022	2023
岭澳核电厂	1 号机组	0	0	0	0	0
	2 号机组	0	0	0	0	0
	3 号机组	0	0	0	0	0
	4 号机组	0	0	0	1	0
秦山第三核电厂	1 号机组	0	0	0	0	0
	2 号机组	0	0	0	0	0
田湾核电厂	1 号机组	1	0	1	0	1
	2 号机组	0	0	0	0	0
	3 号机组	0	0	0	0	0
	4 号机组	0	0	0	0	0
	5 号机组	/	0	0	0	0
	6 号机组	/	/	1	0	0
红沿河核电厂	1 号机组	0	0	0	0	0
	2 号机组	0	0	0	0	0
	3 号机组	1	0	0	0	0
	4 号机组	0	0	0	0	1
	5 号机组	/	/	0	0	1
	6 号机组	/	/	/	1	0
宁德核电厂	1 号机组	0	0	0	0	0
	2 号机组	0	0	0	0	1
	3 号机组	0	0	0	0	0
	4 号机组	0	0	0	0	0
福清核电厂	1 号机组	0	0	0	0	0
	2 号机组	0	0	0	0	0
	3 号机组	0	0	1	0	0
	4 号机组	0	0	0	0	0
	5 号机组	/	1	1	3	0
	6 号机组	/	/	0	0	0
阳江核电厂	1 号机组	0	0	0	0	0
	2 号机组	0	1	0	0	0
	3 号机组	0	1	0	0	0
	4 号机组	0	2	0	0	0
	5 号机组	0	0	0	1	0
	6 号机组	0	1	0	0	0
方家山核电厂	1 号机组	1	0	0	0	0
	2 号机组	1	0	0	0	0

续表

核电厂 / 机组 \ 年度		2019	2020	2021	2022	2023
三门核电厂	1 号机组	0	1	0	3	0
	2 号机组	0	0	0	0	1
海阳核电厂	1 号机组	0	0	0	1	0
	2 号机组	0	1	1	1	1
台山核电厂	1 号机组	1	0	1	0	0
	2 号机组	1	0	0	0	0
昌江核电厂	1 号机组	1	0	0	0	1
	2 号机组	1	0	0	0	0
防城港核电厂	1 号机组	1	0	0	1	0
	2 号机组	0	0	0	0	0
	3 号机组	/	/	/	0	0
石岛湾核电厂	1 号机组	/	/	1	0	1

说明：

1）非计划自动停堆次数自机组首次临界后开始统计，"/"表示机组当年未首次临界，不适用统计。

2）田湾核电厂 1 号机组：2023 年 10 月 29 日，因凝结水系统二级调节阀故障导致蒸汽发生器液位低触发自动停堆。

3）红沿河核电厂 4 号机组：2023 年 7 月 20 日，因海生物入侵导致反应堆自动停堆。

4）红沿河核电厂 5 号机组：2023 年 1 月 11 日，因人员误碰 1 号蒸汽发生器主给水隔离阀关限位开关导致反应堆自动停堆。

5）宁德核电厂2号机组:2023年4月5日,1号蒸汽发生器主给水调节阀故障导致水位异常触发反应堆自动停堆。

6）三门核电厂 2 号机组：2023 年 10 月 10 日，主泵 1A 跳闸导致反应堆冷却剂环路 I 热段流量低 2 信号触发反应堆自动停堆。

7）海阳核电厂 2 号机组：2023 年 6 月 1 日，主泵 2B 停运导致反应堆冷却剂环路 2 热段流量低 2 触发反应堆自动停堆。

8）昌江核电厂 1 号机组：2023 年 8 月 6 日，除氧器液位开关误触发引起两列高加解列导致两台蒸汽发生器水位高高停堆。

9）石岛湾核电厂 1 号机组：2023 年 10 月 8 日，因主氦风机跳闸导致"一、二回路质量流量比低"保护信号触发 1 号反应堆紧急停堆。

五、职业照射

国家标准《电离辐射防护与辐射源安全基本标准》（GB 18871—2002）中规定了工作人员职业照射的剂量限值：连续 5 年的年平均有效剂量不超过 20 毫希伏，任何一年中的有效剂量不超过 50 毫希伏。

2019 年至 2023 年，我国运行核电厂工作人员所受到的照射剂量均低于国家标准规定的限值，均保持较低水平。

2019—2023 年核电厂工作人员职业照射情况统计表

职业照射 核电厂	年度	年人均 有效剂量 / 毫希伏	年度最大 个人剂量 / 毫希伏	年度集体 有效剂量 / （人 · 希伏）	归一化集体 有效剂量 / （人 · 毫希伏 / 吉瓦时）
秦山核电厂	2019	0.142	4.254	0.317	0.121
	2020	0.031	1.810	0.113	0.042
	2021	0.165	4.199	0.386	0.141
	2022	0.088	5.810	0.378	0.135
	2023	0.062	3.244	0.276	0.097
大亚湾核电厂	2019	0.299	9.139	0.960	0.059
	2020	0.244	5.023	0.676	0.041
	2021	0.229	5.269	0.642	0.039
	2022	0.221	7.420	0.720	0.045
	2023	0.366	10.358	1.324	0.087
秦山第二核电厂	2019	0.302	7.000	1.098	0.052
	2020	0.163	5.438	0.628	0.029
	2021	0.231	6.241	1.003	0.047
	2022	0.275	7.605	1.273	0.059
	2023	0.121	3.222	0.537	0.024
岭澳核电厂 1、2 号机组	2019	0.425	6.936	1.312	0.087
	2020	0.256	6.767	0.681	0.045
	2021	0.360	6.692	0.946	0.058
	2022	0.572	8.341	1.888	0.126
	2023	0.467	7.344	1.585	0.102
岭澳核电厂 3、4 号机组	2019	0.298	5.813	0.826	0.050
	2020	0.250	4.695	0.712	0.045
	2021	0.552	9.970	1.889	0.121
	2022	0.122	3.406	0.329	0.019
	2023	0.128	5.780	0.347	0.019
秦山第三核电厂	2019	0.279	6.324	0.687	0.059
	2020	0.164	3.741	0.534	0.046
	2021	0.303	8.175	0.889	0.077
	2022	0.551	27.893	1.726	0.148
	2023	0.336	6.843	1.195	0.100
田湾核电厂	2019	0.249	5.319	1.260	0.038
	2020	0.130	3.105	0.813	0.023
	2021	0.221	6.060	1.486	0.031
	2022	0.191	6.596	1.046	0.020
	2023	0.237	6.842	1.402	0.028

续表

职业照射核电厂	年度	年人均有效剂量/毫希伏	年度最大个人剂量/毫希伏	年度集体有效剂量/(人·希伏)	归一化集体有效剂量/(人·毫希伏/吉瓦时)
红沿河核电厂	2019	0.563	8.792	2.143	0.065
	2020	0.397	6.444	1.383	0.042
	2021	0.261	5.983	1.117	0.028
	2022	0.316	7.996	1.274	0.028
	2023	0.510	10.497	2.437	0.049
宁德核电厂	2019	0.420	8.735	1.478	0.047
	2020	0.416	11.219	1.460	0.045
	2021	0.342	7.325	1.152	0.033
	2022	0.423	8.267	1.386	0.041
	2023	0.500	10.209	1.931	0.056
福清核电厂	2019	0.205	6.609	0.771	0.025
	2020	0.225	7.661	1.018	0.031
	2021	0.214	7.272	1.060	0.025
	2022	0.271	6.581	1.219	0.025
	2023	0.436	7.503	2.537	0.051
阳江核电厂	2019	0.507	11.823	2.565	0.058
	2020	0.441	12.047	1.906	0.042
	2021	0.389	8.831	1.680	0.032
	2022	0.482	9.485	2.135	0.040
	2023	0.494	10.500	2.108	0.040
方家山核电厂	2019	0.279	6.016	0.836	0.049
	2020	0.298	5.883	0.800	0.048
	2021	0.288	9.244	0.756	0.043
	2022	0.384	8.270	1.229	0.070
	2023	0.197	3.509	0.541	0.030
三门核电厂	2019	0.160	4.105	0.398	0.037
	2020	0.049	1.100	0.077	0.004
	2021	0.259	6.848	0.570	0.029
	2022	0.284	5.297	0.646	0.033
	2023	0.172	3.197	0.374	0.018
海阳核电厂	2019	0.008	0.612	0.010	0.000
	2020	0.287	6.388	0.604	0.032
	2021	0.286	5.017	0.583	0.030
	2022	0.042	1.250	0.051	0.002
	2023	0.250	5.440	0.640	0.033
台山核电厂	2019	0.014	1.013	0.054	0.003
	2020	0.294	7.160	0.949	0.041
	2021	0.237	8.521	0.843	0.043
	2022	0.171	3.881	0.489	0.037
	2023	0.057	2.242	0.171	0.011

续表

职业照射核电厂	年度	年人均有效剂量 / 毫希伏	年度最大个人剂量 / 毫希伏	年度集体有效剂量 / （人·希伏）	归一化集体有效剂量 / （人·毫希伏 / 吉瓦时）
昌江核电厂	2019	0.167	5.918	0.382	0.039
	2020	0.152	2.811	0.302	0.032
	2021	0.173	4.197	0.410	0.042
	2022	0.129	2.583	0.244	0.042
	2023	0.134	3.357	0.275	0.026
防城港核电厂	2019	0.245	4.096	0.493	0.029
	2020	0.301	6.361	0.775	0.046
	2021	0.200	3.608	0.444	0.024
	2022	0.199	3.686	0.431	0.024
	2023	0.271	7.262	0.938	0.038
石岛湾核电厂	2021	0.000	0.018	0.000	0.102
	2022	0.000	0.079	0.002	0.358
	2023	0.012	0.607	9.457	0.020

说明：归一化集体有效剂量为年度集体有效剂量除以年度发电量。

六、放射性流出物排放和环境监测

按照国家环境保护法规和环境辐射监测标准以及国家核安全局批准的排放限值，我国运行核电厂对放射性流出物的排放进行了严格控制，并对核电厂周围辐射环境进行了有效监测。

2023 年 1—12 月放射性流出物排放统计结果表明，我国运行核电厂放射性流出物的排放量均低于国家核安全局批准限值。1—12 月辐射环境监测数据表明，各运行核电基地外围监督性监测自动站测出的环境空气吸收剂量率在当地本底辐射水平正常范围内，未监测到因核电机组运行引起的异常。

七、机组大修

2023 年，我国核电机组按计划共执行了 38 次大修。首次大修机组 2 台，分别为福清核电厂 6 号机组和红沿河核电厂 6 号机组。另外，大亚湾核电厂 2 号机组第 23 大修为运行 30 年大修；岭澳核电厂 1 号机组第 19 次大修工期 14.60 天，为 2023 年工期最短的大修。

2023 年运行核电机组大修情况统计表

核电厂	机组	大修轮次	大修起止日期	大修工期 / 天	备注
秦山核电厂	1 号机组	122	2023/05/01—2023/05/19	18.20	
大亚湾核电厂	1 号机组	未安排大修			
	2 号机组	223	2023/09/29 起，截至 2023 年 12 月 31 日暂未结束	进行中	运行 30 年大修
秦山第二核电厂	1 号机组	未安排大修			
	2 号机组	216	2023/09/01—2023/09/18	17.25	
	3 号机组	310	2023/04/01—2023/04/16	15.12	
	4 号机组	未安排大修			
岭澳核电厂	1 号机组	19	2023/09/11—2023/09/25	14.60	
	2 号机组	218	2023/04/03—2023/05/27	54.48	
	3 号机组	未安排大修			
	4 号机组	410	2023/01/16—2023/02/08	23.28	
秦山第三核电厂	1 号机组	112	2023/03/29—2023/04/24	26.92	
	2 号机组	未安排大修			
田湾核电厂	1 号机组	114	2023/04/30—2023/05/23	22.49	
	2 号机组	未安排大修			
	3 号机组	304	2023/03/17—2023/04/10	24.20	
	4 号机组	404	2023/11/27—2023/12/23	26.89	运行 5 年大修
	5 号机组	502	2023/01/01—2023/01/25	24.27	
	6 号机组	602	2023/09/29—2023/10/20	21.12	
红沿河核电厂	1 号机组	108	2023/09/24—2023/11/26	63.02	
	2 号机组	207	2023/03/21—2023/04/09	19.69	运行 10 年大修
	3 号机组	307	2023/01/18—2023/02/12	25.70	
	4 号机组	406	2023/08/23—2023/09/25	33.07	
	5 号机组	未安排大修			
	6 号机组	601	2023/06/01—2023/07/13	41.19	首次大修
宁德核电厂	1 号机组	107	2023/01/20—2023/03/13	52.64	
	2 号机组	未安排大修			
	3 号机组	306	2023/12/19 起，截至 2023 年 12 月 31 日暂未结束	进行中	
	4 号机组	405	2023/09/20—2023/10/17	27.79	

续表

核电厂	机组	大修轮次	大修起止日期	大修工期 / 天	备注
福清核电厂	1 号机组	未安排大修			
	2 号机组	206	2023/05/21—2023/06/14	24.27	
	3 号机组	305	2023/03/21—2023/04/16	26.09	
	4 号机组	405	2023/08/17—2023/09/16	30.17	
	5 号机组	502	2023/05/18—2023/06/15	27.77	
	6 号机组	601	2023/01/21—2023/03/30	68.74	首次大修
阳江核电厂	1 号机组	未安排大修			
	2 号机组	206	2023/08/29—2023/09/18	19.96	
	3 号机组	305	2023/01/20—2023/02/17	28.05	
	4 号机组	未安排大修			
	5 号机组	504	2023/09/23—2023/10/19	26.49	运行 5 年大修
	6 号机组	603	2023/07/06—2023/07/30	23.92	
方家山核电厂	1 号机组	107	2023/09/13—2023/10/03	19.30	
	2 号机组	未安排大修			
三门核电厂	1 号机组	未安排大修			
	2 号机组	203	2023/11/27—2023/12/22	25.17	运行 5 年大修
海阳核电厂	1 号机组	103	2023/03/20—2023/04/10	21.33	运行 5 年大修
	2 号机组	203	2023/01/20—2023/02/11	22.65	运行 5 年大修
台山核电厂	1 号机组	102	2023/01/31—2023/11/27	300.61	运行 5 年大修
	2 号机组	未安排大修			
昌江核电厂	1 号机组	106	2023/02/07—2023/03/10	31.07	
	2 号机组	未安排大修			
防城港核电厂	1 号机组	105	2023/03/11—2023/04/07	27.48	
	2 号机组	205	2023/08/01—2023/09/01	31.04	
	3 号机组	未安排大修			
石岛湾核电厂	1 号机组	未安排大修			

2019—2023 年运行核电机组大修用时统计表

项目 核电厂 / 机组		大修用时 / 天				
		2019	2020	2021	2022	2023
秦山核电厂	1 号机组	40.73	7.53	32.43	24.96	18.20
大亚湾核电厂	1 号机组	23.98	/	38.57	27.53	/
	2 号机组	25.73	37.28	/	22.84	93.87

续表

项目 核电厂 / 机组		大修用时 / 天				
		2019	2020	2021	2022	2023
秦山第二核电厂	1 号机组	40.80	/	26.75	37.52	/
	2 号机组	44.99	26.11	/	25.02	17.25
	3 号机组	/	32.86	41.34	/	15.12
	4 号机组	28.20	/	35.93	37.47	/
岭澳核电厂	1 号机组	16.53	/	35.99	62.72	14.60
	2 号机组	37.16	36.56	/	30.43	54.48
	3 号机组	/	30.63	58.71	35.83	/
	4 号机组	36.74	24.79	48.82	/	23.28
秦山第三核电厂	1 号机组	44.48	/	33.75	/	26.92
	2 号机组	/	32.79	/	48.94	/
田湾核电厂	1 号机组	2.64	37.53	33.60	/	22.49
	2 号机组	30.16	/	21.09	31.67	/
	3 号机组	67.57	30.07	23.06	/	24.07
	4 号机组	53.91	16.08	8.95	22.30	26.89
	5 号机组	/	/	49.68	/	24.27
	6 号机组	/	/	/	45.69	21.12
红沿河核电厂	1 号机组	33.58	31.28	/	26.77	63.02
	2 号机组	29.50	31.93	30.52	/	19.69
	3 号机组	51.40	/	41.85	28.55	25.70
	4 号机组	26.96	23.58	24.30	28.47	33.07
	5 号机组	/	/	/	42.68	/
	6 号机组	/	/	/	/	41.19
宁德核电厂	1 号机组	4.26	28.62	25.58	/	52.64
	2 号机组	30.54	/	32.50	21.60	/
	3 号机组	28.50	11.85	15.76	28.72	12.74
	4 号机组	31.26	27.69	/	32.10	27.79
福清核电厂	1 号机组	37.19	/	24.76	31.62	/
	2 号机组	/	26.94	40.79	/	24.27
	3 号机组	13.61	35.51	28.16	/	26.09
	4 号机组	27.58	25.24	/	35.66	30.17
	5 号机组	/	/	25.67	69.62	27.77
	6 号机组	/	/	/	/	68.74

续表

项目 核电厂 / 机组		大修用时 / 天				
		2019	2020	2021	2022	2023
阳江核电厂	1 号机组	37.43	/	34.70	18.00	/
	2 号机组	33.98	30.49	/	28.47	19.96
	3 号机组	/	37.15	20.58	/	28.05
	4 号机组	27.94	/	36.06	19.00	/
	5 号机组	60.34	8.82	18.57	24.28	26.49
	6 号机组	/	49.73	/	21.94	23.92
方家山核电厂	1 号机组	29.94	34.97	/	25.42	19.30
	2 号机组	29.19	/	35.57	22.55	/
三门核电厂	1 号机组	28.17	18.49	20.51	21.76	/
	2 号机组	/	/	28.14	28.05	25.17
海阳核电厂	1 号机组	/	44.73	22.64	/	21.33
	2 号机组	/	32.82	19.63	/	22.65
台山核电厂	1 号机组	/	87.73	153.33	226.00	300.61
	2 号机组	/	/	68.90	129.40	/
昌江核电厂	1 号机组	38.05	29.73	25.43	/	31.07
	2 号机组	11.51	25.75	25.55	36.60	/
防城港核电厂	1 号机组	/	26.54	24.20	/	27.48
	2 号机组	26.92	27.29	/	23.68	30.93
	3 号机组	/	/	/	/	/
石岛湾核电厂	1 号机组	/	/	/	/	/

说明：

1）“/”表示该年度机组未开始运行或未安排大修。

2）大亚湾核电厂 2 号机组 223 大修、宁德核电厂 3 号机组 306 大修，截止 2023 年 12 月 31 日均未结束，2023 年度大修工期分别为 93.87 天、12.74 天。

八、WANO 业绩指标

2023 年运行核电机组 WANO 业绩指标达标情况表

机组	达到先进值指标数量	介于先进值、中值之间指标数量	未达到中值指标数量（名称）
秦山核电厂 1 号机组	12	2	0
大亚湾核电厂 1 号机组	13	0	1（CISA）
大亚湾核电厂 2 号机组	10	0	3（UCF、CRE、CISA）

续表

机组	达到先进值指标数量	介于先进值、中值之间指标数量	未达到中值指标数量（名称）
秦山第二核电厂 1 号机组	13	0	1（FRI）
秦山第二核电厂 2 号机组	13	1	0
秦山第二核电厂 3 号机组	13	1	0
秦山第二核电厂 4 号机组	13	0	1（SP2）
岭澳核电厂 1 号机组	13	0	1（CRE）
岭澳核电厂 2 号机组	12	0	2（UCF、CRE）
岭澳核电厂 3 号机组	14	0	0
岭澳核电厂 4 号机组	12	2	0
秦山第三核电厂 1 号机组	8	2	4（FLR、SP1、SP5、CRE）
秦山第三核电厂 2 号机组	13	0	1（SP5）
田湾核电厂 1 号机组	8	4	2（UA7、US7）
田湾核电厂 2 号机组	14	0	0
田湾核电厂 3 号机组	12	0	2（UCF、CRE）
田湾核电厂 4 号机组	10	4	0
田湾核电厂 5 号机组	12	2	0
田湾核电厂 6 号机组	11	2	1（SP2）
红沿河核电厂 1 号机组	9	0	5（UCF、UCL、FLR、US7、CRE）
红沿河核电厂 2 号机组	9	1	4（UCL、FLR、US7、CRE）
红沿河核电厂 3 号机组	8	2	4（UCL、FLR、US7、SP1）
红沿河核电厂 4 号机组	8	1	5（UCL、FLR、UA7、US7、CRE）
红沿河核电厂 5 号机组	10	2	2（UA7、US7）
红沿河核电厂 6 号机组	10	0	4（UCF、UCL、FLR、CRE）
宁德核电厂 1 号机组	12	0	2（UCF、CRE）
宁德核电厂 2 号机组	10	2	2（UA7、US7）
宁德核电厂 3 号机组	13	0	1（CRE）
宁德核电厂 4 号机组	12	1	1（CRE）
福清核电厂 1 号机组	13	0	1（SP2）
福清核电厂 2 号机组	12	1	1（CRE）
福清核电厂 3 号机组	11	1	2（FRI、CRE）
福清核电厂 4 号机组	9	0	4（UCF、SP2、FRI、CRE）
福清核电厂 5 号机组	10	2	2（SP2、CRE）
福清核电厂 6 号机组	9	1	4（UCF、UCL、SP2、CRE）

续表

机组	达到先进值指标数量	介于先进值、中值之间指标数量	未达到中值指标数量（名称）
阳江核电厂1号机组	11	2	1（CISA）
阳江核电厂2号机组	12	0	2（CRE、CISA）
阳江核电厂3号机组	11	1	2（CRE、CISA）
阳江核电厂4号机组	13	0	1（CISA）
阳江核电厂5号机组	10	2	2（CRE、CISA）
阳江核电厂6号机组	11	1	2（CRE、CISA）
方家山核电厂1号机组	11	2	1（CRE）
方家山核电厂2号机组	14	0	0
三门核电厂1号机组	12	1	1（FLR）
三门核电厂2号机组	7	3	4（FLR、UA7、US7、FRI）
海阳核电厂1号机组	10	4	0
海阳核电厂2号机组	8	3	3（FLR、UA7、US7）
台山核电厂1号机组	11	0	2（UCF、CPI）
台山核电厂2号机组	13	1	0
昌江核电厂1号机组	8	4	2（UA7、US7）
昌江核电厂2号机组	14	0	0
防城港核电厂1号机组	11	2	1（CRE）
防城港核电厂2号机组	9	4	1（CRE）
防城港核电厂3号机组	11	1	2（UCL、FLR）

说明：

1) 指标英文缩写含义如下：

UCF，机组能力因子；UCL，非计划能力损失因子；

FLR，强迫损失率；GRLF，电网相关损失因子；

UA7，临界7 000小时非计划自动停堆次数；US7，临界7 000小时非计划停堆次数；

SP1，高压安注系统性能；SP2，辅助给水系统性能；

SP5，应急交流电系统性能；FRI，燃料可靠性；

CPI，化学性能；CRE，集体辐照剂量；

ISA，工业安全事故率；CISA，承包商工业安全事故率。

2) 核算各机组达到WANO先进值、中值的单项指标数量时，单机组的应急交流电系统性能、工业安全事故率、承包商工业安全事故三项指标使用电厂值（或生产单元值）。

3) 石岛湾核电厂1号机组2023年12月6日商运，不满足WANO单项业绩指标统计要求。

4) 大亚湾核电厂2号机组、福清核电厂4号机组燃料可靠性指标以及台山核电厂1号机组化学性能不满足指标统计要求。

2023 年运行核电机组 WANO 业绩单项指标

核电厂 / 机组	指标名称	机组能力因子 /%	非计划能力损失因子 /%	强迫损失率 /%	电网相关损失因子 /%	临界 7 000 小时非计划自动停堆次数	临界 7 000 小时非计划停堆次数	高压安注系统性能	辅助给水系统性能	应急交流电系统性能	燃料可靠性 /（贝可 · 克$^{-1}$）	化学性能	集体辐照剂量 /（人 · 希沃）	工业安全事故率	承包商工业安全事故率
秦山核电厂	1 号机组	94.68	0.00	0.00	0.00	0.00	0.00	0.000 0	0.000 0	0.000 1	0.037	1.00	0.276 50	0.00	0.00
大亚湾核电厂	1 号机组	99.64	0.00	0.00	0.00	0.00	0.00	0.000 0	0.000 0	0.000 0	0.037	1.00	0.075 00	0.00	0.03
	2 号机组	74.25	0.00	0.00	0.00	0.00	0.00	0.000 0	0.000 0	0.000 0	NA	1.00	1.268 10	0.00	0.03
秦山第二核电厂	1 号机组	99.97	0.00	0.00	0.00	0.00	0.00	0.000 0	0.0000	0.000 0	13.138	1.00	0.033 40	0.00	0.00
	2 号机组	94.99	0.00	0.00	0.00	0.00	0.00	0.000 0	0.000 0	0.000 0	0.037	1.00	0.267 70	0.00	0.00
	3 号机组	95.56	0.00	0.00	0.00	0.00	0.00	0.000 0	0.000 0	0.000 0	0.037	1.00	0.210 50	0.00	0.00
	4 号机组	99.96	0.00	0.00	0.00	0.00	0.00	0.000 0	0.000 1	0.000 0	0.037	1.00	0.025 40	0.00	0.00
岭澳核电厂	1 号机组	95.53	0.00	0.00	0.00	0.00	0.00	0.000 0	0.000 0	0.000 0	0.037	1.00	0.477 10	0.00	0.00
	2 号机组	84.56	0.00	0.00	0.00	0.00	0.00	0.000 0	0.000 0	0.000 0	0.037	1.00	1.107 40	0.00	0.00
	3 号机组	99.99	0.00	0.00	0.00	0.00	0.00	0.000 0	0.000 0	0.000 0	0.037	1.00	0.025 00	0.00	0.00
	4 号机组	93.15	0.00	0.00	0.00	0.00	0.00	0.000 0	0.000 0	0.000 0	0.037	1.00	0.321 60	0.00	0.00
秦山第三核电厂	1 号机组	91.74	0.64	0.69	0.00	0.00	0.00	0.000 1	0.000 0	0.000 5	0.037	1.00	1.099 00	0.00	0.00
	2 号机组	100.00	0.00	0.00	0.00	0.00	0.00	0.000 0	0.000 0	0.000 5	0.037	1.00	0.096 10	0.00	0.00
田湾核电厂	1 号机组	93.18	0.44	0.47	0.00	0.85	0.85	0.000 0	0.000 0	0.000 4	0.037	1.00	0.223 60	0.00	0.00
	2 号机组	100.00	0.00	0.00	0.00	0.00	0.00	0.000 0	0.000 0	0.000 0	0.037	1.00	0.031 50	0.00	0.00
	3 号机组	84.98	0.00	0.00	0.00	0.00	0.00	0.000 0	0.000 0	0.000 0	0.037	1.00	0.348 40	0.00	0.00
	4 号机组	92.35	0.04	0.04	0.00	0.00	0.00	0.000 0	0.000 0	0.000 0	0.037	1.00	0.214 40	0.00	0.00
	5 号机组	89.98	0.00	0.00	0.00	0.00	0.00	0.000 0	0.000 0	0.000 0	0.037	1.00	0.258 60	0.00	0.00
	6 号机组	93.70	0.00	0.00	0.00	0.00	0.00	0.000 0	0.001 1	0.000 0	0.037	1.00	0.288 80	0.00	0.00

续表

核电厂 / 机组 \ 指标名称		机组能力因子 /%	非计划能力损失因子 /%	强迫损失率 /%	电网相关损失因子 /%	临界 7 000 小时非计划自动停堆次数	临界 7 000 小时非计划停堆次数	高压安注系统性能	辅助给水系统性能	应急交流电系统性能	燃料可靠性 /（贝可·克$^{-1}$）	化学性能	集体辐照剂量 /（人·希沃）	工业安全事故率	承包商工业安全事故率
红沿河核电厂	1 号机组	80.53	4.82	2.19	0.00	0.00	0.98	0.000 0	0.000 0	0.000 0	0.037	1.00	0.735 70	0.00	0.00
	2 号机组	92.47	1.71	1.82	0.00	0.00	0.86	0.000 0	0.000 0	0.000 0	0.037	1.00	0.382 70	0.00	0.00
	3 号机组	90.83	1.71	1.85	0.00	0.00	0.87	0.000 6	0.000 0	0.000 0	0.037	1.00	0.337 00	0.00	0.00
	4 号机组	88.80	2.07	1.97	0.00	0.91	0.91	0.000 0	0.000 0	0.0000	0.037	1.00	0.446 90	0.00	0.00
	5 号机组	99.86	0.13	0.13	0.00	0.84	0.84	0.000 0	0.000 0	0.000 0	0.037	1.00	0.011 20	0.00	0.00
	6 号机组	86.98	1.33	1.51	0.00	0.00	0.00	0.000 0	0.000 0	0.000 0	0.037	1.00	0.523 30	0.00	0.00
宁德核电厂	1 号机组	84.07	0.00	0.00	0.00	0.00	0.00	0.000 0	0.000 0	0.000 0	0.037	1.00	1.007 50	0.00	0.00
	2 号机组	99.63	0.36	0.36	0.00	0.80	0.80	0.000 0	0.000 0	0.000 0	0.037	1.00	0.024 30	0.00	0.00
	3 号机组	96.42	0.00	0.00	0.00	0.00	0.00	0.000 0	0.000 0	0.000 0	0.037	1.00	0.447 50	0.00	0.00
	4 号机组	91.48	0.00	0.00	0.00	0.00	0.00	0.000 0	0.000 0	0.000 0	0.037	1.00	0.452 00	0.00	0.00
福清核电厂	1 号机组	100.00	0.00	0.00	0.00	0.00	0.00	0.000 0	0.000 1	0.000 0	0.037	1.00	0.044 10	0.00	0.00
	2 号机组	92.93	0.00	0.00	0.00	0.00	0.00	0.000 0	0.000 0	0.000 0	0.037	1.00	0.620 50	0.00	0.00
	3 号机组	92.46	0.00	0.00	0.00	0.00	0.00	0.000 0	0.000 0	0.000 0	0.430	1.00	0.371 10	0.00	0.00
	4 号机组	67.27	0.05	0.00	0.00	0.00	0.00	0.000 0	0.003 6	0.000 0	NA	1.00	0.571 00	0.00	0.00
	5 号机组	92.02	0.00	0.00	0.00	0.00	0.00	0.000 0	0.000 2	0.000 3	0.037	1.00	0.437 60	0.00	0.00
	6 号机组	80.91	1.03	0.00	0.00	0.00	0.00	0.000 0	0.005 6	0.000 3	0.037	1.00	0.538 40	0.00	0.00
阳江核电厂	1 号机组	99.61	0.38	0.38	0.00	0.00	0.00	0.000 0	0.000 0	0.000 0	0.037	1.00	0.040 40	0.00	0.04
	2 号机组	94.04	0.00	0.00	0.00	0.00	0.00	0.000 0	0.000 0	0.000 0	0.037	1.00	0.486 60	0.00	0.04
	3 号机组	91.93	0.00	0.00	0.00	0.00	0.00	0.000 0	0.000 0	0.000 0	0.037	1.00	0.485 00	0.00	0.04
	4 号机组	99.99	0.00	0.00	0.00	0.00	0.00	0.000 0	0.000 0	0.000 0	0.037	1.00	0.026 60	0.00	0.04
	5 号机组	92.34	0.68	0.00	0.00	0.00	0.00	0.000 0	0.000 0	0.000 0	0.037	1.00	0.393 40	0.00	0.04
	6 号机组	90.91	0.00	0.00	0.00	0.00	0.00	0.000 0	0.000 0	0.000 0	0.037	1.00	0.675 70	0.00	0.04

续表

核电厂 / 机组 \ 指标名称		机组能力因子 /%	非计划能力损失因子 /%	强迫损失率 /%	电网相关损失因子 /%	临界 7 000 小时非计划自动停堆次数	临界 7 000 小时非计划停堆次数	高压安注系统性能	辅助给水系统性能	应急交流电系统性能	燃料可靠性 / (贝可·克$^{-1}$)	化学性能	集体辐照剂量 / (人·希沃)	工业安全事故率	承包商工业安全事故率
方家山核电厂	1 号机组	94.29	0.03	0.03	0.00	0.00	0.00	0.000 0	0.000 0	0.000 0	0.037	1.00	0.48220	0.00	0.00
	2 号机组	100.00	0.00	0.00	0.00	0.00	0.00	0.000 0	0.000 0	0.000 0	0.037	1.00	0.059 30	0.00	0.00
三门核电厂	1 号机组	98.65	0.84	0.85	0.00	0.00	0.00	0.000 0	0.000 0	0.000 0	0.037	1.00	0.035 80	0.00	0.00
	2 号机组	92.25	0.65	0.70	0.00	0.86	0.86	0.000 0	0.000 0	0.000 0	11.312	1.00	0.338 00	0.00	0.00
海阳核电厂	1 号机组	90.40	0.33	0.36	0.00	0.00	0.00	0.000 0	0.000 0	0.000 0	0.037	1.00	0.322 20	0.00	0.00
	2 号机组	89.81	0.85	0.93	0.00	0.87	0.87	0.000 0	0.000 0	0.000 0	0.037	1.00	0.317 80	0.00	0.00
台山核电厂	1 号机组	23.95	0.00	0.00	0.00	0.00	0.00	0.000 0	0.000 0	0.000 0	0.037	NA	0.158 60	0.00	0.00
	2 号机组	91.33	0.00	0.00	0.00	0.00	0.00	0.000 0	0.000 0	0.000 0	0.037	1.00	0.011 50	0.00	0.00
昌江核电厂	1 号机组	90.83	0.32	0.35	0.00	0.87	0.87	0.000 0	0.000 0	0.000 0	0.037	1.00	0.256 40	0.00	0.00
	2 号机组	99.93	0.00	0.00	0.00	0.00	0.00	0.000 0	0.000 0	0.000 0	0.037	1.00	0.028 40	0.00	0.00
防城港核电厂	1 号机组	91.84	0.00	0.00	0.00	0.00	0.00	0.000 0	0.000 0	0.000 1	0.037	1.00	0.435 80	0.00	0.00
	2 号机组	90.78	0.23	0.26	0.00	0.00	0.00	0.000 0	0.000 0	0.000 1	0.037	1.00	0.470 80	0.00	0.00
	3 号机组	98.20	1.78	1.78	0.00	0.00	0.00	0.000 0	0.000 0	0.000 1	0.037	1.00	0.006 40	0.00	0.00
WANO 先进值		94.00	0.02	0.01	0.00	0.00	0.00	0.000 0	0.000 0	0.000 0	0.037	1.00	0.157 60	0.00	0.00
WANO 中值		87.96	0.93	0.60	0.00	0.00	0.00	0.000 0	0.000 0	0.000 3	0.149	1.00	0.343 00	0.00	0.00
达到 WANO 先进值数量		22	32	35	54	47	44	52	48	46	49	53	16	54	46
达到 WANO 中值数量		45	47	44	54	47	44	52	48	52	49	53	30	54	46

说明：

1）表中 WANO 单项指标的中值、先进值为 2023 年度值，根据 2024 年 4 月 2 日 WANO 网站文件《2023Q4-PI-Spreadshee》计算得到。

2）WANO 单项指标中，除机组能力因子数值越高表示业绩越好外，其余指标均是数值越低表示业绩越好（燃料可靠性最小值为 0.037 贝可 / 克、化学性能最小值为 1.00）。表中各机组 WANO 性能指标数据的精度与 WANO 惯例保持一致，进行了四舍五入。

3）表中“浅灰色”表示该指标没有达到 WANO 中值，“中灰色”表示该指标达到 WANO 中值但没有达到先进值，“深灰色”表示该指标达到 WANO 先进值。

在建核电项目进展情况

截至2023年12月底，我国在建核电机组共26台，总装机容量为3 030万千瓦，在建机组数量及总装机容量继续保持世界第一。各在建项目安全、质量、进度、投资等方面总体受控，未发生重大安全质量事件，生产安全事故数及伤亡保持为零，火险事件数、危险物品丢失被盗事件数、人员轻伤责任交通事件数、环境超标事件数、重大职业病危害事故数等指标均在规范允许范围内。

2023年，我国新开工建设5台核电机组，分别是三门核电厂4号机组、陆丰核电厂6号机组、海阳核电厂4号机组、廉江核电厂1号机组、徐大堡核电厂1号机组，机组信息详见表1。

表1　2023年我国新开工建设核电机组信息

序号	机组名称	机型	机组容量 / 兆瓦	开工日期
1	三门核电厂4号机组	CAP1000	1 251	2023-03-22
2	陆丰核电厂6号机组	HPR1000	1 200	2023-08-26
3	海阳核电厂4号机组	CAP1000	1 250	2023-04-22
4	廉江核电厂1号机组	CAP1000	1 250	2023-09-29
5	徐大堡核电厂1号机组	CAP1000	1 291	2023-11-15

2023年2月27日，生态环境部国家核安全局在研究汲取日本福岛核事故的经验和教训、借鉴国际和国内核安全监督管理经验、结合我国三十多年核动力厂选址良好实践的基础上，重新修订了《核动力厂厂址评价安全规定》（HAF101）。

2023年7月31日，国务院常务会议决定核准山东石岛湾扩建一期工程1/2号机组、福建宁德5/6号机组、辽宁徐大堡1/2号机组；2023年12月29日，国务院常务会议决定核准广东太平岭二期工程3/4号机组、浙江金七门1/2号机组，会议强调，核电安全极端重要，必须坚持安全第一，按照全球最高安全标准和要求，稳步有序推进项目建设，加强全链条全领域安全监管，确保绝对安全、万无一失。

截至2023年12月底，我国在建核电机组中共有10台处于土建阶段，9台处于安装阶段，3台处于调试阶段，在建核电机组一览表详见表2。各项目建设稳步有序推进，设计、采购、施工、调试等按计划正常进行，工程建设安全质量整体可控。

表 2　2023 年我国在建核电机组一览表

序号	核电厂名称	机组号	机型	额定功率 / 兆瓦	开工日期	累计工期（月）	机组建设进展
1	防城港核电厂	4 号机组	HPR1000	1 180	2016-12-23	85.5	调试
2	漳州核电厂	1 号机组	HPR1000	1 212	2019-10-16	51.2	调试
3		2 号机组	HPR1000	1 212	2020-09-04	40.4	安装
4	太平岭核电厂	1 号机组	HPR1000	1 202	2019-12-26	48.9	调试
5		2 号机组	HPR1000	1 202	2020-10-15	39.1	安装
6	三澳核电厂	1 号机组	HPR1000	1 208	2020-12-31	36.5	安装
7		2 号机组	HPR1000	1 208	2021-12-30	24.4	安装
8	昌江核电厂	3 号机组	HPR1000	1 200	2021-03-31	33.5	安装
9		4 号机组	HPR1000	1 200	2021-12-28	24.4	安装
10	田湾核电厂	7 号机组	VVER1200	1 265	2021-05-19	31.9	安装
11		8 号机组	VVER1200	1 265	2022-02-25	22.5	土建
12	海南小堆示范项目	/	ACP100	125	2021-07-13	30.0	安装
13	徐大堡核电厂	3 号机组	VVER1200	1 274	2021-07-28	29.5	安装
14		4 号机组	VVER1200	1 274	2022-05-19	19.7	土建
15		1 号机组	CAP1000	1 291	2023-11-15	1.5	土建
16	三门核电厂	3 号机组	CAP1000	1 251	2022-06-28	18.4	土建
17		4 号机组	CAP1000	1 251	2023-03-22	9.5	土建
18	海阳核电厂	3 号机组	CAP1000	1 250	2022-07-07	18.1	土建
19		4 号机组	CAP1000	1 250	2023-04-22	8.4	土建
20	陆丰核电厂	5 号机组	HPR1000	1 200	2022-09-08	16.0	土建
21		6 号机组	HPR1000	1 200	2023-08-26	4.2	土建
22	廉江核电厂	1 号机组	CAP1000	1 250	2023-09-29	3.1	土建

注：各机组额定功率数据来源于国家能源局发布《中国核电报告》，统计日期截至 2023 年 12 月 31 日。

1. 防城港核电厂 4 号机组

防城港核电厂 4 号机组调试工作已完成，正在进行装料前的准备工作。项目分别于 2023 年 5 月 7 日完成冷试，11 月 12 日完成热试，12 月 5 日完成安全壳打压试验，12 月 27 日实现首炉首批核燃料组件到场。

2. 漳州核电厂 1、2 号机组

漳州核电厂 1 号机组处于调试阶段，正在进行热试前准备工作。项目分别于 2023 年 2 月 17 日完成外穹顶吊装，6 月 30 日完成 500 千伏倒送电，10 月 31 日完成冷试。

漳州核电厂 2 号机组处于安装阶段。项目分别于 2023 年 7 月 22 日完成主管道焊接，9 月 15 日完成 10 千伏倒送电，10 月 19 日实现主控室部分可用，12 月 28 日完成外穹顶吊装。

3. 太平岭核电厂 1、2 号机组

太平岭核电厂 1 号机组处于调试阶段，正在进行热试准备工作。2023 年 5 月 29 日环吊可用，7 月 26 日首次插堆完成，12 月 13 日完成 500 千伏倒送电，12 月 30 日完成冷试。

太平岭核电厂 2 号机组处于安装阶段。2023 年 8 月 23 日完成内穹顶封顶，11 月 30 日完成 3 台蒸汽发生器吊装。

4. 三澳核电厂 1、2 号机组

三澳核电厂 1 号机组处于安装阶段。2023 年 3 月 3 日环吊可用，6 月 1 日 220 千伏电源正式投运，12 月 23 日完成核辅助厂房封顶。

三澳核电厂 2 号机组处于安装阶段。2023 年 6 月 30 日核岛安装开工，9 月 28 日完成穹顶吊装。

5. 昌江核电厂 3、4 号机组

昌江核电厂 3 号机组处于安装阶段。2023 年 2 月 21 日完成内穹顶吊装，5 月 9 日环吊可用，10 月 31 日完成 220 千伏倒送电。

昌江核电厂 4 号机组处于安装阶段。2023 年 4 月 13 日核岛安装开始，12 月 27 日完成内穹顶吊装。

6. 田湾核电厂 7、8 号机组

田湾核电厂 7 号机组处于安装阶段。2023 年 6 月 21 日完成穹顶吊装，7 月 27 日环吊可用，9 月 28 日完成 220 千伏倒送电。

田湾核电厂 8 号机组处于土建阶段，2023 年 2 月 25 日核岛开工建设。

7. 海南小堆示范项目

海南小堆示范项目处于安装阶段，2023 年 8 月 13 日常规岛安装开始，11 月 3 日顶封头吊装就位。

8. 徐大堡核电 3、4 号机组工程

徐大堡核电厂 3 号机组处于安装阶段。2023 年 7 月 25 日完成穹顶吊装，9 月 28 日环吊可用，12 月 12 日完成反应堆压力容器吊装。

徐大堡核电厂 4 号机组处于土建阶段。2023 年 4 月 3 日完成内部结构 0 米板。

9. 徐大堡核电 1 号机组工程

徐大堡核电厂 1 号机组处于土建阶段。2023 年 11 月 3 日，徐大堡核电厂 1 号机组取得建造许可证，11 月 4 日常规岛浇筑第一罐混凝土，11 月 15 日核岛浇筑第一罐混凝土。

10. 三门核电厂 3、4 号机组

三门核电厂 3 号机组处于土建阶段。2023 年 6 月 14 日完成常规岛主体结构 0 米以下结构施工，9 月 9 日安注箱就位，12 月 11 日汽轮机厂房主行车可用。

三门核电厂 4 号机组处于土建阶段。

2023年3月22日4号机组浇筑核岛第一罐混凝土，5月29日CV底封头就位，9月6日完成CA01模块吊装。

11. 海阳核电厂3、4号机组

海阳核电厂3号机组处于土建阶段。2023年1月12日核岛反应堆厂房CA01模块吊装就位，9月15日安注箱吊装就位，12月21日反应堆压力容器筒体吊装就位。

海阳核电厂4号机组处于土建阶段。2023年4月22日浇筑核岛第一罐混凝土，6月30日安全壳底封头吊装就位，10月19日核岛CA01模块吊装就位。

12. 陆丰核电厂5、6号机组

陆丰核电厂5号机组处于土建阶段。2023年1月16日常规岛浇筑第一罐混凝土。

陆丰核电厂6号机组处于土建阶段。2023年8月26日核岛浇筑第一罐混凝土，12月13日常规岛浇筑第一罐混凝土。

13. 廉江核电厂1号机组

廉江核电厂1号机组处于土建阶段。2023年8月15日常规岛浇筑第一罐混凝土，9月25日核岛浇筑第一罐混凝土，11月27日常规岛零米以下结构全部施工完成，12月19日安全壳底封头吊装就位。

2023年我国在建核电机组一级里程碑信息汇总表详见表3。

表 3　2023 年我国在建核电机组一级里程碑信息汇总表

序号	机组	取得建造许可证	核岛 FCD	常规岛 FCD	核岛安装	穹顶吊装	冷试	热试	首次装料	首次临界	首次并网	商业运行
1	防城港 4 号	2015-12-23	2016-12-23	2017-05-26	2018-08-09	2021-01-24	2023-04-28	2023-09-25				
2	漳州 1 号	2019-10-09	2019-10-16	2019-12-12	2020-11-27	2021-10-27	2023-10-16					
3	漳州 2 号	2019-10-09	2020-09-04	2020-09-21	2022-07-17	2022-08-23						
4	太平岭 1 号	2019-12-25	2019-12-26	2020-05-15	2021-05-28	2021-12-24	2023-12-22					
5	太平岭 2 号	2019-03-25	2020-10-15	2021-07-08	2022-04-26	2022-09-25						
6	三澳 1 号	2020-12-30	2020-12-31	2021-03-01	2022-05-17	2022-11-03						
7	三澳 2 号	2020-12-30	2021-12-30	2022-08-31	2023-6-30	2023-09-28						
8	昌江 3 号	2021-03-31	2021-03-31	2021-09-30	2022-07-15	2023-02-21						
9	昌江 4 号	2021-03-31	2021-12-28	2022-04-21	2023-04-13	2023-12-27						
10	田湾 7 号	2021-05-19	2021-05-19	2021-9-19	2023-01-17	2023-06-21						
11	田湾 8 号	2021-05-19	2022-02-25	2022-07-19								
12	海南小堆	2021-06-03	2021-07-13	2021-11-28	2022-11-30	2023-11-03						
13	徐大堡 3 号	2021-07-28	2021-07-28	2021-09-17	2023-01-12	2023-07-25						

续表

序号	机组	取得建造许可证	核岛 FCD	常规岛 FCD	核岛安装	穹顶吊装	冷试	热试	首次装料	首次临界	首次并网	商业运行
14	徐大堡 4 号	2021-07-28	2022-05-19	2022-06-28								
15	徐大堡 1 号	2023-11-03	2023-11-15	2023-11-04								
16	三门 3 号	2022-06-26	2022-06-28	2022-01-28	2023-09-09							
17	三门 4 号	2022-06-26	2023-03-22	2022-11-19								
18	海阳 3 号	2022-06-29	2022-07-07	—	2023-09-15							
19	海阳 4 号	2022-06-29	2023-04-22	2022-12-27								
20	陆丰 5 号	2022-09-07	2022-09-08	2023-01-16								
21	陆丰 6 号	2022-09-07	2023-08-26	2023-12-13								
22	廉江 1 号	2023-09-25	2023-09-29	2023-08-15								

注：统计日期截至 2023 年 12 月 31 日。

2022年、2023年我国连续两年分别核准10台核电机组。截至2023年12月底，我国已经核准的拟开工核电机组有12台，详见表4。另外，我国还有一批核电项目正在开展项目前期工作，其中部分项目已经具备核准条件。

表4　我国已核准未FCD核电机组一览表

序号	核电厂名称	机组号	机型	核准日期
1	漳州核电厂	3号机组	HPR1000	2022-09-13
2		4号机组	HPR1000	2022-09-13
3	廉江核电厂	2号机组	CAP1000	2022-09-13
4	徐大堡核电厂	2号机组	CAP1000	2023-07-31
5	宁德核电厂	5号机组	HPR1000	2023-07-31
6		6号机组	HPR1000	2023-07-31
7	石岛湾核电厂	1号机组	HPR1000	2023-07-31
8		2号机组	HPR1000	2023-07-31
9	金七门核电厂	1号机组	HPR1000	2023-12-29
10		2号机组	HPR1000	2023-12-29
11	太平岭核电厂	3号机组	HPR1000	2023-12-29
12		4号机组	HPR1000	2023-12-29

核燃料循环

铀矿勘查与采冶

一、中国核工业集团有限公司

中核铀业有限公司全年新增资源量为计划的2.5倍。优质资源增储成效显著，内蒙古哈达图矿床成为又一个可整装开发的大型矿床；内蒙古大林矿床最大平米铀量刷新记录。“三新”找矿取得新进展，青海柴达木北西缘、内蒙巴丹吉林盆地西部多个新区发现较好工业孔。综合找矿取得较好成绩，新落实铅锌银金等工业孔20个。大基地建设加快推进。在建钱Ⅳ项目提前18个月试运行。包括首个千吨级项目纳岭沟等在内的一批新项目获科工局核准，产能规模超过去十年总和。铀独居石、铀钼、铀铁等项目有序推进，拓展铀资源渠道。铀纯化老线安改项目联动调试。

一体化业务高效开展，高效保障天然铀需求。销量连续三年居全球前二。优化采购策略，应对铀价上涨，与哈原工、Cameco新签长贸，满足中核集团“十四五”需求，为“十五五”奠定基础。阿拉山口天然铀保税库实现新突破。

“强核心、大协作”协同创新体系持续深化。组织天然铀产业技术创新联合体理事会，发布卡点体系树状图、揭榜挂帅清单。丰富“国家、省部、集团”多层次平台体系，国家级实验室即将落地。深化校企合作，与东华理工、南华大学设立两项联合创新基金，年投入2 000万元。海水提铀重点实验室运行，南海建成国内最大的海试平台。

数字化建设加快推进。构建数字勘查和数字采冶平台，内蒙古、新疆地浸矿山远程集控率达100%。棉花坑建成数字化集控中心，实现主平巷运输无人化和黑灯水冶车间。

二、中国广核集团有限公司

2023年，中广核纳米比亚湖山铀矿持续加大科研投入和管理优化，实现达产盈利，创湖山矿投产七年以来历史最优水平。持续聚焦资源建模、复杂矿体爆破控制、品位控制、高陡边坡稳定性分析与治理、磨矿系统、离子交换树脂板结机理及预防等产能提升中的关键技术问题，围绕湖山铀矿卡车扫描站技术应用平台、智能采矿配矿系统、铀矿水冶工艺优化、低品位铀矿石大型堆浸试验研究等开展科技攻关，取得一批科研成果。卡车扫描站关键技术首次获得中国核能行业协会科技进步二等奖，离子交换、溶剂萃取等研究成果已产生上亿元的经济效益。这些措施有力保障湖山铀矿供矿品位、剥采量、磨矿量、金属回收率等核心生产指标再创新高，实现产能提升的新突破，矿山安全生产水平迈上新台阶。

三、国家电力投资集团有限公司

国核铀业发展有限责任公司作为国家电投核燃料供应保障平台，2023 年持续强化天然铀保障机制，进一步落实保供策略。

核燃料生产

一、中国核工业集团有限公司

中国原子能工业有限公司着力推动产能建设。中核兰铀新建产能项目获科工局核准，实现首批机组启动；核七院铀转化、铀浓缩工程技术研究科研条件建设项目完成全部建设内容并通过规划、消防单项验收。29 项在建政府固投、自主基建项目按期推进。专用设备、核燃料元件、铀浓缩新产能项目申报工作取得积极进展。

巩固铀纯化转化能力，推动生产能力稳步提升。形成万吨级铀纯化转化能力，建成中核二七二及中核四 0 四两个生产基地。2023 年，国内两个生产基地生产稳定运行，全面完成各项生产任务。持续巩固生产保障能力，中核二七二厂推进铀纯化老线安全改造，实现工艺厂房封顶；中核四 0 四稳步推进老线技术改造，不断挖掘生产线潜力。持续推进科技创新，一体化铀纯化转化技术具备工程化能力。加强生产运行创新优化管理，中核二七二厂推进生产“三化”（生产管理小时化、设备运行图表化、设备检修标准化）管理创新，大幅度提升了生产稳定性和生产效率。

铀浓缩生产线扩建有序推进，生产自动化水平不断提升。根据国内核电站新建节奏及国际市场需求，积极推动铀浓缩产能扩建，加快生产线项目建设。在运铀浓缩生产线保持生产运行稳定，为下游环节提供高质量浓缩铀产品。持续推动铀浓缩产业链生产数字化转型，启动专用设备智能化生产线建设，推进铀浓缩工程能源管理平台以及产品在线检测等数智化系统建设，实现铀浓缩工程耗能系统集中化控制，生产线节电效果提升明显，人员配置得到进一步优化，部分生产线劳动生产率最高可达此前的 2 倍。中核陕西铀浓缩有限公司获得工业和信息化部 2023 年度智能制造优秀场景、物联网赋能行业发展典型案例。

核燃料元件生产能力满足需求。建成了完善的核燃料元件加工能力，能够满足压水堆、重水堆、高温气冷堆等机组的核燃料元件需求，产业能力跻身世界前列。持续推进 CF3 自主品牌核燃料组件应用，大力推进核燃料元件加工智能化转型。中核北方推动压水堆燃料元件智能制造示范工厂建设，实施端塞焊线自动识别与测量系统等改造和开发应用，显著提升生产检测效率，并入选 2023 年工业和信息化部“智能制造示范工厂揭榜挂帅项目”；中核建中专项生产线实现运行状态数字感知和集中管控，并实现燃料棒焊缝 X 射线实时成像和外观自动化检测，生产效率显著提升。

二、中国广核集团有限公司

中哈合资核燃料组件厂是国家“一带一路”倡议和哈萨克斯坦“光明之路”的标志性项目，也是中广核集团核燃料产业布局的重大战略项目。继2022年完成首批次68组燃料组件的交付后，2023年中哈合资组件厂顺利完成了4批次共计296组燃料组件（约合150吨铀）的生产和交付，其中，2批次燃料组件按计划顺利入堆，运行情况良好。中哈合资组件厂的稳工稳产及产能提升，有助于提高我国核电站燃料供应保障能力，进一步畅通国内国际燃料供应保障内外双循环。

三、国家电力投资集团有限公司

国家电投集团依托核燃料供应保障平台——国核铀业，积极拓展核燃料供应多元化渠道，不断提升核燃料一体化供应保障能力，持续完善核燃料供应体系。

在核燃料供应保障方面，国家电投全面落实安全质量要求，全年组件交付“零缺陷”，圆满完成年度核燃料保供任务。

乏燃料和放射性废物处理、处置的情况

一、中国核工业集团有限公司

退役治理取得重要突破。国内首座玻璃固化工程圆满收官；攻克泥浆悬浮堵塞等技术难点，老旧核设施退役实施安全推进；各类放射性废物处理设施全面提前完成年度目标。

放射性物质运输取得积极进展。乏燃料运输容器维修维护设施建设项目完成初步设计，具备开工建设条件。采用“上门接收”一体化服务模式，克服重大活动、同行审批等对运输窗口期缩短的影响。

放射性废物得到安全、及时处置。龙和处置场、西北处置场、飞凤山处置场实现安全稳定运行，秦山、田湾、大亚湾、宁德等核电基地放射性废物处理处置工作实现常态化运转。与湖南稀土集团合作设立合资公司，启动伴生放射性固体废物处置场建设。

二、中国广核集团有限公司

（一）乏燃料运输

2023年，通过乏燃料多式联运体系，中广核集团牵头完成二批次乏燃料多式联运运输任务，乏燃料运输常态化运转顺利。

（二）中广核集团放废管理创一流活动

2023年，中广核集团坚持以降低群厂放射性固体废物产量为目标，紧密围绕集团放废领域“十四五”规划，加强源头控制，2023年群厂单机组放废年产量继续保持历史低位水平。积极响应国家核安全局要求，按照实践性、独创性、可推广性的原则对群厂放废领域良好实践进行全面梳理，总结提炼4项良好实践，上报《乏燃料管理安全和放射性废物管理安全联合公约》国家报告编审组。

2023 年，中广核集团继续做好群厂放废外运统筹，积极解决电厂放废外运难点和共性问题。在运核电厂均与废物接收单位签署放废外运处置合同，全面启动群厂放废外运处置工作。严格落实国家核安全监管部门的要求，各核电厂因厂施策，分批分期制订处置计划，合理推进解决废物贮存问题。

（三）北龙处置场运行与管理

2023 年，北龙处置场继续保持安全稳定运行，处置场工程屏障持续有效，已接收存放的放射性废物包均处于安全可控状态，未对周边环境产生任何可探测到的放射性影响。

核能科研

一、中国核工业集团有限公司

先进核能原创技术策源地建设迈出新步伐，先进核能技术全国重点实验室等4个国家级研发平台和2个国家级中心获批，取得历史性突破。核能“三步走”发展战略扎实推进，华龙后续机型等重大科研项目取得积极成效，新一代“人造太阳”中国环流三号实现100万安培等离子体电流的高约束模式运行。核能开发渠道竞争优势凸显，项目获批数和经费占有率再创新高，集团公司重点布局领域均获得支持。中核集团纳米比亚工程技术研发中心成立，北欧研发中心正式实体化运作，国际科技合作进一步走深走实。深入实施“核力质胜1342”质量管理模式，持续推动“12630质量强核”工作，中核运行和中核四0四同时荣获第二十届全国质量奖，实现新的突破。牵头发布3项国际标准、立项3项国际标准，发布全球首项核聚变国际标准。集团公司主导的核领域首家“核能产业知识产权运营中心”获批。

自主三代核电技术持续升级优化。“华龙一号”（HPR1000）稳步推进型谱化系列化发展。在“华龙一号”批量化建设过程中，科研团队秉承持续创新优化的理念，以不断提高“华龙一号”安全性、经济性和先进性为目标，不断加大技术研发力度，从强化和完善“华龙一号”主要的创新设计特征、提高单机组功率、提高机组可利用率、优化系统设计方案和配置、优化布置和土建结构设计、提高设备国产化率、优化电厂运行性能等方面着手，逐步推进“华龙一号”型号技术升级，提升核电站的综合能力。

华龙后续机型研发已完成方案设计研究，全面转入标准初步设计研究阶段，完成反应堆及一回路初步设计，建成安全系统综合试验装置，工程科研加速推进，五十余项科研成果成功用于在建和新开工机组。2023年12月，核动力院顺利完成华龙后续安全系统冷管段小破口等首批典型工况试验，获得了重要试验数据，为华龙后续机型的原型设计及软件验证，以及安全审评提供重要的数据支撑，也标志着华龙后续机型研发进入了重要的设计验证新阶段。

推进数字化转型。DCS龙鳍®首台套产品达国际先进，自主研发的我国第四代核电安全生产管理系统ASP-1通过验收，中国核电数字化运行规程平台在福清核电3、4号机组和海南核电1、2号机组同步上线。

中核内蒙古矿业数字化地浸远程控制中心升级改造项目正式投入运行，建成国内首个地浸铀矿山智能化远程管控中心，做到“千里之外、一键采铀、一屏掌控”。

新一代核电工程精益建造平台上线运行，有效支撑核电工程建设的精益化管理，以工程建造“进度、成本、安全、质量”四大管理为主线，制定智能化核电建造系统性解决方案。

自主研发的中核集团核工业“龙吟”大模型2.0版正式亮相，是国内首个面向核工业领域的大语言模型，可以数字生产力的形式辅助现场工程师大幅提高工作效率，降低各环节人力成本，促进核工业数字化创新与高质量发展。

“核+北斗”融合应用助力数字化转型。通过建设霞浦核电智慧工地等示范性强、成效显著的北斗示范应用项目，形成了可复制、高可用的北斗应用系统和产品，为进一步推动北斗系统在核能领域的规模应用奠定坚实基础。

二、中国广核集团有限公司

2023年，中广核集团持续加大研发投入保障，加快实施重点科研项目和关键技术攻关，各项工作取得积极进展。

在国家科研项目方面，各类项目整体进展顺利。其中，核能开发科研项目“新型高性能辐射屏蔽材料及辐照改性橡胶的研发及应用”项目顺利通过国防科工局组织的验收，评价结果均为“优秀”。国家重点研发计划“核安全与先进核能技术”重点专项“放射性废物减容与减害技术研究”项目，顺利通过高技术研究发展中心主持的项目综合绩效评价会。“电子束辐照技术处理煤化工废水”等研究项目获得国家国防科工局正式立项。国家重点研发计划项目2023年度“智能传感器”重点专项——“快响应自给能中子敏感元件及复合传感器”正式获批。

在科技成果方面，2023年，获省部级、全国性行业协会科技奖80余项。其中，“大型核反应堆燃料组件高效安全运维机器人关键技术研究及应用”获深圳市科技进步奖一等奖，“大型压水堆核电站先进乏燃料干法贮存系统型号装备研制和应用”获中国核能行业协会科学技术奖科技进步奖一等奖，“华龙一号GDA项目的技术创新与实践”“主泵自主维修关键技术的研发与应用”获中国能源研究会能源创新奖一等奖。

三、国家电力投资集团有限公司

（一）重大科研开发项目

AP1000非能动核电主泵供电可靠性提升工作取得重要突破。2023年年初，山东核电组织开展主泵变频器“四用一备”改造工程，在原有4台进口主泵变频器的基础上，新增一台长期处于热备用状态的国产主泵变频器。当4台在用主泵变频器的任一台因故障退出运行时，备用变频器自动投入运行，切换过程不触发主泵跳泵和停堆。经山东核电、上海核工院及相关单位联合攻关，完成国产主泵变频器研制，并分别于2023年10月、11月完成海阳核电2号机组与1号机组的现场改造实施与在线联调，4次切换试验一次成功，试验过程与结果均符合设计预期，实现主泵变频器备用切换功能，主泵供电可靠性与机组运行经济性得到进一步提升。

海阳一期主泵变频器“四用一备”改造工程成功实施，国产备用变频器顺利投用，突破了 AP1000 主泵变频器故障难题，为后续国内 CAP1000 机组主泵供电可靠性提升提供样板，对保障国家能源安全、提升三代核电经济性具有重要意义。

实现同位素生产技术突破。上海核工院基于国内的商用重水堆，进行了同位素试验以及生产平台的创新设计与研制工作。4 月 23 日，由上海核工院与秦山核电共同开发的同位素研发试验平台在秦山三厂 112 大修中顺利完成安装、冷态调试和系统标识，标志着国内首个商用堆同位素研发平台建成。2023 年 11 月，重水堆同位素堆顶辐照生产装置的工程样机在浙江海盐完成了安装，并在同年完成了所有的试验验证工作，标志着重水堆大规模生产医用同位素取得重大突破，充分证明了上海核工院研发的重水堆同位素生产装置具备工程应用的关键条件，预计 2024 年完成生产装置在商用重水堆上的应用。

（二）核能研发平台建设

系统布局国家级 / 省部级创新平台创建工作，国家能源研发创新平台创建获批，首次斩获上海市战略性新兴产业重大项目，突破性摘得上海市科技进步奖一、二等奖。先进核能关键结构材料全国重点实验室申报方案正式报上海市受理。持续推进上海市重点产业（核电）知识产权运营中心和徐汇区核电产业知识产权运营中心深化建设工作，实现知识产权运营中心向行业内外层层突破，为后续做大服务规模打下基础。

全力推进重水堆联合技术研发中心建设。2023 年 7 月，上海核工院与秦山核电合作组建重水堆联合技术研发中心正式揭牌，发布了章程以及议事规则，并基于合作协议约定了组织机构及相关各级管理与技术人员。同时基于中心总体目标，在秦三厂机组运维保障、同位素制备和应用、先进重水堆能力建设、中心平台建设等方面分别拟定了阶段性工作目标。中心是以技术研究发展为目标、项目任务为依托的实体化运作的联合机构，通过双方共同努力逐步建立一支重水堆核心专业技术队伍。

四、中国华能集团有限公司

国家科技重大专项、全球首座第四代高温气冷堆核电站——华能石岛湾高温气冷堆核电站示范工程于 2023 年 12 月 6 日圆满完成 168 小时连续运行考验，正式实现商运投产，标志着我国在第四代核电技术研发和应用领域达到世界领先水平。

围绕高温气冷堆运维及推广应用开展研究，中国华能集团开展了包括高温气冷堆调试、运行、维修、在役检查、辐射防护、水化学及制氢、核能供热等多项研究。与清华大学共同研发并掌握了高温气冷堆特有的调试运行六大关键核心技术：大体积双模块化反应堆回路强度密封及升温技术，低功率密度特点反应堆的固有安全性能验证技术，反应堆持续装卸料多点联动控制技术，双堆一机联调联配启停堆运行技术，创建 W 功率平台运行模式，

ALARA 动态管控技术，为高温气冷堆示范工程后续稳定运行和研发工作奠定了坚实基础。

科技创新成果方面，年度申请核电相关专利 402 件，获得专利授权 234 件，其中发明专利 48 件。发布团体标准 16 项，获得省部级科技奖励 4 项。

五、中国一重集团有限公司

（一）科研开发进展情况

2023 年，中国一重紧密围绕国家战略需求，履行好央企责任，切实完成好党和国家交给的各项任务。

一是“复杂空间结构锻件一体化仿形及均质化制造技术”项目。针对华龙项目反应堆压力容器设计优化，完成带进出口接管和安注接管的一体化接管段制造方案。

二是“新型核反应堆用关键大锻件材料自主开发及工程化研制”项目。针对聚变堆设备用耐低温无磁奥氏体不锈钢材料，完成了全尺寸 N50 奥氏体不锈钢锻件工程化研制，结果满足设计要求。

三是“1000MWe 及以上超大型核电常规岛低压转子均质化极限制造技术”，已顺利完成核电焊接转子电机端轴头和轮盘研制，具备了核电焊接低压转子全套锻件的供货能力。

四是“核能装备锻件材料工程化和标准化研究”项目，完成新型铅铋堆大锻件材料制造，具备工程化使用条件。

五是“第四代核电高温气冷堆关键制造技术研发”项目，完全掌握了高温气冷堆压力容器一体化大锻件及堆内构件的关键核心制造技术。

六是“多用途模块式小型压力容器与蒸汽发生器安装关键技术研究”项目，完成蒸汽发生器与压力容器的安装、焊接、无损检测等全部制造工作，2023 年 7 月压力容器顺利发运现场。

七是商用模块化小型堆“玲龙一号”核心模块研制，中国一重承担全球首个陆上商用模块式小堆“玲龙一号”核心模块制造任务，包含反应堆压力容器的制造和蒸汽发生器与反应堆压力容器的安装和检验工作。“玲龙一号”采用一体化反应堆技术，针对大厚度一体化支承环、一体化蒸汽腔、集成化主泵接管、一体化分流板等专有结构，通过科研和专题研究的方式开展了制造技术开发和专用设备研制，攻克了主泵接管与隔板狭小空间焊接、复合热源（感应加热 + 电加热）局部热处理、镍基焊缝全位置窄间隙对接焊、大厚度整体支承环与筒体焊接、反应堆压力容器与蒸发器安装等 20 余项关键技术，开发了主泵接管隔板自动焊接、蒸汽腔接管自动焊接、大厚度支承环自动焊接、压力容器与蒸汽发生器高精度安装、蒸汽发生器焊缝射线检测屏蔽工装等多种专用设备。2023 年 7 月完成了“玲龙一号”核心模块的全部制造任务。

八是批量化“华龙一号”反应堆压力容器研制，面对批量化制造需求及项目经济性和安全性的要求，中国一重打造“多样化、小规模、周期可控”的柔性制造单元，适应核能设备小批量、定制化、个性化制造需求，开展机器人焊接、智能焊接、焊接过程数字化监控和记录的工程实践，实现焊接制造过程的数字化、可视化，实现了核能装备制造绿色化和智能化，推动了中国核能装备制造能力的快速发展。

（二）核能研发平台建设情况

中国一重拥有“重型技术装备国家工程研究中心”“国家能源重大装备材料研发中心”两个国家级研发平台，在核电装备领域开展前沿性、紧迫性技术研究。2023年，研发平台申报专利58件、其中发明专利53件，主持及参与制定国家、行业、企业标准24项。在设备研发方面，中国一重在做优三代核电站核岛一回路主设备产品的基础上，加快第四代核电设备研制，向快堆、高温气冷堆、核聚变堆以及多用途小型先进模块化反应堆等拓展；加快核废液处理工艺及系统、中低放核固废处理装备、乏燃料贮运罐等新产品开发及产业化应用。

六、哈尔滨电气集团有限公司

哈电动装公司承担“AP1000屏蔽电动泵制造技术”“CAP1400屏蔽电机主泵研制”国家科技重大专项。承担的“CAP1400主泵屏蔽电机水润滑轴承模拟试验台及试验研究”国家科技重大专项已完成冷态调试试验。

哈电动装公司成立轴封核主泵自主化设计能力提升创新联合体，创新联合体相互紧密协作，打造企业、研究院、高校、核电厂业主共同参与的体系化、任务型的创新合作组织，建立了系统完善、具有自身特色的科技创新联合体系。

哈电集团获得黑龙江省“百千万”工程科技重大专项《华龙一号核电汽轮机组和关键设备研制》项目。开发额定功率1 200 MW等级，单轴、半速、三缸四排汽、带有汽水分离再热器的凝汽式反动汽轮机，开发1 300 MW等级核电汽轮发电机。以海南昌江核电3、4号机组，广核太平岭核电3、4号机组为依托，汽轮机高压缸效率达85%左右，低压缸效率达78%，汽水分离再热器的汽水分离效率99%，发电机预计2025年完成定子和转子的制造，2026年运抵电厂。

哈电电机公司设立专项科研课题《汽发产品进口件国产化研究》《进口配套件、原材料国产化研究》。已经完成转轴锻件、轴瓦铸件、集电环小轴锻件，定子冲片，绝缘锥环，集电环套筒等20余零部件的国产化替代。正在推进护环锻件，电流互感器、励磁系统等部件的国产化。

七、中国东方电气集团有限公司

（一）持续推动技术创新

加强核能装备制造科技创新能力提升；切实推进核电原创技术策源地建设，全面完成示范快堆主设备研制，设备技术参数均满足设计要求。全面开展高温气冷堆主设备研制，全面参与多功能模块化小堆主设备科研预研。

（二）推进产业链和供应链自主可控

按计划组织推进国产化物项研发、鉴定和成果应用。进一步推进与中国广核集团的国产化研发和应用，以及国产化工作向仪器仪表和元器件延伸；拓展国产化应用合作“朋友圈”，与上海核工院、中核工程就关键“卡脖子”部套的国产化联合研发及成果应用等进行了充分交流；完成发电机转子护环锻件国产化方案，实现锻件开工制造；抽汽逆止阀、中压蝶阀油动机验收评审通过；GFR 抗燃油泵完成样机鉴定；中压蝶阀国产化产品完工。

八、上海电气集团股份有限公司

2023 是实施“十四五”战略承上启下的关键一年，也是上海电气创新发展、转型升级的科技创新年。集团秉承“以科技创新铸造核心竞争力”的宗旨，坚决落实“改进过去、攻关当下、研发未来”的发展路线，致力于产品做到极致和技术赋能产业，实现存量产品技术提升和增量产品技术突破。

2023 年技术工作的亮点有：

1. 组织编制科技发展规划。以“先进核能系统”为主体，修订形成了“十四五”科技发展规划，描述了国家政策和市场情况，分析了技术发展现状和趋势，明确了产品技术布局和产品发展路径，发布了新产品开发计划，聚焦集团新赛道技术，加强科技发展规划引领。

2. 开展工艺改进促进技术水平提高。从技术先进性、制造周期、制造质量等方面分析梳理了 31 项工艺改进及工艺创新项目。《接管马鞍形焊缝双面自动焊接》项目成功应用到某核电项目压力容器的进出口接管焊接中，实现焊后探伤一次合格率 100%。

3. 持续推进产学研合作。积极推进产业链上下游联动，构建开放协同的产业链创新生态。2023 年与核动力院、上海核工院等单位签订产学研合作协议 14 项，开展产学研合作项目 9 项。

4.2023 年，完成高温气冷堆主设备、乏燃料干式贮存系统、热管微堆等 12 项政府科研项目申报工作。获得 7 项科技奖项，包括国家卓越工程师团队奖、中国核能行业协会科学技术奖二等奖、上海产学研合作优秀项目奖特等奖等。

九、二重（德阳）重型装备有限公司

2023 年，二重装备积极培育发展新质生产力，持续加强高能级科研平台建设，强化关键核心技术攻关，加快推动科技创新成果转化应用，迅速抢占制高点，开辟新赛道，助力公司实现高质量发展。

2023 年，二重装备成功掌握反应堆压力容器顶盖和玲龙一号核电机组波动管制造技术，实现世界首套玲龙一号商用小堆波动管设备交货。

二重装备作为牵头单位完成的大型先进压水堆及高温气冷堆核电站国家科技重大专项课题通过综合绩效评价。课题成果使我国大型锻造主管道制造技术达到世界领先水平。

2023 年，二重装备推进“华龙一号”核电设备国产化与批量化制造，满足核电重大工程建设需求。在核岛方面，实现 RCCM 标准主泵泵壳国产化，蒸发器锻件质量稳步提升。在常规岛方面，具备大型核电汽缸全流程自主制造技术，实现核电焊接转子批量化制造。成功研制全球首件聚变工程实验堆用超低温、强磁场高氮锰奥氏体不锈钢整体线圈盒锻件。首次成功研制核反应堆一体化奥氏体不锈钢吊篮筒体，实现国产化 1 000 MW 及以上核电常规岛汽轮机焊接低压转子批量交付。

公司开展了新型核材料研发、结构优化设计等研究工作，提高了设备可靠性，二重装备还注重科研成果的转化和应用。公司通过产学研合作、技术创新等方式，将科研成果快速转化为实际生产力，推动了核电设备制造产能和质量的提升。

核电工程设计、建造与管理

核电工程设计与管理

一、中国核工业集团有限公司

“华龙一号”及在役核电机组关键核心技术装备攻关工程项目顺利通过国家发改委验收。“华龙一号首堆工程”获得国防科技进步一等奖。华龙《安全壳卸压过滤排放综合性系统》获得中国专利优秀奖，发布国家标准7项。以中国核电工程有限公司为主要依托单位的国家级退役创新中心通过国防科工局的评审。首个国家级研发平台——先进核能技术全国重点实验室获得批复。“华龙一号”示范工程福清核电5、6号机组荣获国家优质工程金奖。海南核电3号机组压力容器吊装就位，提前一级里程碑67天。徐大堡核电3号机组穹顶吊装圆满完成，提前中核集团考核159天。11月15日，徐大堡核电1号机组核岛举行开工仪式，徐大堡核电一期建设全面拉开序幕。

二、中国广核集团有限公司

中广核工程有限公司设计院是中国首家集核电站核岛、常规岛及电站辅助设施设计、咨询为一体的核电、火电、新能源工程设计高新技术企业，是中广核核电板块型号研发、工程设计和在役服务能力的综合性设计院，是中广核创新与发展的核心竞争力。

（一）安全质量

2023年全年实现安质环“四零”目标，获得中国质量奖提名奖、国际QC小组银奖、全国质量技术奖、“深圳杰出质量人”及“深圳质量工匠”等34项质量荣誉。积极从设计源头保障核电厂本质安全，推进取排水工程设计优化和冷源安全防护提升，形成基于更高标准的群厂冷源方案。

（二）项目设计

年度核电项目设计出图量达41.8万份。

防城港核电二期项目，持续开展设计服务，保障3号机组投产和4号机组冷试、热试。

太平岭核电1、2号机组全年出图9.1万张，1号机组完成核岛安装EM4、8、9施工图收尾。

三澳核电1、2号机组全年出图16.9万张，支撑2号机组完成穹顶吊装。

陆丰核电5、6号机组全年出图10.5万张，5号机组核岛土建施工图出版率达70%。

保障宁德核电二期、石岛湾核电扩建一期、太平岭核电二期获得核准，招远项目和陆丰核电1、2号机组核准相关批文全部获取，台山核电3、4号机组和陆丰核电3、4号机组获得“小路条”。

（三）市场开发

设计支持大亚湾 D223 大修顺利完成。中标国际核聚变项目冷却水系统高性能保温材料设计供货项目。

（四）科研创新

核电安全技术与装备全国重点实验室重组获批并实体化运作。主泵静压轴封及配套件研发等一批关键设备自主化研发攻关取得成功，核电设备国产化率达到 95% 以上。陆上小堆初步设计通过行业评审。核电数字化协同设计成功申报国家能源局示范项目。智能核电一体化运行平台在行业内发布。钢筋笼模块等 21 项先进建造技术落地应用。

全年申报科研奖项 106 项，荣获国家级、省部级奖项 4 项，行业级奖项 37 项；专利受理 192 项，其中发明专利 156 项。成果转化 51 项。

（五）经营管理

在深化改革三年行动国资委考核中，科改行动获评“优秀”。成功获取电力行业甲级资质。

三、国家电力投资集团有限公司

（一）高水平建设三门二期、海阳二期、廉江一期核电工程项目

针对已开工项目海阳二期、三门二期、廉江一期，以支持项目连续施工和高质量建设为核心，有序推进重要设计优化、经验反馈，重要问题进行风险管控全部在控，设计服务持续高效运作。海阳二期、三门二期设计均进入收尾阶段，廉江一期 3 号核岛主体施工设计工作基本完成。

2023 年 11 月 25 日，我国首个跨地级市核能供热工程——国家电投“暖核一号”三期核能供热项目正式投运，海阳核电在给烟台海阳市供暖的同时，供暖区域到达威海乳山市，实现了零碳热源的跨区域互通共享，将核能零碳供热的海阳方案有效复制到乳山，开启核能“双城”供热新纪元。

（二）吸取首批在建项目设计与管理经验反馈，全力准备待核准项目设计工作

以支持白龙一期、海阳三期、陆丰一期、莱阳项目核准为核心，推动白龙一期、海阳三期设备采购类文件达到廉江项目同期水平，按计划完成莱阳项目初步设计、五通一平和长周期设备设计工作。

核电工程建筑安装与管理

一、中国核工业集团有限公司

中国核工业建设股份有限公司全面推进核电多项目建设。制定核电建设业务布局模型，高质量落实投标工作，先后中标三澳二期、宁德三期共 4 台机组核岛土建工程，徐大堡一期 2 台核岛安装工程。新开工建设（FCD）核电机组 5 台。2023 年底，在建核电机组 25 台，工程质量、安全、进度全面受控。

以“工期更短、造价更低、质量更优”为目标，推进“建安一体化”走深走实。三门、海阳、陆丰等核电项目通过“建安一体化”实施，在压缩工期、节约成本上取得积极成效。以新开廉江核电项目为试点，成立联合项目部，推动实现建安设计深度融合、减少交叉施工重复性投入，探索更大范围、更宽领域的建安一体化路径。

中核二三、中核华兴蝉联国资委双百企业专项考核“标杆企业”，中核二三和中核华兴国资委考核排名分别从第 27 名、30 名，跃升至第 20 名、17 名。

二、中国广核集团有限公司

中广核工程有限公司施工管理中心具备关键工艺施工组织能力、现场总集成能力和资源管理能力，是核能工程建设的承重墙。

（一）安质环的趋势向好，持续夯实核安全保障力

2023 年，在施工工时总量增长 23% 的同时，20 万工时事件率下降 50%，安质环实现“四零”目标。

一是全面加强核安全文化建设，积极引导施工管理人员和产业链从业人员强化核安全文化，树立正确业绩观、主动安全观、全面质量观。二是推进以质保体系为核心的安质环体系建设，推进施工产业链全周期安质环管理提升方案，全面压实承包商安质环主体责任。三是坚决执行“遵守程序、反对违章”要求，开展次标准专项整治，落实施工 QC 人员逐级评价机制，持续提升 QC 有效性。

（二）项目建设持续创优，再造施工承重墙新优势

围绕三个平衡推进，通过施工资源统筹保障、施工生产组织及施工逻辑优化等多措并举，推动华龙批量化建设初步形成“一个项目比一个项目好，一台机组比一台机组好”的良好态势。

一是统筹平衡推进，推动项目建设持续阶段创优。太平岭及三澳项目 4 台机组穹顶吊装从 FCD+24 逐渐优化至 FCD+20.9，创全球三代核电项目最优工期记录；太平岭核电 1 号机组冷试在 FCD+48 内完成，冷试节点核岛安装累计完成 680 万点，FCD 至冷试完成工期及机组状态持续向好。推动周边厂房 9 大举措 22 项行动落地，太平岭核电 1 号机组、三澳核电 1 号机组分别于 FCD+43.5 和 FCD+36 实现周边厂房封顶；陆丰核电 5 号机组周边厂房筏基 FCD+7 完工，6 号机组周边厂房整体筏基 FCD+3 完成，周边厂房施工平衡推进。

二是加强建安产业链建设，有效保障项目建设资源。制定施工产业链链长建设方案，举办核电先进建造技术分论坛，提升核电施工产业链协同效益和综合竞争力，促进强链补链延链；通过产业工人队伍建设、劳务用工穿透式管理等方式，推动中建二局、中核华兴等建安单位产业工人队伍比例超过 60%，全年完成产业链工人认证 3524 人，认证人员流失率低于 15%，产业链队伍粘性持续增加。

三是协同内外部上下游，主导工程现场的有序推进。加强系统思维和全局思维，

通过项目群施工组织沙盘推演、设计评审及前期筹备等工作，推动优势资源在各项目建设最优配置。协同各参建单位建立常态化平台会交流机制，共同推进项目资源保障与施工组织管理改进优化。与设计、制造等上游环节深化联动，做好施工图、大宗材料及设备供应保障，为项目连续施工、高质量推进提供保障。

（三）科技创新成效显著，强化批量化建设竞争力

持续深化先进建造技术及数字化转型实施等，由点及面拓展应用，技术创新成果不断转化为综合效益。

一是先进建造技术研发及落地应用取得实质性成效。课题总量达 62 项，累计首创技术 17 项，全面具备推广应用条件技术 27 项。推动应用范围从防城港核电 3 号机组的 9 项扩大到陆丰核电 6 号机组的计划 30 项，学习曲线效应明显，规模化应用综合效益逐步显现。

二是华龙堆型可建造性不断提升。成立可建造性提升项目团队，进一步强化与设计院的协同。参与先进型研发设计，提出模块化和厂房布置优化建议 10 余项并获设计采纳。

三是施工数字化转型成效凸显。按照典型示范和系统集成的思路，规划 127 个模块，由点及面推动施工数字化转型落地，在行业内率先实现数字质量文件单轨制和移动终端签点，并通过异地灾备、人脸识别等手段保障数据安全，实现建安产业链上下游的全覆盖。

（四）中广核研究院热室设施建设项目

2021 年 9 月，中广核研究院热室设施建设项目主厂房材料辐照性能研究中心筏基混凝土开始浇筑，按计划实现主体结构开工目标。2023 年 10 月，完成全部主工艺厂房封顶，12 月开始冷调试。

（五）中广核群厂冷源改造项目

落实五部委联合发文要求，扎实推进在运电厂冷源改造和在建、新建电厂冷源优化工作。2023 年 10 月，阳江冷源项目完成竣工验收移交，标志着中广核首个冷源保障示范项目建成投产，海生物拦截率达到 95% 以上。2023 年 2 月，红沿河核电厂冷源三化改造项目完成初步设计方案；2023 年 11 月，红沿河核电厂冷源项目完成全部沉箱预制。

（六）中广核群厂雨污分流改造项目

电厂雨污分流改造按照“一厂一策”全力推进各项目工作。2023 年 8 月，红沿河雨污分流项目现场开工并连续施工；2023 年 12 月，防城港、宁德、阳江基地项目分别实现现场开工并连续施工。

三、国家电力投资集团有限公司

截至 2023 年年底，国家电投集团共有 7 台机组在建、1 台机组处于 FCD 前的准备阶段。其中，三门核电 4 号机组、海阳核电 4 号机组、廉江核电 1 号机组 FCD。年内，三门二期项目按计划完成 3 号机组 CA01、CA03、反应堆压力容器就位与反应堆厂房内部结构 102 m 平台浇筑，完成4号机组FCD、CV底封头和CA01模块就位；海阳二期项目按计划完成3号机组CA01、CA03、汽轮机厂房主行车吊装就位以及反应堆厂房内部结构102.18米平台浇筑，完成4号机组FCD、CV底封头就位、CA01就位；廉江一期项目按计划完成1号机组核岛和常规岛FCD、CV底封头就位，2号机组开始核岛负挖。

核设备制造

一、中国一重集团有限公司

2023年，中国一重坚持市场导向，着力加强市场开发力度，核电产品市场占有率稳步提高。核电主管道订货方面，与中广核签订了招远核电2号机组、三澳核电4号机组、太平岭核电4号机组3台主管道订货合同。蒸汽发生器订货方面，与中广核签订了宁德核电5号机组蒸汽发生器项目。核电锻件订货方面，与哈电集团（秦皇岛）重型装备有限公司签订了2台机组CAP1400蒸汽发生器锻件合同，与东方电气（广州）重型机器有限公司签订了1台机组的CAP1400蒸汽发生器锻件合同。

2023年，在制的核电产品主要包括反应堆压力容器30台、主泵泵壳30台、堆芯补水箱14台、蒸汽发生器3台、主管道5台套、电机座6台、高温堆24台、拉伸机1套、容器支承1台、稳压器1台等。特别是在海南昌江小堆反应堆压力容器的项目推进工作中，通过详实的技术、管理策划，顺利完成项目制造，并于2023年7月13日提前交付，在关键16处蒸汽腔焊接部位的64道焊缝RT一次合格，设备整体制造过程完全实现“负接口”“贯穿式”管理。

在科研开发方面，2023年，中国一重紧密围绕国家战略需求开展各项科研工作，完成各项任务。

一是“复杂空间结构锻件一体化仿形及均质化制造技术”项目。针对华龙项目反应堆压力容器设计优化，完成带进出口接管和安注接管的一体化接管段制造方案。

二是“新型核反应堆用关键大锻件材料自主开发及工程化研制”项目。针对聚变堆设备用耐低温无磁奥氏体不锈钢材料，完成了全尺寸N50奥氏体不锈钢锻件工程化研制，结果满足设计要求。

三是“1 000 MWe及以上超大型核电常规岛低压转子均质化极限制造技术”，已顺利完成核电焊接转子电机端轴头和轮盘研制，具备了核电焊接低压转子全套锻件的供货能力。

四是“核能装备锻件材料工程化和标准化研究”项目，完成新型铅铋堆大锻件材料制造，具备工程化使用条件。

五是“第四代核电高温气冷堆关键制造技术研发”项目，完全掌握了高温气冷堆压力容器一体化大锻件及堆内构件的关键核心制造技术。

六是“多用途模块式小型压力容器与蒸汽发生器安装关键技术研究”项目，完成蒸汽发生器与压力容器的安装、焊接、无损检测等全部制造工作，2023年7月压力容器顺利发运现场。

七是商用模块化小型堆“玲龙一号”核心模块研制，中国一重承担全球首个陆上商用模块式小堆“玲龙一号”核心模块制造任务，包含反应堆压力容器的制造和蒸汽发生器与反应堆压力容器的安装和检验工作。“玲龙一号”采用一体化反应堆技术，针对大厚度一体化支承环、一体化蒸汽腔、集成化主泵接管、一体化分流板等专有结构，通过科研和专题研究的方式开展了制造技术开发和专用设备研制，攻克了主泵接管与隔板狭小空间焊接、复合热源（感应加热 + 电加热）局部热处理、镍基焊缝全位置窄间隙对接焊、大厚度整体支承环与筒体焊接、反应堆压力容器与蒸发器安装等 20 余项关键技术，开发了主泵接管隔板自动焊接、蒸汽腔接管自动焊接、大厚度支承环自动焊接、压力容器与蒸汽发生器高精度安装、蒸汽发生器焊缝射线检测屏蔽工装等多种专用设备。2023 年 7 月完成了“玲龙一号”核心模块的全部制造任务。

八是批量化“华龙一号”反应堆压力容器研制，面对批量化制造需求及项目经济性和安全性的要求，中国一重打造“多样化、小规模、周期可控”的柔性制造单元，适应核能设备小批量、定制化、个性化制造需求，开展机器人焊接、智能焊接、焊接过程数字化监控和记录的工程实践，实现焊接制造过程的数字化、可视化，实现了核能装备制造绿色化和智能化，推动了中国核能装备制造能力的快速发展。

中国一重拥有“重型技术装备国家工程研究中心”“国家能源重大装备材料研发中心”两个国家级研发平台，在核电装备领域开展前沿性、紧迫性技术研究。2023 年，研发平台申报专利 58 件、其中发明专利 53 件，主持及参与制定国家、行业、企业标准 24 项。在设备研发方面，中国一重在做优三代核电站核岛一回路主设备产品的基础上，加快第四代核电设备研制，向快堆、高温气冷堆、核聚变堆以及多用途小型先进模块化反应堆等拓展；加快核废液处理工艺及系统、中低放核固废处理装备、乏燃料贮运罐等新产品开发及产业化应用。

二、哈尔滨电气集团有限公司

哈电集团核电产业经过多年发展，现已建成了以哈电重装公司为基础的核岛主设备基地，以哈电动装公司、哈电阀门公司为基础的核电泵阀设备基地，以哈电汽轮机公司、哈电电机公司、哈电锅炉公司为基础的常规岛主设备基地和以佳电股份为基础的 K 类电机、主氦风机、屏蔽泵（核 3 级、非核级）基地。产品服务范围覆盖“华龙一号”“国和一号”、VVER、高温气冷堆、小型堆等多种堆型，产能满足年产 4 台（套）百万千瓦级核岛、常规岛设备。

表 1　哈电集团各涉核企业产品供货范围

序号	企业	供货范围
1	哈电重装公司	反应堆压力容器，蒸汽发生器，稳压器，堆芯补水箱，安注箱，非能动余热排出热交换器，设备支承，核能供热装置等

续表

序号	企业	供货范围
2	哈电动装公司	轴封型主泵，屏蔽型主泵电机，核电电动机，小型屏蔽泵等
3	哈电汽轮机公司	汽轮机及辅助系统，自动化控制系统等
4	哈电电机公司	发电机及辅助和励磁系统，循环水泵等
5	哈电锅炉公司	核 2、3 级压力容器，热交换器，高温堆水冷壁、常规岛辅机，海水淡化设备，乏燃料后处理、储运设备等
6	哈电阀门公司	核 2、3 级安全阀，主蒸汽安全阀，闸阀，止回阀，仪表阀等；常规岛通用阀门，MSR 安全阀，汽机旁路阀、抽汽逆止阀等
7	佳电股份	主氦风机，氦气压缩机，1E 级、非 1E 级电动机，核 3 级、非核级屏蔽泵

表 2　哈电集团核电设备供应能力

序号	堆型	设备类型	供货能力
1	三代核电（“华龙一号”、CAP1000 等）	反应堆压力容器、蒸汽发生器、稳压器	年产 4 套核岛主设备
		屏蔽式主泵电机	年产 4 套（16 台 / 年）
		轴封式主泵	年产 3 套（9 台 / 年）
		汽轮发电机组	年产 4 套
		电动机	年产 6 套（10 万千瓦 / 年）
2	600 兆瓦高温气冷堆	反应堆压力容器、蒸汽发生器、稳压器	年产 4 台（100 兆瓦蒸汽发生器）
		主氦风机电机	年产 1 套（6 台）
		汽轮发电机组	年产 6 套
3	模块化小堆	反应堆压力容器、蒸汽发生器、稳压器	年产 4 套核岛主设备
		屏蔽式主泵泵组	年产 3 套（12 台 / 年）
		汽轮发电机组	年产 15 套

哈电集团成功研制高温气冷堆蒸汽发生器，在示范工程上与清华大学、石岛湾核电、总包方构建了“产、学、研、用一体化”供货模式，攻克 30 余项关键工艺技术难题（其中国家重大专项课题 18 项），掌握了核心制造技术，处于国际领先水平。承制的主氦风机在世界上首次采用电磁轴承支撑形式，填补了国内立式大功率（4 500 千瓦）高转速（4 200 转 / 分钟）矢量变频控制电机、风机领域的空白，实现 6 个方面的技术创新，攻克 13 项关键技术，处于国际领先水平。

哈电集团具备轴封式核主泵自主设计、自主制造能力，拥有自主知识产权。供货业绩 50 余台，已向巴基斯坦 C-3、C-4 和 K-2、K-3 项目供货。培养了成熟的设计、管理及服务团队，建立了完善的产业链供应链体系，具备设备安装、调试及售后服务能力。哈电集团和沈鼓联合引进美国 AP1000 屏蔽主泵技术，是核电屏蔽电机唯一国产供应商。

哈电集团将质量保证作为核电产业的“生命线”，将核安全文化建设作为核电产品质量保证的基础，探索出适应企业特点的核安全文化建设模式并全面落实核安全文化提升行动。哈电重装公司开展了全员核安全文化研修，研发的“人员行为工具”管理模式使核安全文化建设扎实落地，让核安全文化“摸得着、看得见”，成为核安全文化建设的行业标杆。

三、中国东方电气集团有限公司

（一）全力保障重大工程关键节点按期实现

积极落实党中央关于推进核能重大工程建设的决策部署，持续加强“国和一号”等重大项目现场服务工作组织和协调，项目实现了年度重要节点。

（二）多措并举确保设备按期交付

持续加强进度风险管控，以年度关键节点计划、关键设备进度跟踪表等为抓手，强化项目计划的刚性约束和执行力，加强进度监控，及时预警风险、制订纠偏措施，确保设备按期交付。完成惠州核电 1、2 号和三澳核电 1 号 TG 主要设备制造工作，部分设备早于现场安装需求。“玲龙一号”全球首个陆上商用模块化小堆项目稳压器、堆内构件、非能动余热排出热交换器提前完成研制，稳压器较合同提前 2.5 个月，非能动余热排出热交换器提前 1.5 个月完成交付。

表 3　2023 年主设备交付情况

堆型	设备	交付数量
“华龙一号”	蒸汽发生器	3 台（昌江核电 3 号）
“华龙一号” 陆上小堆	稳压器	1 台（三澳核电 1 号） 1 台（昌江小堆）
“华龙一号”	压力容器	1 台（惠州核电 1 号）
“华龙一号”	控制棒驱动机构	1 套（惠州核电 1 号）
“华龙一号” “华龙一号” 陆上小堆	堆内构件	1 套（昌江核电 3 号） 1 台（漳州核电 2 号） 1 台（昌江小堆）
“华龙一号”	汽轮发电机组	1 套（惠州核电 2 号）

（三）大力推进核安全文化建设。

发布《东方电气核安全文化建设推进实施方案（2023—2025）》，提炼东方电气“诚信透明、一次做好”核安全文化核心理念，总结发布“12468”核安全文化建设基本原则。以“4·15”国家安全教育日、质量月为契机开展核安全文化实践活动，通过《核安全文化故事集》《核安全文化大家谈》等多种载体，有效推动核安全文化入脑入心。

（四）积极推动数字化转型

积极推进制造装备的数字化和智能化水平。实施推进汽轮机汽缸无转子总装技术，减少厂内总装周期约 1.5 月，节省人力、设备资源等制造成本，大幅提升厂内生产安排灵活性；推动凝汽器换热管机器人焊接在三澳核电 2 号机应用实施；参与中广核汽轮发电机组智慧运维系统联合研发；以核电换热管机器人协同焊接为代表的智能制造在人民网进行了宣传，并在深圳核博会进行了宣讲。

（五）推进产业链和供应链自主可控

按计划组织推进国产化物项研发、鉴定和成果应用。进一步推进与中广核集团的国产化研发和应用，以及国产化工作向仪器仪表和元器件延伸；拓展国产化应用合作“朋友圈”，与上海核工院、中核工程就关键“卡脖子”部套的国产化联合研发及成果应用等进行了充分交流；完成发电机转子护环锻件国产化方案，实现锻件开工制造；抽汽逆止阀、中压蝶阀油动机验收评审通过；GFR 抗燃油泵完成样机鉴定；中压蝶阀国产化产品完工。

（六）持续推动技术创新

加强核能装备制造科技创新能力提升；切实推进核电原创技术策源地建设，全面完成示范快堆主设备研制，设备技术参数均满足设计要求。全面开展高温气冷堆主设备研制，全面参与多功能模块化小堆主设备科研预研。

四、上海电气集团股份有限公司

上海电气已形成国内配套最全的核电设备制造产业链，所提供的核电产品包括核岛的反应堆压力容器、蒸汽发生器、堆内构件、控制棒驱动机构、主泵、稳压器、核二/三级泵、核二/三级容器、燃料输送设备、核级阀门，常规岛的汽轮机、汽轮发电机、辅机、常规泵，以及大型铸锻件、核级风机、配套电机、仪控仪表、现场服务及备品备件等。

上海电气的核电产品几乎覆盖了国内的所有核电站。已成功实现了二代加、三代 AP1000、EPR、“华龙一号”、“国和一号”及四代高温气冷堆、快堆、钍基熔盐堆核电主设备产品的批量化、配套化交付；正在开发和研制聚变装置、铅基堆等关键设备；同时，响应国家核电装备“走出去”战略发展要求，与法国 Framatome 集团合作承制的南非 Koeberg 核电站 6 台更换蒸汽发生器已全部交付。

上海电气建有临港和闵行两大核电制造专业化基地。临港基地是新建的特大、特重、超限的装备制造基地，聚焦核岛和常规岛组主设备的制造，一期工程于 2008 年投产，二期扩能工程于 2011 年完工，使上海电气的核电关键设备的制造满足年产 10 套堆内构件和控制棒驱动机构、6 套压力容器和蒸汽发生器、12 台核电主泵、50 台/套核二/三级泵、6 套常规岛半速汽轮发电机机组的能力。

闵行基地以满足超大、超重、高技术发展的大型铸锻件需求为主，能提供最大铸锻件钢锭 600 吨、最大铸件 450 吨、最大锻件 350 吨，实现年产 1 000 兆瓦级核岛容器类重型设备（压力容器、蒸发器、稳压器和主管道）的配套锻件 6 套和 1 000 兆瓦反应堆堆内构件锻件 10 套的目标。

适用于整个组织和所有雇员的核电质量保证体系在上海电气涉核企业中严格实施，以确保所有活动符合相关的和具体的质量保证监管要求，而这将通过程序性的纪律和遵守国际和国内公认的质量标准予以保证，通过持续改进质量管理体系的有效性，致力于集团核电产业发展目标的实现。

2023 年，上海电气各涉核企业持续推进精益化管理，圆满完成了当年的出产任务，项目执行整体运作平稳。全年出产主设备 14 台 / 套。随着在手项目的陆续投产，在制主设备数量维持在 65 台 / 套左右。

1. 核岛设备。出产核岛主设备 11 台 / 套，包括：压力容器 2 台、蒸汽发生器 1 台、稳压器 2 台、堆内构件 1 套、控制棒驱动机构 1 套、主泵 4 台。此外，出产 149 台 / 套核岛辅助设备，包括装卸料机 1 套、人桥吊 2 套、乏吊 1 套、容器吊 1 套、核二三级泵 24 台、常规用泵 16 台、核二三级容器 104 台。

2. 常规岛设备。出产常规岛主设备 3 台（汽轮机 1 台、发电机 2 台），常规岛辅机 28 台、配套电机 14 台、应急柴油发电机 9 台。

3. 仪控仪表类设备。出产各类仪表和器件、调节阀、小三箱、电动执行机构约 2 650 台 / 套。

2023 年项目执行的亮点有：

1. 三代“华龙一号”继续批量出产。2023 年，完成了漳州核电 2 号机组汽轮发电机组、主泵交付，三澳核电 1 号机组堆内构件、蒸汽发生器出产。

2. 三代 CAP1000 开始交付。三门核电 3 号机组压力容器、稳压器，海阳核电 3 号机组稳压器完工交付。

3. 三代 VVER 首台设备完工。首台 VVER 田湾核电 7 号机组发电机完工，这也是首个三代 VVER 技术路线的常规岛主设备。

五、二重（德阳）重型装备有限公司

（一）核能产品生产取得的主要成绩和进展

2023 年，二重装备紧扣国家核电发展战略，以市场需求为导向，不断提升核能产品生产能力和水平。在核电锻件研制方面，成功实现了小堆 ACPR50S 套管壳外管管嘴段锻件、三门核电 5、6 号机组蒸汽发生器锻件的供货。在核电设备研制方面，成功完成了三门核电厂二期工程 3、4 号机组支座组件，海阳核电厂二期工程 3、4 号机组支座组件，三澳核电 1 号机组主管道，陆丰 5、6 号机组主管道，三澳核电 2 号机组波动管和海南昌江 ACP100 小堆波动管等设备供货。

2023 年，在常规岛方面二重装备出产了多套大型核电汽缸，通过技术攻关，“华龙一号”核电低压焊接转子实现首套交货，1 000 兆瓦及以上核电机组常规岛汽轮机焊接转子锻件质量趋于稳定，在国内处于领先地位。

核电半速转子作为公司拳头产品，截至 2023 年，累计交货 23 件，质量稳定，在国内占据 80% 以上的市场份额。产品质量稳定可靠，性能达到国际先进水平。

同时，公司还积极拓展核电后处理设备市场，提升国内核电后处理设备国产化水平。

在核能产品生产过程中，二重装备以市场为导向、以客户为中心，持续增强核心功能，提升核心竞争力，确保全年目标任务顺利实现，积极担当新型工业化建设主力军。二重装备注重技术创新和工艺优化。公司大力推进数字化辅助设计技术和智能制造技术，提高了产品设计的精准性和制造过程的自动化水平。同时，公司还加强了与行业内核电企业的合作与交流，共同推动核能装备制造技术的创新与发展。

（二）核能产品科研开发

2023 年，二重装备积极培育发展新质生产力，持续加强高能级科研平台建设，强化关键核心技术攻关，加快推动科技创新成果转化应用，迅速抢占制高点，开辟新赛道，助力公司实现高质量发展。

2023 年，二重装备成功掌握反应堆压力容器顶盖和“玲龙一号”核电机组波动管制造技术，实现世界首套“玲龙一号”商用小堆波动管设备交货。

二重装备作为牵头单位完成的大型先进压水堆及高温气冷堆核电站国家科技重大专项课题通过综合绩效评价。课题成果使我国大型锻造主管道制造技术达到世界领先水平。

2023 年，二重装备推进“华龙一号”核电设备国产化与批量化制造，满足核电重大工程建设需求。在核岛方面，实现 RCCM 标准主泵泵壳国产化，蒸发器锻件质量稳步提升。在常规岛方面，具备大型核电汽缸全流程自主制造技术，实现核电焊接转子批量化制造。成功研制全球首件聚变工程实验堆用超低温、强磁场高氮锰奥氏体不锈钢整体线圈盒锻件。首次成功研制核反应堆一体化奥氏体不锈钢吊篮筒体，实现国产化 1 000 兆瓦及以上核电常规岛汽轮机焊接低压转子批量交付。

公司开展了新型核材料研发、结构优化设计等研究工作，提高了设备可靠性，二重装备还注重科研成果的转化和应用。公司通过产学研合作、技术创新等方式，将科研成果快速转化为实际生产力，推动了核电设备制造产能和质量的提升。

六、中国核工业集团有限公司

2023 年，上海中核浦原有限公司坚持系统思维抓好装备制造产业顶层设计，组织编制了中核集团装备制造中长期发展规划，以“市场化”为导向大力推进中核集团装备制造产业做强做优做大。积极对标国际先进，持续缩小技术差距，工业阀门、专用设备、仪器仪表、专用材料等领域已达到国内领先水平。

多项关键装备制造取得重大突破。煤直接液化高温高压物料分配柱塞阀通过鉴定，填补了国内空白。完成 FCTC-SNF01 运输容器样机研制，全面打破进口依赖局面。“华龙一号”核级辐射监测设备完成国产化、自主化生产并实现工程应用。全面推动国际化经营，积极参加海外工业设备展会，向世界展示中核装备的先进产品，所属成员单位中核科技设立阿布扎比分公司，全年累计承接海外订单 1.2 亿元，同比增长 142.32%。

科研项目成果丰硕。2023 年，完成科研项目梳理与申报总计 50 项，其中包含 7 项国家自然联合基金指南项目和 8 项基础科研项目。国家科技重大专项“高温气冷堆核级氦气隔离阀研制”通过鉴定。科技部国家重点研发计划“某蒸汽隔离阀关键技术”获批。所属成员单位中核八所自主研发的国内首个核工业数字生产力平台“龙吟”大模型 2.0 版正式亮相。

七、中国广核集团有限公司

（一）核电厂重要阀门零部件自主化研制

阀门是核电厂的重要管道设备，数量大、种类多、分布广，核电厂重要阀门及其零部件大多依赖进口。相关备件采购成本高、供货周期长，售后服务不佳，同时现场运维也受到技术垄断的制约。为此，中广核集团于 2020 年启动《核电厂重要阀门零部件自主化研制》项目，旨在攻克阀门零部件的设计、制造、工艺、鉴定等核心技术，实现零部件国产化。经过三年多的技术攻关，成功开创了核电厂阀门零部件自主化研制的方法论，打通了国内核电厂阀门零部件产业链，解决了高端阀门产品供货瓶颈问题，项目成果覆盖范围满足集团所有常见类型阀门零部件的商业级拓展制造。该科研项目具有自主知识产权，部分指标达到世界先进水平，具有良好的经济效益和推广前景。该项目的成功，对于缓解国内核电厂阀门备件供货压力，支持“华龙一号”的“走出去”具有重大意义。

（二）汽轮机再热阀（ADAMS）轴承轴封国产化研发

汽轮机再热阀为低压缸进汽的重要控制和调节设备，轴承和轴封部件是再热阀的重要消耗性备件，由国外特定厂家垄断供应，供货周期长、采购价格高，且存在较大的“卡脖子”断供风险。轴承 / 轴封制备所需的原材料性能高、制造工艺技术要求高、试验要求苛刻，中广核核电运营有限公司通过科技攻关，突破了大深径比内孔轴承爆炸喷涂技术、高性能轴封石墨环制备技术、轴承 / 轴封试验平台搭建以及评价方法的建立等关键技术瓶颈，样机通过全套性能试验，以及老化试验、耐久试验、极限试验等专项测试，性能达到了国外同类产品先进水平，具有完全自主知识产权，填补了国内在该领域的空白。该研发成果已通过中国核能行业协会的鉴定，将在中广核集团阳江、红沿河、宁德、防城港等电厂开展应用。同时，中广核集团联合厂家建立了完善的轴承 / 轴封批量制造工艺流程体系，供应链自主可控，具有价格低、货期短、售后服务及时的优势，具有良好的经济效益、社会效益和推广应用前景。

（三）“华龙一号”/EPR 核岛辅助系统水过滤器滤芯研发

“华龙一号”、EPR 核岛辅助系统水过滤器滤芯是核电厂运行所需的重要消耗性备件，由国外特定厂家垄断供应，采购价格高、供货周期长，且存在较大断供风险。

滤芯制备所需的原材料性能要求较高、滤芯制造工艺复杂、试验要求较为苛刻。中广核核电运营有限公司通过科技攻关，突破了滤芯原材料试验筛选、关键制造工艺研究及试验台架的搭建等关键技术瓶颈，根据不同点位要求，自主开发出5微米高精度金属纤维毡滤材和1微米及以下高精度玻纤滤材，样机通过全套性能试验，以及辐照老化、一回路离子浸出等专项测试，性能达到了国外同类产品先进水平，具有完全自主知识产权，填补了国内在该领域的空白，研发成果已通过中国核能行业协会的鉴定。同时，中广核集团联合厂家建立了完善的水滤芯批量制造工艺流程体系，供应链自主可控，具有价格低、货期短、售后服务及时的优势，具有良好的经济效益、社会效益和推广应用前景。

（四）核电主蒸汽/主给水隔离阀进口气液联动执行器密封组件研发

国内核电厂的核安全二级主蒸汽/主给水隔离阀气液联动执行器核心密封组件一直依赖进口，存在较大的"卡脖子"风险。此类密封组件要求具备耐介质、耐高温/高压/高速、耐磨损、抗气爆以及高气密性、高可靠性等综合特点，国内尚无满足要求的材料和产品，也缺乏此类密封组件相关研究和测试经验，项目具有较大技术难度。中广核核电运营有限公司联合集团内各电厂以及国内相关企业，历时两年多时间，自主开发出一种高效提升橡胶耐介质屏蔽能力的低摩擦改性复合结构材料，以及一种1E级执行器安全相关液压动密封组件的设计及鉴定规范，样机经过功能测试、热老化、辐照老化、机械磨损以及DBE事故工况等一系列鉴定试验，综合性能优于国外进口产品，解决了"卡脖子"问题，提升了产品寿期质量可靠性。项目研发成果通过了中国核能行业协会的鉴定，填补了国内空白，打破了国际垄断，实现了核电厂核心动静密封件的自给自足。该研发成果可覆盖相同工况、不同规格设备的应用需求，具有广泛的应用前景，经济效益可观。

（五）无唇焊快速拆卸核级截止阀研发

中广核集团各核电站大量使用核级唇焊手动截止阀，近年来，各电站多次出现核级截止阀唇焊泄漏影响机组安全运行的情况，而国外无唇焊结构核级备件垄断供应，采购价格高，且存在断供风险。中广核核电运营有限公司通过调研，充分考虑运营机组辐照剂量高，现场空间紧凑的情况，研制出了体积小、重量轻、可拆卸阀座的结构样机及专用拆装工具，并通过寿命试验、抗震试验、端部加载等试验验证其可靠性，研发成果可有效解决唇焊泄漏及"卡脖子"问题。该研发产品已通过中国机械工业联合会和中国通用机械协会联合鉴定评审，专家组鉴定委员会一致认为研发产品具有自主知识产权，整体性能达到国外同类产品先进水平，可在核电站推广使用。

（六）堆芯中子通量测量（RIC）电动阀研发

核电厂堆芯中子通量测量电动阀（RIC电动阀）经过多年运行，会出现老化现象，存在批量更换的需求。堆芯中子通量测量（RIC）系统作为直接测量反应堆内部中子通量的系统，发挥着测量堆芯中子通量，监测各燃料组件燃耗，探测堆芯是否偏离正常运行，校准堆外中子测量系统（RPN)等重要作用，其运行稳定性要求极高。堆芯中子通量测量电动阀作为探测器进出反应堆内部通道的阀门，承担探测器进入堆芯前打开，探测器离开反应堆后关闭，在指套管破损时，阻止一回路介质流出等功能，是堆芯中子通量测量系统的重要核心部件。中广核集团 M310/CPR1000 机组共使用 1 200 台该阀门，备件依赖国外进口，一直由法国珐玛通垄断供货，尚未实现国产化，国外产品采购价格高、供应周期长、售后服务缓慢。中广核核电运营有限公司联合相关企业，历时两年成功开发出了插片式换向器和转子铁心一体化转子、铜片导电握紧式碳刷机构，研制样机经试验鉴定，性能指标均满足研制技术规格书及相关设计要求。该科技成果已通过中国通用机械工业协会鉴定，鉴定专家委员会一致认为，该成果具有自主知识产权，填补了国内空白，主要性能指标达到国际同类产品先进水平，可在核电机组中推广应用。

八、国家电力投资集团有限公司

山东核电设备制造有限公司（以下简称国核设备）成立于 2007 年 7 月，坐落于山东省海阳市，是国家电投集团有限公司二级单位，是国家级专精特新“小巨人”企业、国家核安全局民用核安全焊接考核中心、国家知识产权示范企业、2020—2021 年度“国家优质工程金奖”、山东省高新技术企业、山东省制造业单项冠军示范企业、山东省科技领军企业、山东省质量标杆企业、山东省“一企一技术”研发中心。国核设备 1 项专利获国内知识产权最高奖——第二十三届国家专利奖金奖，1 项专利获第二十四届国家专利奖优秀奖；获省级、行业级科技类奖 61 项。创新成果及专利技术的应用，有力推动了相关材料和设备国产化，助力我国由核电大国向核电强国转变。

（一）核能设备制造能力

国核设备持有国家民用核安全设备制造许可证和 A1 类压力容器设计制造许可证，持有美国机械工程师协会 U、U2 压力容器设计制造许可证，持有机电工程施工总承包、钢结构工程专业承包贰级和建筑工程施工总承包叁级资质，是国内外多家知名企业的合格供方。经 16 年的守正创新、笃行不怠，国核设备完整掌握了世界三代核电钢制安全壳、反应堆压力容器一体化堆顶组件、结构模块、机械模块、人员闸门、设备闸门等 22 大品类的核电设备制造、现场拼装及组焊技术，圆满完成了世界首批 4 台 AP1000 核电机组有关关键设备的国产化、自主化使命，为我国 AP1000 非能动压水堆自主化依托项目等国家重大工程项目建设提供了重要技术支撑，形成了具有自主知识产权的三代核电设备制造能力。同时，还为我国 11 个不同技术的 29 个核电机组（核装置）提供了 30 余类产品供货。

（二）产出能力及业绩

2023 年，国核设备承担的海阳二期、三门二期等核电项目年度 12 个里程碑节点全部完成，核级机械模块产品首次实现完整化交付，廉江核电 CA 模块自主拼装有序推进，临建工程、产品制造及现场拼装节点按期完成；本年度国核设备为海阳二期、廉江一期、三门二期、徐大堡二期等核电项目 10 余个机组提供结构模块、屏蔽厂房、CV 封头板、CV 筒体板、设备闸门、人员闸门、机械模块、空气导流板等核电设备产品。

（三）设备自主化研制生产情况

国核设备是国内首家为核电站提供钢制安全壳、结构模块、机械模块、空气导流板、SC 屏蔽厂房等关键设备的制造商，相关产品国内市场占有率超过 95%。

九、上海阿波罗机械股份有限公司

上海阿波罗机械股份有限公司于 2001 年注册成立，主要从事各类高端核电用泵系统以及核燃料循环、后处理相关设备的集成研发、设计、生产制造、供应链管理以及延伸服务等。主要产品为核电用泵（各类核级泵及重要非核级泵）和核电相关后处理设备。公司建有两个厂区，总占地面积 120 余亩，拥有各类高精尖数控加工设备、焊接设备及检验检测设备百余套。公司是国家专精特新“小巨人”企业、高新技术企业、上海市院士工作站、上海市企业技术中心、上海市知识产权优势企业、上海市绿色工厂、国家 AAA 级资信企业等。

公司自 2006 年起积极参与核电国产化建设，投入巨资致力于各类高端核电用泵系统以及核燃料循环、后处理相关设备研发制造，2009 年 2 月，获得了国家核安全局颁发的核 3 级泵设计 / 制造资格许可证书，2013 年获得了核 2 级泵设计 / 制造资格许可证书。

压水堆核电站关键设备 25 项中，泵类设备占 12 项，阿波罗自行研制开发完成了 11 项并通过国家级鉴定及相关供货，其中，完全拥有自主知识产权产品有 5 项。核泵的国产化提高了我国核电设备的自主研发、产品设计、加工制造能力，降低了核电站的建设成本、运营成本，填补了我国水泵行业的空白，助力推动核电“走出去”。

公司核电业务占比 99.85%，在运核电机组 55 个，在建核电机组 24 个，阿波罗公司均提供了产品及服务，其稳定的质量、优异的性能获得了用户的一致好评，已经成为中国核电工程有限公司、中广核工程有限公司、上海核工程研究设计院有限公司及中国中原对外工程有限公司四家公司的合格供应商。

公司将已建成的 IPD 集成研发体系拓展至创新研发领域，积极移植到国家急需的军民融合、医疗健康、清洁能源等领域。上海阿波罗已经发展成为集核电用泵板块、核燃料后处理设备板块、第四代核电主泵板块、军工板块、创新研发板块五位一体的集成服务商。

（一）院士专家工作站

公司院士工作站每年组织院士专家参与公司重大项目的技术评审活动，组织公司科研人员攻克技术难关，取得了一系列科研成果。同时，公司与清华大学、浙江大学、上海交通大学等多所大学院校和科研院所开展产学研合作。截至 2023 年 12 月，拥有发明专利 35 项、实用新型专利 109 项，5 项 PCT 进入国际阶段。2023 年，为落实《上海打造未来产业创新高地发展壮大未来产业集群行动方案》，公司受邀成为上海市未来产业先进核能专家委员会委员，有助于加快公司核心技术攻关，强化产学研协同创新，推进科技成果转化。

（二）科研项目攻关

围绕秦山核电清洁能源示范基地建设、循环水变流量节能方向、低品质温排水问题等，2023 年 11 月与中核核电运行管理有限公司、中国核电工程有限公司、江苏大学联合创建了绿色核能创新技术联合研发中心。

（三）标准体系建设

作为参与单位，与中国核能行业协会、中国核电工程有限公司、福清核电有限公司、中广核运营有限公司等共同起草团体标准《核电站海水循环泵设计、制造、安装、调试、运维标准》《核电站主给水泵设计、制造、安装、调试、运维标准》《核电站凝结水泵设计、制造、安装、调试、运维标准》。

（四）核电人才队伍建设

公司建有四支专业化技术团队，包括以核泵行业领军人物为代表的核泵开发、设计、制造团队；核电非标设备（包括燃料循环相关设备）开发、设计、制造团队；高端石油、石化、LNG 泵开发、设计、制造团队；基于云计算和大数据的转动设备智能诊断方案团队。公司院士工作站聘有国内知名核电类院士专家 23 名，其中院士 4 名，每年组织院士专家参与公司重大项目的技术评审活动，组织公司科研人员攻克技术难关，取得了一系列的科研成果。2023 年获得了上海市劳模创新工作室、上海市工匠创新工作室 - 郑海霞核电产品设计研发工匠创新工作室、上海市首席技师等人才培养荣誉。目前，公司享受国务院政府特殊津贴 1 人，高级工程师 17 人。特种人员：核级焊工 38 人，核级无损检测人员 22 人，专职质量人员 80 人。

十、上海昱章电气股份有限公司

上海昱章电气股份有限公司（简称昱章电气）成立于 2008 年，是一家以高新技术为主导的科技创新企业。产品线覆盖核能发电、风力发电、燃气发电、抽水蓄能、火力发电等电站设备领域，集系统研究、控制系统软硬件设计开发、电力电子驱动研究以及产品制造于一体，为客户提供系统级的电气控制解决方案。昱章电气持有中华人民共和国民用核安全设备设计许可证、制造许可证，并先后获得第二批专精特新“小巨人”企业，第一批建议支持的国家级专精特新“小巨人”企业、国家重大专项科研课题牵头实施单位、上海市高新技术企业、上海市专精特新企业等荣誉。

公司拥有一支精干、高效、具有丰富经验的研发团队，成员在电力驱动、电气控制以及核电仪控领域具有多年行业技术研发经验，承担了国家科技重大专项“大型先进压水堆及高温气冷堆核电站”之“核电厂柴油发电机组数字式速度控制器研制”项目，参与其他国家重大课题13项。公司先后成功研制了新型数字化棒控棒位系统、棒位探测器、特种电缆连接器、1E级应急柴油机组励磁及控制系统、堆芯仪表信号处理机柜、1E级柴油机组数字式速度控制器等核电关键电气仪控设备，多个产品填补了国内空白，打破国外企业垄断。

（一）核电领域情况

2023年，公司完成了太平岭核电1、2号机组，漳州核电1、2号机组，三门核电3、4号机组和田湾核电7、8号机组等共92个项目的供货。公司为国家华龙一号核电项目、国和一号核电项目、示范快堆核电项目提供了安全可靠的应急柴油机组励磁及控制系统、就地盘台屏箱等产品，保障了供应链安全。

2023年1月，由公司研制的直接蒸发式制冷机组核级配电柜、控制柜产品顺利通过专家鉴定。专家一致认为该产品具有安全可靠、抗震性能优异、数字式控制和智能化运行的特点，达到了同类产品的先进水平，具有显著的经济和社会效益。10月，为解决核电站出现的可控硅组件（SCR）故障问题，由公司与设计院、用户共同研制的国产化棒控电源柜可控硅组件及在线更换装置通过了阶段性验收评审，该产品具备工程应用条件，并将进行产品供货。该项目完成了核电厂关键设备的国产化，解决了核电厂运维过程中的“卡脖子”问题。

（二）产学研合作

2023年2月，由中国工程院院士叶奇蓁与昱章电气共建的院士工作站签约仪式在上海市举办。昱章电气叶奇蓁院士工作站由叶奇蓁院士领衔组建，专家团队成员分别来自行业主管部门、研究设计院所、工程公司与核电运行公司等国内各个核电领域成员单位。院士工作站的签约标志着公司在高端人才培育、重大项目研发、科技合作、推进产学研合作交流等方面搭建了更高水平的平台。

2023年9月，公司赴河北工业大学电子信息工程学院洽谈校企合作、技术交流，并与学院签署校企合作框架协议，进一步推进校企协同发展，探索了产教融合新模式。

（三）荣誉资质方面

2023年，公司获得由新桥镇人民政府授予的2023年度新桥镇优秀企业、2023年科技发展奖、2023年杰出企业奖，由上海市经济和信息化委员会授予的上海市企业技术中心等多项荣誉。获得专利11项，其中发明专利4项，实用新型5项，计算机软件著作权2项。此外，公司ES30励磁系统荣获“上海品牌”认证。ES30励磁系统由昱章电气自主开发，拥有完全自主知识产权、全国产化1E级核电站应急柴油发电机组励磁系统。该系统是应急柴油发电机组的重要组成部分，具有快速启动、高起始调节特性和优良的加载、卸载性能，对维持核电厂的安全具有重要的作用。目前，该产品已供货于田湾核电 1、2 号机组，田湾核电 5、6 号机组，田湾核电 7、8 号机组，太平岭核电 1、2 号机组，徐大堡核电 3、4 号机组，大亚湾核电，防城港核电，红沿河核电，国核示范电站，恰希玛 C3、C4 项目，三澳核电 1、2 号机组等众多核电站。公司通过自主研发，参与国家科研项目以及与下游客户合作研发的方式持续攻关前沿技术，巩固技术优势，并不断推动产业化进程。

（四）质量安全情况

2023 年，公司为进一步满足核安全法规中关于质量保证大纲和各项活动的控制要求，确保公司质量保证大纲及各项活动更加有效运行，进一步完善了《核安全电气通用质量保证大纲》《物项采购控制程序》《合格供方控制程序》《计量检测设备控制程序》《记录控制程序》《文件控制程序》等 20 余份体系文件。全年接受了中核、中广核、南方风机、国核自仪等 10 余次来自业主、用户和第三方的质保监查、检查、审查工作，未发生过较大（含）以上不符合项。同时，在全年项目执行过程中，接受了 50 余次来自各核电项目用户的监督见证工作，未发生过较大（含）以上不符合项。自 2017 年至今，公司共组织过 30 余次核安全文化培训。

核安全监管和核应急

核与辐射安全监管

一、综述

2023年，我国民用核设施的运行安全和建造质量处于良好状态，运行核电厂、研究堆、核燃料循环设施、放射性废物贮存和处理处置设施以及放射性物品运输活动均未发生国际核事件分级表（INES）2级及以上安全事件或事故，核设施的运行事件和建造事件得到妥善处理。

2023年，全国辐射环境质量总体良好，核设施周围环境电离辐射水平、电磁辐射发射设施周围环境电磁辐射水平总体无明显变化。

（一）法治建设

生态环境部（国家核安全局）积极推进放射性污染防治法修订和电磁辐射污染防治立法，配合全国人大将放射性污染防治法修订、电磁辐射污染防治立法纳入生态环境法典编纂工作统筹推进，持续完善法典草案相关法条表述，深入开展制度论证和试点工作。推进《放射性物品运输安全管理条例》修订，组织开展二十余项专题研究，初步形成条例修订研究报告。持续推进法规标准制修订工作，正式发布法规标准文件11项。

（二）能力建设

生态环境部（国家核安全局）推进国家核与辐射安全监管技术研发基地内涵建设。建成两个部级实验室，稳步开展5个台架建设，基本建成“华龙一号”模拟机，建成国内首个后处理设施热风险评估实验室和核设施构筑物结构极限安全实验室。实现独立校核计算软件和行业内安全分析软件共享。初步建成核电安全大数据中心平台。国家环境保护放射性和环境风险控制工程技术中心通过验收。推动区域核与辐射应急监测物资储备库建设，完成项目可行性研究报告专家论证，并报送国家发展改革委审批。

（三）强化监管

生态环境部（国家核安全局）组织开展全面加强核电行业核安全管理专项行动，推动进一步压实企业主体责任，全面查找风险隐患，有效落实整改行动，确保核电绝对安全。持续完善核动力厂和研究堆核安全法规标准和监管文件体系，研究优化核电厂环评制度和选址阶段核安全许可工作。强化首堆、新堆建造、调试和运行初期监管，成立“国和一号”示范工程监管专班、高温气冷堆审评监督专项工作组，建立伴随式审评和保障式监督模式，高效开展审评监督工作，严格开展钍基熔盐实验堆、医用同位素试验堆等新型反应堆安全监管。联合国家能源局印发《关于进一步加强在建核电厂承包商管理工作的通知》，要求保证在建核电厂工程质量。

开展核燃料循环前段设施“两张皮”专项检查。加快推进老旧核设施退役和历史遗留放射性废物治理，推动放射性废物安全处置。会同有关部门出台文件对互联网购销放射性同位素和射线装置进行严格管控，消除安全风险。联合工业和信息化部、市场监管总局，对全国各省（区、市）通信基站电磁辐射环境监测工作开展情况进行全面核查。抽取 41 个输变电建设项目，开展输变电建设项目环保“三同时”及竣工环保自主验收现场核实。坚持严的基调，依法运用行政处罚、约谈提醒、督促整改等多种手段，严肃处理各类违法违规行为。

加强国家辐射环境监测网运维管理，积极推动新建核设施辐射环境现场监督性监测系统建设。严格民用核设施核应急监督管理，完成对“国和一号”示范工程 1 号机组、中核兰州铀浓缩有限公司“十四五”新建产能工程首次装 / 投料应急准备监督检查和场内综合应急演习监督评估。对民用核材料安全监管的问题进行梳理总结，提出工作建议。完成第一次全国民用核设施自然灾害综合风险普查工作。

（四）技术支持

2023 年，核与辐射安全中心为核与辐射安全监管提供全面技术支持，承接工作任务 4 822 份，参加检查 703 次，形成技术成果 2 581 份。扎实做好首堆新堆安全审评，配合成立“国和一号”、高温气冷堆专班，组织开展伴随式审评，完成医用同位素试验堆初步安全分析报告审评，持续做好昌江小堆审评，启动模块化熔盐堆安全审评原则编制。建立重点核设施健康档案，形成核设施健康评价指标体系。深化重点专题研究，开展核安全形势分析活动、经验反馈集中分析会。加强核安全设备监管，严格开展许可证审评和进口设备安检。

2023 年，国家海洋环境监测中心正式纳入国家核安全局技术支持机构。承担国家核应急海洋辐射监测技术支持中心职责，参与生态环境部（国家核安全局）《核事故应急预案》等应急顶层设计编制，支持做好国家级核应急专业技术支持队伍的优化调整。组织开展管辖海域海洋辐射环境监测，将海洋辐射环境监测数据纳入《中国海洋生态环境状况公报》。为国内 20 余个沿海核电厂（址）提供涉海技术支撑工作。

2023 年，中国核安全与环境文化促进会进一步完善组织机构，组建专家委员会。有序推进行业团体标准的制定发布，联合地区监督站推动建立核安全文化评估促进机制，开展核电安全风险及民用核安全设备鉴定试验机构评估，组织召开民用核安全设备经验反馈及警示教育会议。加强公众宣传，组织策划核安全文化建设、核安全法治建设、核安全一线实践专题报道，举办“4·15 全民国家安全教育日”公众沟通研讨会及核电工业装备展览会。

2023 年，辐射环境监测技术中心强化国家辐射环境监测网运行管理，印发年度全国辐射环境监测方案，指导各省级辐射环境监测机构实施年度全国辐射环境质量监测、国家重点监管核设施的监督性监测。为全国各省辐射环境自动监测站运维提供专项技术指导，实时发布全国368个自动站监测数据。汇总分析全国辐射环境监测数据，每季度研判分析全国辐射环境监测形势，编制《全国辐射环境质量报告》等数十份报告，为核与辐射安全监管提供有力支撑。严格开展监测质量控制，制定《全国辐射环境监测质量保证方案》，实施2023年全国辐射环境监测质量考核，创新模式开展辐射环境监测人员持证上岗实地考核。加大科研投入，全力推进重点实验室实体化运作。

（五）核安全文化建设

生态环境部（国家核安全局）组织核安全文化建设和评估行业标准申报。举办核安全文化培训班暨监管系统内部交流研讨。发表《建设中国特色核安全文化 引领新时代核安全工作创新发展》理论文章。依托地区监督站试点开展核安全文化监督性评估。参加经合组织核能署核监管活动委员会领导力与安全文化工作组会议。

二、政策法规

（一）核安全政策规划

建立季度核安全形势分析制度，全局把握形势趋势，高位推动落实责任，汇总分析核安全情况并对上报告。做好重要材料保障，支持国家高端智库开展核安全高质量发展有关课题研究，围绕核领域人工智能安全监管对策、环评造假入刑对核安全的启示借鉴等开展专题研究，推动与行业力量加强链接、强化信息供给。会同发展改革委等部委开展“十四五”核安全与放射性污染防治规划中期评估，在各地方生态环境部门、涉核企事业单位自评估基础上编制并上报评估报告。

（二）法规标准制修订

生态环境部（国家核安全局）全年正式发布11项法规标准文件，其中部门规章1项、国家标准2项、环境标准5项、导则3项。国家核安全专家委员会共审议法规标准项目28项次。

三、核电厂安全监管

2023年，我国共有运行核电机组55台、在建核电机组26台。核电厂营运单位共报告运行事件22起，建造事件5起，运行核电厂未发生危及公众和环境安全的放射性事件。监测结果表明，各核电厂三道安全屏障的完整性全年均处于良好状态。

2023年，颁发浙江三澳核电厂3、4号机组、广西防城港核电厂5、6号机组、广西白龙核电厂1、2号机组、浙江金七门核电厂1、2号机组、中广核山东招远核电厂一期工程场址选择审查意见书，颁发广东廉江核电厂1、2号机组、辽宁徐大堡核电厂1、2机组建造许可证。

四、核燃料循环设施安全监管

2023年，我国在役核燃料生产、加工、贮存和后处理设施安全运行，继续保持良好的安全记录，在建设施建造质量得到有效控制。核燃料循环设施的核与辐射安全可控，未对工作人员、公众和环境造成不可接受的核与辐射危害。

2023 年，生态环境部（国家核安全局）批准 2 项核安全技术改造。组织对核燃料循环设施开展许可文件落实情况专项检查，积极推进隐患排查整改工作。

2023 年，生态环境部（国家核安全局）地区监督站对核燃料循环设施营运单位投入监督人力 3 993.5 人·天，开展例行和专项监督检查 24 次，非例行检查 1 次，发现问题 307 项，提出管理要求 231 条。

五、铀矿和伴生放射性矿辐射环境监管

（一）行政许可

2023 年，生态环境部（国家核安全局）对弓长岭露天矿矿坑水提铀改扩建工程等 10 个铀矿冶和铀地勘建设项目进行了环境影响评价文件审批。

（二）监督检查

生态环境部（国家核安全局）组织开展铀矿冶企业 2022 年度流出物和环境监测年报审查、伴生放射性矿开发利用企业环境辐射监测及信息公开工作专项核实。

按照《关于开展核与辐射安全隐患排查工作的通知》（环办核设函〔2020〕215 号）工作安排，生态环境部（国家核安全局）组织开展铀矿冶设施监督检查和隐患排查，督促相关单位整改，对监督检查和隐患排查工作进行总结。

2023 年，生态环境部（国家核安全局）地区监督站对铀矿冶设施投入监督人力 430 人·天，开展例行监督检查 53 次，非例行监督检查 1 次，发现问题 168 项，提出管理要求 146 条。

六、放射性废物安全监管

生态环境部（国家核安全局）大力推进放射性废物处置场建设，加强放射性废物安全监管，推动历史遗留放射性废物处理处置和老旧核设施退役治理，做好放射性废物处置场、放射性废物贮存和处理设施运行安全监督。发布《放射性固体废物近地表处置设施安全分析报告格式与内容》《核设施退役安全分析报告格式和内容》《核设施退役计划格式和内容》3 个技术文件。

（一）放射性废物管理设施行政许可

2023 年，生态环境部（国家核安全局）向甘肃龙和环保科技有限公司颁发放射性固体废物贮存、处置许可证，向湖南核工业宏华机械有限公司颁发核电站废旧金属熔炼示范项目运行许可证，批准西北低中放固体废物处置场运行许可证修改。

（二）放射性废物处置场运行及安全监督

2023 年，西北处置场共接收放射性废物包 1 989 个，废物包总体积 1 313.06 m^3，废物总活度 7.45×10^{12} 贝可。截至 2023 年底，西北处置场累计接收放射性废物包 73 914 个，废物包总体积 31 068.65 m^3，总活度 6.65×10^{14} 贝可。

2023 年，飞凤山处置场共接收放射性废物包 14 198 个，废物包总体积 7 155.4 立方米，废物总活度 6.50×10^{14} 贝可。截至 2023 年年底，飞凤山处置场累计接收放射性废物包 105 730 个，废物包总体积 47 856.88 立方米，废物总活度 3.05×10^{15} 贝可。

2023 年，北龙处置场未接收废物。截至 2023 年年底，北龙处置场累计接收放射性废物包 2 240 个，废物包总体积 2 526.44 立方米，废物总活度 7.95×10^{13} 贝可。

2023 年，龙和处置场共接收废物包 2 632 个，废物包总体积 2 309.3 立方米，废物总活度 6.72×10^{13} 贝可。截至 2023 年年底，龙和处置场累计接收放射性废物包 3 242 个，总体积 2 989.3 立方米，废物总活度 6.96×10^{13} 贝可。

2023 年，金塔极低放废物填埋场共接收废物包 7 583 个，废物包总体积 3 244.79 立方米，废物总活度 5.83×10^{10} 贝可。截至 2023 年年底，金塔极低放废物填埋场累计接收放射性废物包 9 457 个，废物包总体积 3 835.29 立方米，废物总活度 6.88×10^{10} 贝可。

2023 年，北山地下实验室主体工程螺旋斜坡道完成三个转弯段，总进尺达到 3 116 米，人员竖井掘进至 −590 米设计深度，−280 米辅助试验水平掘进 305 米。

2023 年，地区监督站对放射性废物处置场设施投入监督人力 342 人·天，开展例行检查 8 次，非例行检查 1 次，发现问题 137 个，提出管理要求 64 条。

（三）历史遗留放射性废物处理和核设施退役

生态环境部（国家核安全局）进一步加强历史遗留放射性废物安全监管，推动老旧核设施退役和历史遗留放射性废物处理、处置。批准一批废旧放射源在近地表处置场处置，颁发了两个老旧核设施退役批准文件。2023 年，生态环境部（国家核安全局）共批复 7 项环境影响评价相关文件，开展 8 次专项检查。

2023 年，生态环境部（国家核安全局）地区监督站对历史遗留放射性废物处理和核设施退役投入监督人力 726 人·天，开展例行检查 4 次，发现问题 37 个，提出管理要求 42 条。

七、放射性同位素与射线装置安全监管

截至 2023 年底，全国从事生产、销售、使用放射性同位素和射线装置的单位共 121 076 家，其中，生产、销售、使用放射性同位素的单位 9 577 家，仅生产、销售、使用射线装置的单位共有 111 499 家。在用放射源 169 593 枚（其中Ⅰ类放射源 16 115 枚，Ⅱ类放射源 18 784 枚，Ⅲ类放射源 1 706 枚，其他放射源 132 988 枚）；各类射线装置 289 732 台。各省、自治区、直辖市城市放射性废物库收贮废旧放射源 51 729 枚，已转运或收贮至国家废放射源集中贮存库及由生产厂家回收的废旧放射源共 165 360 枚。

2023 年，由生态环境部（国家核安

全局）负责监管的生产放射性同位素（制备PET用放射性药物自用的除外）的单位、销售和使用Ⅰ类放射源（医疗使用的Ⅰ类放射源除外）的单位、销售（含建造）和使用Ⅰ类射线装置的单位、具有甲级非密封放射性物质工作场所的单位以及使用磁约束核聚变设施的单位共219家，均处于辐射安全受控状态。

（一）加强互联网购销放射性同位素和射线装置监管

针对近年来出现的互联网销售放射性物质新情况、新问题，生态环境部（国家核安全局）积极与其他相关部门进行沟通，推动跨部门协同共管。联合中央网信办、工业和信息化部、公安部、市场监管总局和国家邮政局印发《关于加强互联网购销放射性同位素和射线装置安全管理的通知》，明晰各部门监管职责，在跨部门协同共管中迈出了关键的一步，为解决当前互联网购销放射性同位素和射线装置问题提供了政策保障，构建了齐抓共管、合力共治新格局。

（二）完成国家核技术利用辐射安全管理系统三期升级

生态环境部（国家核安全局）持续优化国家核技术利用辐射安全管理系统（以下简称管理系统）功能，2023年7月，管理系统完成升级并正式上线运行，许可证审批权限管理和单位信息维护功能进一步优化，查询统计、移动端功能实现升级，同时进行了国产化适配。辐射安全许可证样式同步完成改进，印发《关于国家核技术利用辐射安全管理系统三期上线运行有关事项的函》，将新版许可证样式以及填报指南一并发至各省级生态环境部门并上网公开，便于核技术利用单位照章填报。举办系统管理员培训班，介绍系统升级后新功能、新特性，宣贯新版许可证内容填报要点。

（三）开展射线装置监管调研

近年来，全国射线装置类型、数量、使用单位数呈现较大规模增长。为了解全国各领域射线装置应用情况，摸清地方监管部门对射线装置分类、许可、监督检查、豁免等方面具体做法，生态环境部（国家核安全局）组织开展射线装置辐射安全监管政策调研。分16个专题，赴上海、陕西、江苏等12省16市，深入30多家射线装置应用单位，实地了解各类型射线装置辐射安全状况，与生产、销售、使用单位和地方监管部门代表开展座谈，收集各方关切问题，形成调研报告。

（四）严格规范执法

2023年，针对陕西方圆高科实业有限公司超出许可的种类和范围从事射线装置使用活动，且在调查初期存在不如实反映情况和提供必要资料的违法违规行为，生态环境部（国家核安全局）依法作出处133万余元罚款的行政处罚，并向社会公开。

（五）环评复核

2023年，根据《建设项目环境影响报告书（表）编制监督管理办法》和环境影响报告书（表）常态化复核的有关要求，生态环境部（国家核安全局）组织完成四川、湖北、内蒙古三省（自治区）17份核技术利用项目环评文件复核，向省级生态环境部门移送涉嫌编制质量问题的环评文件 9 份，依法对相关单位和人员实施处罚和失信计分。

（六）辐射安全培训考核

2023 年，31 个省（自治区、直辖市）共举办现场考核 5 819 次，累计 282 008 人报名，232 179 人参考，163 621 人通过，参考合格率达到 70.4%。处理舞弊 324 人次。持续推进Ⅲ类射线装置从业人员自主考核，管理系统中已录入的自主考核人数达 317 001 人，集中考核录入人数达到 301 560 人。辐射防护培训平台累计注册用户已达 19.4 万人。

（七）许可证审批和监督检查

2023 年,生态环境部（国家核安全局）共向 8 家核技术利用单位发放辐射安全许可证，完成 52 家单位许可证延续、10 家单位许可证重新申领、31 家单位许可证增项和 10 家单位许可证变更审批，4 家单位许可证部分注销。

完成 2 项退役核技术利用项目环境影响评价批复，以及 5 项有条件豁免复函。

2023 年，地区监督站对核技术利用单位投入监督人力 1 721 人·天，开展例行检查 323 次，非例行检查 31 次，专项检查 32 次，发现问题 734 个，提出管理要求 1 050 条。

（八）放射性同位素进出口审批

2023 年，生态环境部（国家核安全局）共审批发放放射源和非密封放射性物质（含放射性药品及其原料）进出口审批表 3 208 份，其中放射源进口、出口审批表分别为 1 363 份和 1 063 份；总计进口放射源 8 645 枚，出口放射源 4 032 枚。进口非密封放射性物质总活度 3.78×10^{16} 贝可，出口非密封放射性物质总活度 4.49×10^{13} 贝可。

（九）辐射安全监管培训

2023 年，生态环境部（国家核安全局）持续推动核技术利用辐射安全监管工作科学化、制度化、精细化，规范全国各级辐射安全监督管理工作，提高监督管理水平。根据 2023 年度培训计划，6 月、8 月、9 月分别举办了核技术利用监督执法培训班、国家核技术利用辐射安全管理系统管理员培训班和核技术利用辐射安全监管人员培训班，现场参训人数 135 人，同步开展网络培训，进一步扩大参训范围。

（十）辐射事故

2023 年，31 个省、自治区、直辖市生态环境厅（局）和新疆生产建设兵团生态环境局共报告辐射事故 5 起，均为一般辐射事故。其中 1 起为伽马移动探伤人员受到超剂量照射辐射事故，3 起为Ⅳ类、Ⅴ类放射源丢失、失控事故，1 起为测井用放射源落井后封井事故。

八、核材料管制与核设施实物保护

2023 年，依据《中华人民共和国核安全法》《中华人民共和国核材料管理条例》及其实施细则等相关法律法规，生态环境部（国家核安全局）履行核材料管制工作职责，各地区监督站对核材料许可证持有单位开展相关检查，有效加强对核材料的监督管理。

（一）核材料许可证核准

对国核示范电站有限责任公司、中核国电漳州能源有限公司的核材料许可证核准申请进行技术审核和现场检查，完成核准程序。

（二）加强核材料管制制度建设

为进一步规范核材料许可证持有单位民用核材料安全相关的报告，强化民用核材料全过程安全监管，严密防范民用核材料安全风险，印发《关于规范民用核材料安全报告有关事项的通知》（国核安函〔2023〕80号）。

九、放射性物品运输安全监管

2023年，我国放射性物品运输活动安全实施，未发生核与辐射事件或事故。

2023年，颁发6个一类放射性物品运输容器设计批准书（含4个变更和延续）；颁发3个一类放射性物品运输容器制造许可证（含3个变更和延续）；批准8个境外设计制造的一类放射性物品运输容器在中国境内使用（含6个变更和延续）；颁发6个特殊形式放射性物品设计批准书（含2个变更和延续）；批复26个放射性物品运输核与辐射安全分析报告书（含7个变更和延续）。

十、民用核安全设备监管

（一）行政许可

2023年，生态环境部（国家核安全局）全年受理并立项审查的民用核安全设备许可证申请单位共70家；批准115家单位的许可证申请，其中新取证单位10家，延续许可证单位43家，变更许可证单位62家，注销许可证单位3家。截至2023年年底，国内持有民用核安全设备设计、制造、安装和无损检验许可证的单位共计221家。

受理并立项审查的进口民用核安全设备注册登记申请单位共46家，批准17家。截至2023年底，持有民用核安全设备设计、制造和无损检验注册登记确认书的境外单位共计172家。

（二）进口设备安全检验

依法开展进口民用核安全设备的安全检验工作，进一步规范和优化安全检验工作流程。安检申报单位共提交安全检验申报材料（含口岸和开箱文件）571批次，其中机械设备303批次，电气设备234批次，机电联合34批次。审查放行521批次，退回50批次，参加开箱见证97批次。

十一、辐射环境监测

生态环境部（国家核安全局）组织各省做好国家辐射环境监测网运行管理，自动站全年实时监测数据获取率平均稳定在97%。持续加强质量管理工作，完成年度监测项目质量考核和业务培训工作，举办辐射环境自动监测与自动站运行管理、便携式谱仪在应急监测中的应用、气溶胶和沉降物中锶-90与铯-137放化分析培训班。完成对青海、浙江、吉林、江苏等省份国控网监测点位调整的批复。完成浙江三澳监督性监测系统建设方案、辽宁红沿河核电厂监督性监测系统前沿站改建方案、阳江核电厂监督性监测系统补充建设方案和中核四0四乏燃料后处理工业示范厂、钍基熔盐实验堆、海阳核电厂、石岛湾核电厂、霞浦核电厂以及田湾核电厂辐射环境监督性监测方案的批复，完成中核四0四乏燃料后处理工业示范厂监督性监测系统预验收。大力推进区域核与辐射应急监测物资储备库项目实施，确定项目选址，完成项目可研报告编制、审查，并报送国家发展改革委立项审批。完成运行核电厂营运单位辐射监测能力评估和专项检查。

（一）电离辐射环境监测

2023年，全国环境电离辐射水平处于本底涨落范围内。环境γ辐射剂量率处于当地天然本底涨落范围内。空气中天然放射性核素活度浓度处于本底水平，人工放射性核素活度浓度未见异常。长江、黄河、珠江、松花江、淮河、海河、辽河七大流域和浙闽片河流、西北诸河、西南诸河及重要湖泊（水库）中天然放射性核素活度浓度处于本底水平，人工放射性核素活度浓度未见异常。地下水中总α、总β活度浓度符合《地下水质量标准》GB/T14848—2017）的Ⅲ类标准。城市集中式饮用水水源地水中总α、总β活度浓度符合《生活饮用水卫生标准》（GB 5749—2022）。近岸海域海水和海洋生物中天然放射性核素活度浓度处于本底水平，人工放射性核素活度浓度未见异常，其中海水中锶-90和铯-137等相关人工放射性核素活度浓度远低于《海水水质标准》（GB 3097—1997），海洋生物中锶-90和铯-137等相关人工放射性核素活度浓度远低于《食品中放射性物质限制浓度标准》（GB 14882—94）。土壤中天然放射性核素活度浓度处于本底水平，人工放射性核素活度浓度未见异常。

（二）核设施周围环境电离辐射

2023年，运行核电基地、民用研究堆、核燃料循环设施、放射性废物处置设施周围环境γ辐射剂量率，空气、水、土壤、生物等环境介质中与设施活动相关的放射性核素活度浓度总体处于历年范围内。评估结果显示，上述核设施运行对公众造成的辐射剂量远低于国家规定的剂量限值，未对环境安全和公众健康造成影响。

（三）铀矿冶周围环境电离辐射

2023年，铀矿冶设施周围环境γ辐射剂量率，空气、水和土壤中与设施活动相关的放射性核素活度浓度总体处于历年范围内。

（四）电磁辐射

2023年，31个省（区、市）环境电磁辐射国控监测点的电磁辐射水平，监测的广播电视发射设施、输变电设施、移动通信基站周围电磁辐射敏感目标处的电磁辐射水平总体符合《电磁环境控制限值》（GB 8702—2014）。

十二、人员资质管理

（一）民用核设施操纵人员资质管理

2023 年，生态环境部（国家核安全局）共颁发 4 批民用核设施操纵人员执照，共计 719 人，其中核动力厂操纵人员 648 人，民用研究堆操纵人员 71 人。

截至 2023 年 12 月，共计 3 247 人持有核动力厂操纵人员执照，其中 2 026 人持有高级操纵员执照，1 221 人持有操纵员执照；共计 264 人持有民用研究堆操纵人员执照，其中 158 人持有高级操纵员执照，106 人持有操纵员执照。

（二）民用核安全设备无损检验人员资质管理

2023 年，生态环境部（国家核安全局）发布 2 批民用核安全设备无损检验人员考试计划，组织全国 5 家无损检验人员考核单位举行 29 场无损检验人员资格考试，颁发 11 批民用核安全设备无损检验人员资格证书，共批准 2 978 人、3 012 项。

截至 2023 年 12 月，共计 8 227 人持有 20 652 张民用核安全设备无损检验人员资格证书，其中高级（Ⅲ级）证书 1 533 张，中级（Ⅱ级）证书 13 473 张，初级（Ⅰ级）证书 5 646 张。

（三）民用核安全设备焊接人员资质管理

2023 年，生态环境部（国家核安全局）发布 2 批民用核安全设备焊接人员考试计划，组织全国 13 家民用核安全设备焊接人员考核单位举行 33 场焊接人员资格考试，颁发 11 批民用核安全设备焊接人员资格证书，共批准 4 111 人、4 150 项。截至 2023 年 12 月，共计 7 254 人持有 10 955 张民用核安全设备焊接人员资格证书。

（四）注册核安全工程师资质管理

2023 年，共有 2 420 人报名参加注册核安全工程师执业资格全国统一考试，1 453 人实际参考，246 人取得注册核安全工程师执业资格。完成 4 批注册核安全工程师注册登记，共批准 615 人，其中新注册 290 人，延续注册 299 人，注册单位变更 26 人。

截至 2023 年 12 月，共计 5 027 人获得注册核安全工程师执业资格证书，1 691 名注册核安全工程师在 228 家单位执业。

（五）核与辐射安全监管人员业务培训

生态环境部（国家核安全局）编制发布《国家核安全局 2023 年度业务培训计划》，共完成业务培训 18 期，均为线下培训，参训学员共计 654 人次。收录 97 门视频课程，丰富线上培训资源。

核与辐射事故应急

一、国家核应急活动

2023 年 2 月 2 日，国家原子能机构副主任刘敬与巴基斯坦总理夏巴兹·谢里夫共同出席卡拉奇核电站 3 号机组 (K-3) 落成仪式。会上，中巴代表签署核应急合作框架协议。

8月28日至30日，2023绿色低碳高质量发展大会在烟台举办。国家原子能机构副主任刘敬出席大会，并在29日举办的碳达峰碳中会议及30日的核应急管理体系与能力现代化建设专题会议上致辞。核应急管理体系与能力现代化建设专题会议由国家核应急响应技术支持中心、山东省核应急委员会办公室、中国核工业集团有限公司联合举办，主题为“双碳目标下推进核应急管理体系和能力现代化”。旨在围绕“双碳”目标，搭建核应急领域交流展示平台，探讨核应急管理体系和能力现代化建设的新思路，强化沟通、凝聚共识、提升能力、助力发展。

9月25日，国际原子能机构第67届大会在奥地利维也纳国际中心开幕，中国国家原子能机构副主任刘敬率团参会。

大会期间，刘敬会见了国际原子能机构总干事格罗西，并共同见证了中国国家原子能机构和国际原子能机构签署《中国国家原子能机构和国际原子能机构关于在应急准备与响应领域开展教育、培训、知识网络构建和管理及人力资源开发合作的实际安排》，推进核应急领域合作。大会期间，机构还举办了“成员国在核应急准备与响应方面的良好实践”边会。

2023年11月，新版《全国核应急工作大事记》完成编制。国家核事故应急办公室于2022年启动2020年1月至2021年12月期间的全国核应急工作大事记的编写工作，这是国家核应急办自1994年以来第5次组织大事记的编制工作。《全国核应急工作大事记》收录了国家、省、核设施营运单位三级核应急管理体系的主要工作和重要活动，系统记载了我国核应急工作，有助于了解和借鉴核应急工作的先进经验，为后续工作提供重要的依据和参考。

11月27日，国家核事故应急办公室印发《“十四五”国家核应急工作规划中期评估报告》，报告分为4个章节。中期评估工作为全面完成“十四五”规划目标任务奠定了坚实基础，《规划》各项任务落实达到预期，到“十四五”末规划任务完成总体可控。

二、地方核应急活动

1月10—13日，四川省核事故应急协调委员会办公室在成都举办了2022年四川省核应急管理工作专题培训班，共计33家省核应急协调委成员单位全程参加了培训。本次培训严格按照《2022年国家核应急工作要点》和《四川省核事故应急协调委员会办公室2022年工作安排》的要求实施，结合四川省军工核设施较多的特点，重点围绕新修订发布的《四川省突发事件总体应急预案》，对国家核事故应急法规体系、《四川省核应急预案》及涉核领域风险防范与化解，核设施单位、各级地方政府及救援力量在事故状态下如何开展场外救援工作等方面基础知识进行专项培训。

3月17日，闽、粤、桂、琼、浙、苏六省(区)核应急合作第九次联席会议在南京举行，国家核应急办、国家核应急响应技术支持中心、江苏省国防动员办公室、中国核能行业协会、闽粤桂琼浙苏鲁辽八省（区）核应急办及江苏省内有关单位领导和代表参加会议并进行交流发言。会议进一步深化了核应急区域合作，促进核应急工作经验交流，推动核应急区域能力支援和共享，推进新时代核应急工作高质量发展。

4 月 27 日，2023 年粤澳核应急合作会议在广东阳江核电基地举行，广东省人民政府副省长、省核应急委主任和澳门特别行政区政府保安司司长分别率代表团出席。双方共同回顾了自上届年会以来核应急工作开展及粤澳核应急合作情况，肯定了粤澳双方在核应急合作取得的成果，并就下一步合作达成了共识。

6 月 15 日，江苏省核应急办组织召开了核应急宣传和舆情能力建设座谈会。省核应急办、省委宣传部、省委网信办、省科协、省生态厅、省卫健委、江苏核电公司、连云港市委网信办、应急局有关人员参加会议。

为了积极推进江苏省核应急救援基地项目建设，统筹推动徐圩核能供热厂一期工程厂址区域核应急准备工作，11 月 9 日，江苏省核事故应急办公室与中核苏能核电有限公司在南京组织召开场内外核应急工作座谈会。

三、核设施应急准备工作监督管理

2023 年，生态环境部（国家核安全局）完成对国和一号示范工程 1 号机组、中核兰州铀浓缩有限公司“十四五”新建产能工程首次装 / 投料前应急准备监督检查和场内综合应急演习监督评估。

完成对田湾核电厂、秦山核电厂、宁德核电厂、中国核动力研究设计院等 17 个核设施营运单位场内综合应急演习监督评估，对发现问题进行系统分析和经验反馈，加强跟踪检查，督促落实整改。

四、场内应急预案批复

生态环境部（国家核安全局）完成 2 兆瓦（热功率）液态燃料钍基熔盐实验堆、台山核电厂、中核兰州铀浓缩有限公司等 3 个核设施营运单位场内核事故应急预案的批复。完成对红沿河核电厂、秦山核电厂、宁德核电厂、中国核动力研究设计院等 4 个核设施营运单位场内核事故应急预案备案。

五、能力建设

2023 年 2 月 2 日，受国家核应急办委托，国家核应急响应技术支持中心在北京组织召开《江苏省田湾核电站场外核事故应急预案》专家评审会，来自清华大学、解放军防化学院、军事科学院防化院、国家能源局核电中心、中国核电工程公司、中国原子能研究院及中国核能电力公司的 7 名专家对预案进行了评审，一致认为预案编制依据充分、内容完整、资料详实，分析评价方法适宜，应急准备和响应程序安排合理，具有较强可操作性，符合国家核应急相关法律法规和标准要求，同意通过评审，建议进一步优化完善预案相关内容后报国家核应急协调委审批。

6月21日，国家核应急响应技术支持中心在北京举办了中韩核应急决策支持系统线上研讨会。会议邀请韩国核安全研究所（KINS）的专家介绍了韩国核应急决策支持系统的设计框架、剂量估算、公众防护行动决策建议等内容，韩方专家还对韩国环境辐射监测识别系统、监测设备和参与国际演习的应用情况做了专题介绍。中韩双方学者针对核应急决策支持系统功能设计、技术模块理论等开展了讨论。国家核应急响应技术支持中心、国际原子能机构技术合作亚太司、中国原子能科学研究院、中国辐射防护研究院、中国核电工程有限公司、上海核工程研究设计院有限公司、国家电投集团科学技术研究院有限公司、清华大学等8家单位的20余名专家和代表参加会议。

7月27—28日，由中国应急管理学会核应急管理工作委员会（国家核应急响应技术支持中心）主办、中国广核集团有限公司承办、清华大学和深圳大学协办的核应急管理工作交流会在深圳成功召开，来自59家省级核应急管理机构及涉核企事业单位、高等院校等工委会成员单位的近120名专家学者参加会议。本次会议以“推进核应急救援能力现代化”为主题，举行了征文颁奖、《核应急科普知识百问》宣传书发布、圆桌学术研讨等活动，业内专家围绕日本福岛核事故救援对我国的启示、国家核应急救援能力建设、省/市核应急能力建设实践、去污洗消、智能装备等方向发表了15场主旨报告。

10月18日，中国核能行业协会在核应急领域首次举办的核能行业核应急交流大会在厦门召开。大会以“新时代核应急能力提升”为主题。来自国家核行业管理政府部门、研究机构，场外各级核应急管理机构、各核电核设施单位、核应急技术装备研制单位、国家核应急技术支持及救援力量等单位的120余人参加了会议。

10月19日，经合组织核能署（OECD-NEA）召开第六次国际核应急演习（INEX-6）桌面演习单元的线上会议，国家核应急办组织生态环境部、国家卫生健康委和国防科工局核应急响应技术支持中心相关人员线上参加会议。本次会议目的是为计划2024年初举办的第六次国际核应急演习作准备。

六、核与辐射事故应急演练

2023年1月11日至13日，生态环境部副部长、国家核安全局局长董保同率团赴香港参加“棋盘三”核应急演习，与各方就进一步加深在核安全、环境监测与辐射环境监测等相关领域的合作以及支持粤港核应急合作机制发挥积极作用等进行交流。

地区监督站督导河北、江苏、安徽、山东、湖南、四川、宁夏、新疆等省（区）生态环境部门牵头实施辐射事故综合应急演习。通过演习增进了地方政府对辐射事故应急工作的重视，落实了地方政府辐射事故应急主体责任，锻炼了人员队伍，检验了应急预案和设施设备，提高了应急响应与处置能力，进一步推动强化了辐射安全监管工作。

2023 年 2 月 17 日，海南省三亚市举行核应急撤离桌面演练，演练由省核应急办指导，三亚市生态环境局组织实施，三亚市 26 个部门及单位参与了演练。演练达到了预期效果，检验了核应急预案的可行性、有效性和完备性，检验了各核应急组织分工协调、沟通配合的能力，达到了以演代练、演练结合的目的。

3 月 28 日，国际原子能机构事件和应急中心（IEC）组织了 ConvEx-1a 公约演习，国家核应急响应技术支持中心在国家核应急办指导下参加演习，圆满完成全部任务。根据国际原子能机构发布的演习计划，2023 年组织 6 次 ConvEx 国际公约演习，演习类型分别为 1a、2a、2f、1b、2b 和 2c。此次 ConvEx-1a 是 2023 年第一次演习，目的是测试各成员国国家联络点是否持续处于就绪状态。

4 月 20 日，中国华能集团成功举行核应急综合演习，这是中国华能集团首次举办的集团级核应急综合演习。本次演习以高温气冷堆燃料装卸系统破口冷却剂泄漏到燃料装卸舱室为假设情景，根据事件发展，分别进入应急待命状态、厂房应急状态和场区应急状态展开应急响应行动。演习有效检验和锻炼了中国华能集团核应急组织协同应对核应急的综合能力，促进了中国华能集团核应急管理与准备工作向体系化、专业化、规范化、科学化发展。

4 月 25 日，海南核电举行“海核—2023”场内综合应急演习。本次演习全程无脚本，采用临时抽取演习场景的模式，由模拟机触发事故情景，应急响应人员根据演习情景自主开展响应行动。演习情景中叠加了多个事故状况，并根据事故进程，现场穿插了应急抢修等多个支线情景，涉及演习项目共 23 项，持续时间约 6 小时，参演人数达 390 人。本次演习首次将台风导致冷源失效加入到情景中，尽可能地减少演习限制条件，让各个专业组自由响应，以最真实的状态应对。演习检查组、评估组一致认为，海南核电应急组织体系完备，公司领导层高度重视应急准备工作，应急岗位人员知识储备扎实，响应有序，全面实现演习目标。

4 月 25 日，416 医院及核动力院在乐山夹江县开展了真实场景下核应急医学救援演练。各级核应急组织和参演人员共计 70 余人。演练模拟四川某地涉核单位发生设备故障导致核辐射泄漏进入应急状态，演练历时 4 小时，前后经历了响应集结、联合救援、投运展开、搜救收治、信息报送、协同联络、环境清理和心理调控等。本次演练以真景真演真练为导向，采用与涉核单位同步联动的形式，检验了应急联动和响应集结的有效性，演练了核应急队伍的指挥决策、组织协调和高效协同等能力。

5 月 15 日上午，由河南省应急管理厅、河南省委军民融合办、河南省卫健委指导，河南省应急救援保障中心、河南省核技术应用中心、河南省第三人民医院、郑州交运集团共同主办的 2023 河南核应急演习在郑州某地举行。本次演习科目为模拟核材料运输交通事故应急处突。

6 月 30 日，海南省组织开展了昌江核电厂核事故场外应急陆上监测演习。本次演习模拟昌江核电厂 1 号机组发生事故并不断恶化，最终进入场外应急状态，各应急行动组按照预案和执行程序逐步开展核事故应急监测响应工作。本次演习重在实战，无脚本、无录像、不预演，达到了以演代训、检验预案、锻炼队伍、磨合机制、提高实战能力的目的。

7 月 2 日，福清核电组织开展 2023 年度场内综合应急演习。本次演习从情景方案中随机抽取情景，此次演习持续近 6 个小时，约 500 人参加。演习全面检验了福清核电各级应急组织的应急响应意识与能力，验证了应急文件、应急设施设备物资的有效性和可用性，确保了应急组织、文件、设施设备物资随时满足核安全核应急要求。

7 月 19 日，石岛湾核电厂开展了 2023 年场内综合应急演习工作。本次演习演练了应急启动、运行控制、技术支持、应急抢修、安全防护、行政保卫、公众信息等主要内容。对石岛湾核电厂营运单位的应急响应能力进行了全面检验，并重点检验了石岛湾厂址两家核电厂营运单位统一应急指挥协调的水平。演习和评估工作达到了预期目的。

8 月 23 日，大亚湾核电举行 2023 年度场内综合应急演习。演习持续 7 小时 30 分，有效检验了大亚湾核电场内核事故应急预案和执行程序的有效性。本次演习全程实战无脚本，采用评估组临时抽取演习场景的模式，由模拟机触发和模拟事故情景，应急响应人员根据演习情景自主开展响应行动。演习情景中评估组还临时插入了卡棒、通信故障、道路拥堵等突发情景，以增强演习的检验性。此外，把本次演习还设置了应急组织交接班的场景。

9 月 5 至 7 日，国际原子能机构事件和应急中心（IEC）组织 ConvEx-2b 公约演习。国家核应急响应技术支持中心在国家核应急办的指导下，组织福建省核应急办、国家核应急辐射防护技术支持中心、国家核应急医学救援分队（核工业 416 医院）等单位圆满完成全部演习任务。演习分 3 天进行，模拟事故发生国因某辐射设施单位丢失放射源向国际原子能机构（IAEA）请求援助，IAEA 组织相关成员国向事故国提供援助。此次演习是我国今年以来参加的最高级别公约演习，演习达到了预先设定的全部目标，进一步检验了我国履行《及早通报核事故公约》《核事故或辐射紧急情况援助公约》国际信息通报机制的有效性，增强了各单位协同作业的能力，展现了我国核应急救援力量的实力。

9 月 7 日，山东省核应急委成功组织开展了山东荣成“国和一号”示范工程首次装料前场内外核事故应急联合演习（代号“使命 -2023”）。山东省核应急委、威海市和荣成市核应急委、国电投国核示范电厂、华能石岛湾核电厂等约 1250 人参与本次演习。

9月21日，江苏核电成功举行与国家核安全局场内外联动应急演习。演习全程无脚本，采用抽取演习场景的模式，由模拟机触发事故情景，演习过程中江苏核电场内应急组织人员按照核事故应急预案有序高效开展自主响应，演习全程与国家核安全局视频连线，双方多次针对事故工况和缓解措施进行分析研判。重点演练了应急状态分级、应急通告、机组状态控制、严重事故响应、应急抢修、医疗急救、灭火响应、堆芯损伤评价、事故后果评价、应急环境监测、应急照射控制、承包商预防性撤离、非应急人员集合清点、舆情应对、应急移动设备调用等20余个演习场景，演习持续时间约6.5小时，参演人员共500余人。本次演习较以往引入了智能辐射巡测机器人、智能集合清点系统等创新和提升。

9月26日，由四川省核事故应急协调委员会办公室组织，四川省地质矿产勘查开发局主办，国家核应急救援西南地区工程抢险分队、四川省核应急技术支持中心和成都理工大学承办的“强烈地震后某核设施周边应急抢险综合演习”在乐山市夹江举行。本次演习以四川某地突发强烈地震导致某核设施紧急停运并释放出放射性物质，进入核设施的道路通行受阻亟需抢通为事故场景，共出动3支核应急现场处置和技术支持力量，参演人员80余名、装备50余台，开展了航空快速辐射环境监测、指挥所及后勤保障展开、自然灾害调查评估、辐射环境下工程抢险处置、自然灾害应急监测、辐射环境取样等科目的综合演习。

10月23日，福建省核应急办针对日本福岛核污染水排海和国内核电厂0级事件通报情况，组织开展全省核应急委43个成员单位联络员和所有值班人员检验性通信演习。本次演习落实“常备不懈”核应急方针，在“不下通知、不打招呼”的前提下，结合省、市、县、电厂核应急指挥中心视频测试，运用省核应急指挥系统，全过程全要素推演事故应对情况，熟悉应急预案和职责，掌握报告程序和方法，检验通信设备的可靠性、指令传达的规范性和应急工作的有效性。演习推进了各项核应急准备工作落实，进一步提高了全省核应急工作人员的能力和素质。

11月24日，辽宁省核应急办会同中广核铀业发展有限公司举办了首次乏燃料多式联运核事故应急演习。演习现场设在瓦房店市中广核铀业发展有限公司215D铁路专用线，演习模拟乏燃料货包在公铁换装时因连接货包的一个卸扣断裂，货包悬在空中，前端减震器脱离本体的极端事故，设计了人员撤离受伤、医疗救护、辐射监测等环节，共150余人参加了此次演习。演习充分锻炼及检验了铀业公司及相关单位乏燃料联运核应急准备及响应能力，达到了预期效果。

12月5日，世卫组织西太区举办2023年度《国际卫生条例（2005）》水晶演练。国家疾控局组织生态环境部、国家卫生健康委、应急管理部、海关总署、国家国防科工局、中国疾控中心参加了此次演练。此次水晶演练首次以核与辐射突发事件为情景。通过演练，提升了对《国际卫生条例（2005）》的理解，锻炼了评估核与辐射突发事件的能力，提高了与世卫组织联络点、相关国家及国内多部门间的沟通意识。水晶演练是世卫组织为检验《国际卫生条例（2005）》国家归口单位与世卫组织区域联络点、与其他国家（地区）及国内多部门间的信息沟通和共享机制而举办的演练。2008 年以来，世卫组织西太区每年都举办水晶演练，区域内 30 余个国家和地区参加。

12 月 22 日，中核集团在集团核应急响应中心举行核应急演习，标志着新建成的集团核应急响应中心正式投入使用，进一步加强了集团公司领导协调核设施营运单位核应急准备工作、调配应急资源和力量、支援应急响应行动的能力。本次演习模拟核电站遭遇台风等综合场景，对核设施单位和救援队伍应急预案的适用性、应急组织的协调性、应急设施设备的可用性和应急响应行动的规范性，以及集团公司总部核应急响应中心的“协调、支援”功能进行了全方位检验。

12 月，2023 年阳江核电站场内外联合应急演习成功举行。此次演习由广东省核应急委、阳江市和江门市、阳江核电三级四地联动参加，国家核应急医学救援队现场参演。演习遵循广东省核应急预案，加强事故情景设计，分阶段组织实施，分别举行了广东省核应急监测专项演习和场内外联合应急演习。演习参加单位 30 多家，人员约 800 人，车辆、船只约 200 台（艘）次。

（本部分材料由国家核安全局和国家核应急响应技术支持中心提供）

核专业人才培养和职工培训

一、中国核工业集团有限公司

一是人才工作顶层设计持续加强。紧抓科技人才发展纲要落地，落实专项工程人才工作方案，人才引领发展战略地位进一步凸显。二是顶尖人才队伍不断壮大。“长江学者奖励计划”实现零的突破；试点开展首席科学家发挥作用工作，推进实现松绑赋权。三是选才引才成果丰硕。4 个引才团队获“伯乐奖”，动力院入选国家引才引智示范基地；依托“星原计划”“核星计划”，成功引进优秀毕业生百余名。四是育才兴才再添新绩。基础研究人才队伍建设有力推进；科研院所硕博士指标连续四年增长；全国技术能手人数破百。五是爱才聚才氛围更加浓厚。首次建立院士全方位保障体系，实现家庭医生整体覆盖，得到高度好评。

二、中国广核集团有限公司

截至 2023 年年底，中广核集团核电产业共有员工 22 639 人，其中专业技术人才 18 941 人，经营管理人才 1 935 人，技能人才 1 763 人。中广核集团遵循“企业发展，人才先行”的指导思想，立足战略发展需求，不断完善培训体系，创新培训方式，提升培训能力，着力培养建强经营管理人才、科技人才和技能人才三支队伍，为企业高质量发展持续提供人才动力。

从战略高度加强优秀年轻干部培养选拔储备。做到“四个面向”，即面向基层一线、面向艰苦偏远地区、面向科技前沿、面向重点改革攻坚岗位，大力提拔能扛硬活能打硬仗的年轻干部。以公开竞争上岗为主要形式，注重干部群众基础深厚，连续四年开展 45 岁以下集团公司党委管理干部公开选拔，充实新的骨干力量。

构建雁阵格局梯次打造科研人才。在战略科研专项主阵地培养人、锻炼人，建成由战略专项总指挥、科研骨干专家、青年科技人才组成的人才梯队，支撑华龙一号自主知识产权三代核电示范项目高质量投产、铅铋快堆等重大专项攻坚任务快速推进。

弘扬工匠精神接续培养技能人才。加强关键岗位核心人才培养，实施“培训—考核—授权—上岗”核心机制，将培训、学习与职业发展紧密结合，累计培养操纵员、高级操纵员数千名；聚焦生产一线难题，建成国家级工作室 1 个、省市级工作室 48 个；高端技能人才不断涌现，2 人荣获“中华技能大奖”，18 人获评全国技术能手，75 人获评中央企业技术能手，2 人被中央电视台“大国工匠”栏目报道。

三、国家电力投资集团有限公司

坚持人才是第一资源，以打造核能人

才中心和创新高地为目标，以创新人才体制机制提升组织和人才活力为重点，以实施战略人力资源管理为抓手，推动人才工作高质量发展。

以战略规划引领人才发展，深入开展人才专题调查研究，锚定未来五年人才工作的总体目标和重点任务，全面谋划核能人才发展规划，制定一流人才队伍建设行动方案。

持续加强战略人才力量培育，以“领域 - 学科 - 专业”体系建设为牵引，系统开展人才职业生涯全周期培养体系设计。聚焦核能人才中心和创新高地建设目标，协同国家级创新平台建设，培养国家急需的高水平人才；聚焦专家成长路径，优化专家体系，构建“战略—创新—人才”一体化协同机制；聚焦卓越工程师培养，发挥产教融合的政策优势和资源优势，与重点高校联合培养工程硕博士；聚焦国际化战略对人才的需求，与清华大学等在国际核电留学生培养方面保持紧密合作，开展集中实践、专业实践和专题授课活动；深化校企合作，与清华大学、上海交大、四川大学、厦门大学、华北电力大学等高校联合开展招生培养工作；拓宽国际化人才培养渠道，着眼于实行更积极、更开放的人才培养、引进、使用政策，依托与IAEA 的稳定合作，经遴选成功向 IAEA 输送员工；聚焦人才高质量引进，引进优秀人才，进一步充实了人才力量、优化了人才结构。

做优做强培训品牌，围绕业务发展需求，统筹教学资源，在政治理论水平、专业能力素质等方面策划并实施了高规格、高强度、高质量的一系列培训班。2023 年度，开展培训计划 1 237 项，学时 391 443.5 小时，参训 66 320 人次。同时，根据推进一流人才队伍建设要求，扎实开展专项人才培养工程，组织开展高质量训练营、项目管理训练营、新锐训练营、治理训练营、班组长训练营、青马培训班、科技大讲堂、头雁计划等重点专项培训，确保员工能够达到并保持足够的业务熟练程度、长期维持业务水平，满足员工胜任岗位要求。

四、中国华能集团有限公司

2023 年，中国华能集团坚持“人才强企”战略，加快推动核电人才发展三年规划。深化干部人才工作机制建设，抓实人才“引育留用”各项举措，全方位培养、引进、用好用活各类人才，建强核电产业发展人才支撑。聚焦核电队伍建设能力提升专项计划，强化“一盘棋”理念，稳步推进关键紧缺人才引进工作，充分利用核电产业两平台三基地，常态化组织干部人才挂借交流锻炼，促进人才良性培养流动。制定发布《“干部竞争性选拔专项行动”实施方案》《“后浪计划”实施方案》《“雏鹰计划”实施方案》，确定 9 项落实举措，激发干事创业热情，增添干部人才队伍活力。通过“揭榜挂帅”“军令状”等多种形式，在攻坚关键任务中大力使用、考察、提拔优秀年轻人才，推动形成干部人才资源年轻化、人才库动态化、择优机制常态化的良性循环。深化员工职业发展“五通道”体系建设，调动和激发员工工作积极性，促进企业与员工共同发展。强化高水平技术技能人才建设，集团级核电技能实训基地正式挂牌运作。构建核电系统百人规模共享专家库，为核电产业发展提供强力技术支撑。

五、哈尔滨电气集团有限公司

哈电集团积极参加外部组织的各种培训，扩大核专业人才队伍。哈电电机公司组织 7 人次参加了中国核能行业协会的监查员培训，4 人获得主监查员资格，3 人获得监查员资格。参加中广核集团质量经理培训，2 人获得质量经理资格，1 人获得高级质量经理资格。

哈电集团通过总部牵头、各涉核单位相互交流等方式积极培育核专业人才。哈电集团总部举办“核安全文化评估专题培训班”。哈电电机公司邀请哈电重装公司讲授“核安全文化建设与核电产品质量管理”“核安全文化与人员行为工具讲座”。哈电电机公司在公司内部进行“核安全文化及典型案例培训”。集团层面开展全员核安全文化学习及考试，持续贯彻核安全文化。

哈电重装公司为营造学习先进、崇尚先进、争当先进的良好氛围。在微信公众号开设【主题教育·榜样之光】专题栏目，刊登“优秀共产党员”先进事迹。

国际合作和两岸交流

政府方面

一、国际多边合作

（一）加强与国际原子能机构（IAEA）合作交流

IAEA总干事访华达成多项合作成果。5月22日至26日，国家原子能机构主任会见格罗西总干事，签署了《中国国家原子能机构与IAEA关于小型模块化反应堆和核电基础设施开发领域合作实际安排》等重要协议，共同见证国家原子能机构、中核集团、中科院合肥物质科学研究院等与IAEA签署多项合作文件，内容涉及核能应对气候变化、核技术诊断治疗癌症、核数据科学与核燃料循环等多个领域。生态环境部核与辐射安全中心与IAEA在京签署全球首个核与辐射安全协作中心合作协议，并正式授牌。

积极参加IAEA重大会议活动。国家原子能机构出席在IAEA召开的第二次气候变化与核能作用国际大会，介绍中方关于更好发挥核能作用，应对全球气候变化的立场主张；在IAEA第67届大会全面阐述中国积极支持IAEA致力于维护国际和平和安全，促进和平利用核能核科技，造福广大发展中国家的立场主张。IAEA“利用电离辐射进行废水处理的质量管理”国际技术研讨会在苏州开幕，来自IAEA各成员国的20余位国际专家，基于辐照工厂质量管理的视角，对各国前沿研究成果及应用案例进行报告分享。

核科技创新合作取得丰硕成果。国家原子能机构与IAEA在海南共同主办小型模块堆技术发展和应用研讨会。中国核电工程有限公司与IAEA签署的《小型模块化反应堆人因工程研究合同》正式生效，该项目将应用于中国首个模块化小型压水堆ACP100设计过程中。原子能院参加中国农业科学院作物科学研究所、联合国粮农组织、IAEA及中国国家原子能机构联合举办《亚太区域的快速诱变育种提高作物产量和质量》项目中期会议，赴串列实验室开展学术交流。国家电投核能首席科学家、国和一号设计师出任IAEA核能常设咨询组主席。

积极履行核领域国际义务。中国政府代表团圆满完成《核安全公约》缔约方第八次和第九次联合审议大会中国国家报告审议，中国履约情况获得各缔约方高度肯定。国家原子能机构组织有关国家级核应急技术支持中心和救援分队参加IAEA组织的4次国际公约演习；推动国家核应急响应技术支持中心、中核检修有限公司加入国际原子能应急准备与响应能力建设中心。为响应IAEA“希望之光”倡议，在国家原子能机构和中国驻尼日利亚大使馆的指导下，中核集团主办首期中国—尼日利亚“肿瘤诊断和治疗”培训。

（二）积极参加其他重要多边合作

国家原子能机构和经合组织核能署举办首届中国—经合组织核能署核设施退役与放射性废物管理国际交流会。国家电投集团与 OECD-NEA 签订“材料完整性寿命延长（SMILE）项目”协议。

二、国际双边合作

（一）俄罗斯

2023 年 10 月 19 日，第五届中俄能源商务论坛在北京开幕，国务院副总理丁薛祥、俄罗斯总统能源发展战略和生态安全委员会秘书长谢钦出席开幕式并分别宣读两国元首贺信并致辞，双方就落实两国元首的重要共识，打造更加紧密的能源合作伙伴关系达成共识。

3 月 27 日，中俄峰会期间，Rosatom 能源公司和中国国家原子能机构（CAEA）签署了一项在快中子反应堆和关闭核燃料循环领域长期合作的综合计划。该协议涵盖一系列战略领域，包括新型原子反应堆的开发，徐大堡核电站 3 号机组建设启动仪式。

（二）法国

4 月 7 日，中法发布联合声明，提出为实现能源体系低碳转型的共同愿望，中法两国在政府间和平利用核能合作协定框架下，开展民用核能务实合作。两国致力于在中国国家原子能机构和法国原子能和替代能源委员会协议等基础上，继续推进在核能研发领域前沿课题上的合作。两国支持双方企业研究在核废料后处理等问题上加强工业和技术合作的可能性。

深入推动核能科技创新合作。中法核能科技合作 40 周年纪念活动在北京举行，回顾中法 40 年核能科技合作之路，展示中法核能科技合作成果，深入拓展进一步合作关系。第六届中法核能技术创新研讨会在巴黎成功召开，双方成功签署了增材制造二期项目和非金属材料老化项目的合作协议。

（三）巴基斯坦

2023 年 8 月 1 日至 5 日，国家核安全局赴巴基斯坦参加第 11 届中巴核安全合作指导委员会会议并与巴方续签技术合作协议《关于成立中国—巴基斯坦核安全合作中心的谅解备忘录》，持续推动和落实中巴中心的后续建设和活动实施。

（四）哈萨克斯坦

2023 年 5 月 17 日至 5 月 19 日，国家主席习近平在西安同来华出席中国—中亚峰会并进行国事访问的哈萨克斯坦总统托卡耶夫会谈，两国元首签署了《中华人民共和国和哈萨克斯坦共和国联合声明》，双方商定继续深化天然铀领域合作，积极拓展风电、光伏、光热、核电等清洁能源领域合作。

（五）其他国家

国家能源局局长章建华率团访问阿联酋、沙特阿尔伯、卡塔尔，落实首届中阿、中海峰会成果，推进能源务实合作。

部分企业集团

一、中国核工业集团有限公司

核工业全产业链“走出去”取得突破。海外核电取得积极进展，为“十四五”取得核电新的突破打下坚实基础。天然铀贸易稳居全球第二。核技术应用实现新的突破，海外新能源初见成效，贸易出现新增长点，海外项目安全稳定运行。

2023 年，中核集团组建 7 大海外代表处，实现全球覆盖，国际化经营体系不断健全。国家名片“华龙一号”海外首个工程两台机组正式交付巴基斯坦。恰希玛核电站 5 号机组（C-5）破土动工。国际热核聚变实验堆（ITER）磁体支撑产品正式交付。在国家主席习近平与法国总统马克龙的共同见证下，中核集团与法国电力集团共同签署《关于“核能支持低碳发展前瞻性研究”的谅解备忘录》。积极参与第三届“一带一路”国际合作高峰论坛，积极参加国际原子能机构（IAEA）第 67 届大会，第五届法国世界核能工业博览会。与沙特、阿联酋、阿尔及利亚、俄罗斯、哈萨克斯坦等国务实合作不断走向深入。

二、中国广核集团有限公司

（一）核电领域

中广核集团积极践行“一带一路”倡议，深化核能国际合作，推动我国核电技术“走出去”。面对新的国际形势，2023 年，中广核集团持续深化国际交流，先后参加中国—东盟博览会、中国—阿拉伯国家博览会、法国世界核工展等国际大型展会，充分展示我国核能发展成就和技术实力，推介华龙一号和小堆核电技术。不断加强国际合作，与法国电力公司（EDF）新签全球合作伙伴协议（GPA），与俄罗斯国家原子能公司（Rosatom）建立集团间合作总协调人机制并定期会晤，探讨深化合作空间。积极培育市场机会，密切跟踪东南亚、中东欧等区域潜在市场，与泰国、印尼等国家政府部门、驻华使领馆保持密切沟通，积极跟踪非洲、中亚、西亚、南美等潜在核电市场，寻求和开发国际新市场。“金砖国家”南非峰会期间，中广核集团作为唯一的核电企业应邀与其他 7 家中国企业一起与南非总统府电力部签署了联合合作备忘录，中广核集团将根据南非方面建议，为南非 Koeberg 核电站大修、改造和延寿等提供相关支持。

在稳步开发国际核电市场的同时，中广核集团充分利用四十多年来在核电工程建设、运维等方面积累的丰富经验，背靠我国强大的核电产业链集成能力，积极参与英国 HPC 项目工程设计、设备供货、技术支持等合同承揽，国际热核聚变项目（ITER）设备供货，为芬兰 OL3 项目和法国 FA3 项目提供人力和技术支持等，受到合作伙伴高度认可，合作范围持续扩大。

（二）核燃料领域

1. 斯科公司

斯科公司湖山铀矿项目位于纳米比亚中西部的纳米布沙漠地区，资源储量约 29.3 万吨，位列世界第三，是中广核集团自主投资、建设和管理运行的特大型铀矿，同时也是中国在非洲最大的实体投资项目。作为国家“一带一路”倡议的重大工程项目，湖山铀矿为纳米比亚带来了巨大经济和社会效益。纳米比亚已故前总统哈格·根哥布多次到访湖山铀矿，并表示：“该项目作为在纳米比亚表现突出的投资项目之一，对于我国矿业领域和国民经济意义重大。这个矿山给以前失业的纳米比亚人的生活带来了意义和希望，我们欢迎这样的项目。”

2023 年，斯科公司创新交流，增进理解，高质量进行国际传播工作。邀请纳米比亚部长和省长拜访集团领导、参加 2023 年中非经贸博览会，作为纳米比亚国别代表出席会议，彰显企业影响力；举行《斯科公司 2022 年可持续发展报告》发布会，全面阐述过去一年斯科公司在纳经济、社会、环境和可持续发展方面的行动和贡献，邀请多位纳米比亚和国内省部级领导出席，新华社聚焦报道该项成果；参加纳米比亚矿业展，全方位介绍斯科公司生产运营情况与推动经贸发展、促进文化交流、履行社会责任等方面成就，获得纳米比亚副总统高度赞赏；积极在《中国日报》《中国能源报》等媒体展示斯科公司高质量共建“一带一路”倡议良好举措，联合新华社举办“世界地球日”主题直播活动，彰显企业价值与社会责任担当。

以“绿色矿业，共享繁荣”为主题举办斯科公司矿建十周年纪念活动，94 岁高龄的纳米比亚开国总统努乔马出席并致辞。努乔马表示：斯科公司湖山铀矿将成为友好合作的光辉典范，为纳米比亚可持续发展注入新的活力。中国驻纳米比亚大使赵卫平指出：过去十年，斯科公司主动融入当地社区，积极履行社会责任，为本土企业提供市场机遇和发展途径，为纳可持续发展作出了重要贡献，是中纳两国互利合作的典范。斯科公司立足新的高度，全球范围推广湖山品牌，湖山已成为纳米的靓丽名片。

举办斯科公司家属开放日、老年人开放日等活动，持续强化与本地公众沟通；开展中外学生同上一堂课、第六届湖山马拉松、斯科公司运动会、中方子女本地学校开放课等活动，组织斯科公司本地员工参加集团第七届运动会、“鹭越重洋”骨干人员培养班，深入开展跨文化交流，为推动构建人类命运共同体贡献力量。

向纳米比亚总理府救灾基金捐赠 20 万元纳币，帮助纳米比亚北部因洪涝灾害受灾人员重建家园；向纳米比亚慈善基金会捐赠 450 万元纳币，向湖山铀矿项目所在地小学捐赠 5 万元纳币，持续开展办公用品、卫生用品、营地账户、食品等各类捐赠活动，塑造有温度的国际企业形象。

2023 年，斯科公司线上线下开展媒体公关、交流、座谈等活动 6 次。在纳米本地媒体平台策划专题报道 12 次。社交媒体方面，斯科公司的宣传阵地包括脸谱、Youtube、Linkedin、抖音等账号，当前粉丝总数超过 7 万人，账号平均每月更新 11 次，年内阅读总量达到 117 万人次。

2. 中哈合资组件厂项目

2023 年，中广核集团持续加强与哈

萨克斯坦国家原子能工业公司（简称哈原工）的业务合作，并通过中哈合资组件厂项目组织开展了多次面对面交流活动。

5月底，中广核集团组织并邀请哈原工首席核燃料循环官一行来华参加2023年第一批哈组件交付仪式，中哈双方代表签署了2023年首批燃料组件交付证书。交付仪式上回顾了中哈双方合作经历。双方一致认为彼此互为重要战略合作伙伴，期待双方合作不断结出新的硕果，共同为两国核工业高质量发展贡献最大力量。

10月，中广核集团邀请中国国家原子能机构、生态环境部华南核与辐射安全监督站、哈萨克斯坦萨姆鲁克-卡泽纳国家基金、哈原工、中哈合资组件厂等单位在阳江核电基地参加哈组件交付仪式。交付仪式期间，参与活动的中哈双方各单位进行了广泛和深入的业务交流，一致认为中哈组件厂项目为中哈两国在核领域合作注入了新的发展动力，并希望两国政府部门和企业能够以此次交付仪式为新的起点，在已有铀资源开发、铀产品深加工等领域合作基础上，继续扩大核电建设、退役治理、核技术应用、过境运输、人员培训等领域合作，不断巩固和发展两国核领域合作关系。

三、国家电力投资集团有限公司

（一）与世界核电运营者协会（WANO）的合作

2023年，国家电投集团持续开展与WANO-AC中心（世界核电运营者协会亚特兰大中心）的交流和评审活动。完成对海阳1、2号机组的持续绩效监测，开展海阳核电日常绩效观察，并针对防异物、阀门检修、化学控制及化学品管理、设备可靠性、组织有效性开展技术支持活动，评估INPO事件报告IER 21-4推荐意见的落实情况。开展了国核示范工程1号机组启动前同行评估活动，国核示范应邀参加第一届WANO上海国际青年论坛并做主题为《基于CPO的运行培训绩效提升》演讲报告。

（二）在国际原子能机构（IAEA）高层履新方面取得新突破

通过承办会议、参加研讨、专家支持、项目合作等多种方式，保持与IAEA全方位、多维度的合作与交流。2023年5月25日，IAEA总干事拉斐尔·马里亚诺·格罗西（Rafael Mariano GROSSI）、副总干事刘华一行访问上海核工院期间参观了上海核工院重大专项成果展，听取了关于上海核工院基本情况、践行三代核电自主化战略发展成果以及与IAEA良好合作历程的情况汇报，鼓励上海核工院坚持设计引领、自主创新、人才培养，并期待与上海核工院进一步深化合作，共同推进全球核能可持续发展。

6月27日，郑明光作为中国唯一代表，受IAEA总干事格罗西邀请，连任第八届IAEA总干事核能常务顾问组（SAGNE）成员并担任主席一职，成为自2000年SAGNE成立以来首位担任主席的中国科学家。

9月25至28日，新任SAGNE主席郑明光受邀参加IAEA第67届年度大会，并代表国家原子能机构举办“先进核电型号与产业链体系支撑构建人类命运共同体”的主题边会，分享中国核能行业的技术创新、发展成就以及应对气候变化的承诺，展现核能发展的中国力量。期间，郑明光一行拜访IAEA总干事格罗西、副总干事楚达科夫，双方就推广先进核电技术、促进核能事业安全有序发展等内容交换意见，并就成立SAGNE主席工作组、响应IAEA“核能促进净零排放”的倡议、深化双边合作等议题达成共识。

10月9至13日，上海核工院副总经理、总会计师周俊颖，总经理助理田林受邀出席IAEA“第二届气候变化与核能的作用国际会议”，并作题为“碳中和背景下核能的角色、场景和挑战”的主题发言，为应对气候变化，贡献中国核能解决方案。

11月10日，IAEA人力资源司司长福洛贝访问上海核工院，双方围绕国际化人才交流与培养、岗位招聘与未来合作进行了充分沟通，并共同谋划推进在核能技术开发、联合人才培养领域的多维度合作。

12月15日，上海核工院与IAEA总干事格罗西会商核能发展工作，SAGNE主席郑明光向总干事汇报了对IAEA工作的六大领域、13项意见和建议，获总干事充分肯定。双方就积极推动中国参与“三倍核能宣言”与首届核能峰会、加入世界聚变能源小组、推动核能产业链标准化以及深化多维度合作等内容达成共识。

（三）与美国电科院（EPRI）开展全方位技术交流合作

在技术资源消化方面，上海核工院全年共消化吸收68篇EPRI重要技术文件，并通过将EPRI的技术提炼总结与整合，结合国内核电站运行现状和上海核工院研发成果，编制完成管道老化评估与运行延寿、小支管振动、燃料运行性能的监督和检查方案、埋地管道腐蚀老化管理等产品应用方案手册。

在合作交流方面，与EPRI开展信息材料需求、项目合作、技术咨询、技术培训等议题的面对面沟通，推进双方高层交流会，并多次组织参加EPRI各类RIC会议以及在线交流会议，深入了解EPRI重点技术方向研究动态和最新研究项目。在奖项评选方面，上海核工院与中核运行管理有限公司联合申报的“PWR Materials Aging Management Program for Long-Term Operations(用于支持压水堆核电站长期运行的材料老化管理项目)”获2023年度EPRI技术转化奖（TTA）。

在技术培训与应用方面，经与EPRI多轮协商，促成了蒸汽发生器完整性评估系列培训，并于2023年10月25日成功组织第一阶段实施；推动EPRI TR-102323 Rev.5 Guidelines for Electromagnetic Interference Testing of Power Plant Equipment在海阳项目的应用，推动形成EPRI中国大陆核电站电磁发射数据测量与收集合作项目。

（四）积极会同美国机械工程师学会（ASME）组织开展交流活动

2023 年 1 月 12 日，美国机械工程师学会核质量保证（ASME NQA）中国国际工作组会议在上海核工院以视频方式召开。会议介绍了 NQA 主委员会 2023 年工作安排，强调了工作组的定位和平台效应，通报了委员会 2022 年主要工作事项，并进行了有关不符合项的统一认识、核质保核安全文化研究与践行、核电站软件开发的质量控制等议题的分享和讨论。

4 月 21 日，ASME 锅炉和压力容器规范第Ⅲ卷（BPV Ⅲ）中国国际工作组在上海核工院召开 2023 年第一次工作会议。会议围绕国际、国内核设施建造领域的技术热点、难点和行业基础研究相关议题展开讨论，并选举产生工作组副主席 2 位、新加入行业专家 1 位。

8 月 4 日，ASME NQA 中国国际工作组在上海核工院召开 2023 年中工作会议。会上，委员投票通过了工作组委员增选及工作组主席改选事宜。增选上海电气核电设备有限公司闫志忠、东方电气（广州）重型机器有限公司张丹萍、中核集团核电运行研究院余涛为 ASME NQA 中国国际工作组委员，推选上海核工院刘海滨为新一任国际工作组主席。与会委员就核电领域造假问题、核电厂安全级设备零部件质量验证方法的实践与改进、核电工程物项供应商信用评价等议题进行了深入讨论和交流。

11 月 3 日，ASME BPV Ⅲ中国国际工作组在雁栖湖基础制造技术研究院（北京）有限公司召开 2023 年第二次工作会议。会议围绕设备设计和制造过程中出现的缺陷评定方法、水压试验后的焊缝检测规范要求等工程实际问题，以及增材制造技术、超声检测代替射线检测在核电领域的应用等国际、国内核设施建造领域的技术热点、难点和行业基础研究相关议题展开讨论。

（五）联合国际电工委员会（IEC）在国际标准制定方面取得突破

2023 年 5 月 11 日，由上海核工院主导编制的 IEC 国际标准《核设施—仪表、控制与电气系统—人工智能应用》（IEC TR 63468）正式发布，是 IEC 在核能领域发布的首个人工智能标准，实现了我国在国际核能与人工智能应用交叉前沿领域的重要突破。7 月，上海核工院首席数字官毕道伟获 IEC2023 年度“IEC 1906”奖。

（六）与其他国际组织的合作情况

2023 年 3 月，与经合组织核能署（OECD NEA）正式签订“材料完整性寿命延长（SMILE）项目”协议。与挪威 Halden 实验室共建“人因工程国际合作联合实验室”，上海核工院技术团队于 9 月赴挪威执行 HALDEN 反应堆项目年会扩大会议。持续开展与美国西屋高层对话，积极推动后依托项目时代与美国西屋 2018 全球整体合作框架 MOU 补充协议落地，截至 10 月，与美国西屋公司累计召开高层会 5 次。同时，上海核工院积极与加拿大 CE、意大利安萨尔多、西班牙泰纳通、俄罗斯 AKME、国际热核聚变（ITER）组织等一流企业和国际组织保持对接交流，探索核能及多元领域“走出去”的机遇。

四、中国华能集团有限公司

2023 年，国际原子能机构（IAEA）等国际组织赴高温气冷堆示范工程调研交流，中国华能集团同世界核工业联系日益紧密。IAEA 总干事格罗西在首次访华期间参观访问高温气冷堆示范工程，对中国华能集团扎实有序推进项目建设、和平利用核能取得的成就给予高度评价。2023 年，高温气冷堆示范工程亮相世界新能源新材料大会、国际能源变革论坛、中国 - 东盟博览会、第二十四届亚太电协大会、第六届中国国际进口博览会、第十一届中国（绵阳）科技城国际科技博览会、第十五届中国国际核电工业展览会及第五届世界核能工业博览会等国际展会，重点展示高温气冷堆示范工程的建设历程、最新进展及多用途推广。

中国核能行业协会

受科技部委托，2023 年继续承担 GIF 联络办相关工作，组织参加 GIF 第 55 届政策组和第 49 届专家组会议；组织参加 GIF 第 56 届政策组和第 50 届专家组会议；配合政府完成 2023 会费缴纳，协商超额会费支付方式；协助相关单位完成中方代表更换；翻译和印制 GIF2022 年度报告中文版；实时更新 GIF 中国网页相关内容；推荐中方专家参与 GIF 网络培训；策划组织召开 2023 年中国参与 GIF 工作研讨会。

受国防科工局委托，统筹做好 IAEA 核动力堆信息系统（PRIS）报送、中国国家核电综述（CNPP）报告准备、亚洲核合作论坛（FNCA）和亚太地区核科技合作协定（RCA）的相关支持工作，受委托代表政府参加相关国际会议；举办 2023 年 IAEA 实习项目宣贯会、IAEA 技术合作国家项目执行会议、2026-2027 周期 RCA 项目申报说明会及 75 名实习生面试，举办 IAEA 核动力堆信息系统采集及验证应用培训班。

受国家能源局委托，承办第七届中阿能源合作大会核能分论坛。

举办“中国核能可持续发展论坛 2023 年春季国际高峰会议暨第十五届中国国际核电工业展览会”；举办“2023 年核技术应用产业国际大会”及系列活动；组织召开第三届中法核电经验交流会；组织赴法国举办先进核能经验交流会及同期活动；接待台湾核能产业代表团一行来访交流和技术参观；安排双边会见和参加外事活动 20 场。

受中国核电工程有限公司委托，组织赴 IAEA 开展 INPRO 方法学培训。

第四代核能系统国际论坛（GIF）中方主要工作

2023 年，中国核能行业协会继续承担第四代核能系统国际论坛联络办公室（简称 GIF 联络办）的工作。在科技部国际合作司、国家原子能机构系统工程司的指导下，GIF联络办组织国内相关单位和专家参与各项活动，贡献中方力量，拓展合作领域，为我国参与GIF活动提供了有力支撑，促进了我国第四代核能系统研发工作的顺利开展。

一、参加GIF相关会议，促进研发合作项目不断扩展

（一）GIF第55届政策组和第49届专家组会议

2023年4月17至21日，由GIF主办、法国原委会承办的第55届政策组和第49届专家组会议在法国里昂召开。受放开后第二波疫情冲击，国内仅GIF联络办、国家电投集团科学技术研究院有限公司SIAP代表等3人参加会议。

在政策组开放的会议上，GIF四位副主席分别介绍了所负责的教育与培训、研发合作、市场与行业参与、监管的相关工作，政策总监和技术总结分别介绍了各自负责的工作，同时会议还邀请经合组织核能署和国际原子能机构的代表介绍了本机构与GIF相关的合作。会议安排与会代表参观了法国超凤凰堆。此外，GIF各系统委员会、任务组、工作组的负责人分别汇报了最新进展情况。

受国家科技部、国家原子能机构政策组代表委托，GIF联络办率团参加会议并报告了我国核能发展的最新情况。

（二）GIF第56届政策组和第50届专家组会议

10月17至20日，GIF在法国巴黎召开第56届政策组和第50届专家组会议。

GIF各系统指导委员、任务组、工作组、4位副主席、技术秘书处、行业高级顾问组例行汇报了各自负责的工作进展，讨论了拟成立的核技术工作组方案和后续会议的具体安排。各成员国分别汇报了本国核能发展的最新情况。受中国政策组代表委托，中国国家原子能机构系统工程司副司长于晓丽参加政策组会并做中国核能最新发展情况报告。

会议同期，于晓丽还参加GIF框架协议延期专题会议，会议决定自2024年1月起正式启动GIF框架协议文本修改工作，计划于2025年2月底前完成延期工作，需要GIF各成员国政府部门及早参与确定本国签署流程并讨论文本内容修改。

二、履行相关职责，确保工作顺利开展

落实中方会费余额并完成会费缴纳。协助完成中方代表更换。翻译GIF2022年度报告，报告近10万字，详细介绍了GIF成员和组织架构、GIF展望及当前倡议、六个核能系统的进展概要、工作组和任务组的工作内容、市场和行业观点、行业高级顾问组报告，以及成员国核能最新进展情况等。及时更新GIF中国网页内容，并通过授权登录的方式向正式代表分享GIF相关会议资料。联络办积极协调国

内单位专家为GIF提供网络培训,2023年,GIF联络办协调国内高校教授介绍超临界水堆材料腐蚀与破裂。

国际热核聚变实验堆(ITER)及我国核聚变研发进展情况

一、大力推进ITER计划制造任务,我国采购包任务完成量已超87%

截至2023年年底,我国ITER采购包合同已签署93个,一级厂商24家,包括科研院所、国企、民企、合资企业、上市公司等。其中41个合同已顺利完成验收。目前,环向场超导导体、校正场及磁体馈线超导导体、极向场线圈超导导体、磁体支撑、无功补偿系统、高压变电站材料和极向场变流器电源七个采购包已完成所有制造和交付任务,其他采购包仍在大力推进中。我国采购包任务总体上实际完成量已经超过87%。经与ITER组织多次协调后,我国采购包实物总贡献额度调整为268.452 8 kIUA("IUA"为ITER特定账户单位),截至2023年年底,已获得162.66 838 kIUA,占总额度的60.6%。

设计方面,我国继续按照ITER组织要求开展功能型采购包的初步设计、最终设计以及相应评审意见关闭相关工作。其中,X射线相机正在开展相机结构、电子学和仪控系统生产制造评审;诊断朗缪尔探针于2023年上半年完成托卡马克长脉冲测试,为未来优化设计降低ITER技术风险奠定基础;气体注入系统采购包正在开展相关设计和生产制造评审意见的关闭工作。此外,我国稳步推进产氚包层项目初步设计工作,目前已完成初步设计状态评估。

生产准备及认证方面,主要包括部分诊断采购包及气体注入系统采购包。窗口集成完成了诊断屏蔽模块锻件加工、粗加工,并完成了深孔钻工艺认证,进一步开展激光焊接、电火花刻蚀等工艺技术认证,碳化硼认证制造已经完成首批制造,并开展相关测试。X射线相机2023年5月召开了支撑法兰/容器内狭缝/气管的生产设计评审会议,完成探测器、激光二极管的出气率测试。

制造与交付方面,采购包物项大规模、大批量制造和交付工作接近尾声。顺利完成ITER高热负荷型第一壁全尺寸原型件制造,完工报告获得ITER组织批准;ITER超导磁体馈线系统采购包整体制造完成率达到81.6%;磁体支撑交付全部完成;诊断12窗口插件碳化硼屏蔽块开展批量制造,深孔钻工艺通过认证;校正场线圈顶部线圈全部发运,侧线圈制造即将完工并开展出厂验收;屏蔽模块整体制造过半,达到55%。

二、深度参与ITER治理和项目管理,扎实推进核聚变领域国际合作

贯彻落实习近平总书记贺信精神,深度参与ITER治理。面对处于关键转型阶

段的 ITER 计划和组织，持续积极参与 ITER 计划高层治理，密切跟踪 ITER 热点议题，尤其是 ITER 计划基准更新进展，全力维护中方权益，并为 ITER 计划在严峻形势下始终保持正确轨道给出了中国方案、贡献了中国智慧。同时，稳步推进 ITER 国际组织中方职员推送和人才管理体系建设，原核聚变中心主任罗德隆成功竞聘 ITER 组织副总干事，实现了我国当前在全球规模最大的国际大科学工程中高级职位的突破。中方国际职员人数多年保持高速增长，总人数在 ITER 七方中常年位居第二，仅次于东道方欧盟。

坚持多部门联合协作，2023 年底推动科技部领导与 ITER 组织高管团队互访。双方就 ITER 计划最新进展、ITER 组织架构重组和项目基准更新、磁约束核聚变未来发展，以及中方深度参与 ITER 计划等议题进行了深入交流。

积极参与 ITER 组织项目管理，推动项目管理改进工作。邀请 ITER 组织核安全管理人员赴中方现场开展采购包核安全管理培训，制定并发布《重要保护活动和重要保护部件管理程序》，初步建立中方采购包核安全管理规范。顺利通过 ITER 组织第 11 次质量外审，中方采购包质量管控过程及措施获得 ITER 审核员高度认可。2023 年，中方 3 家单位中标 5 项 ITER 组织现金合同 / 修订案，合同金额约 1 440 万欧元。

坚持纵横深度融合，加强中方采购包工程管理。依据 ITER 组织总体要求，在采购包实施方案策划、技术方案选择、经费评估、ITER 基准更新审查研究、不符合项 / 组织间不符合项处理、运输计划实施等项目与合同管理方面进行纵深管理深入沟通，进一步提高项目实施决策的科学性，提升合同管理效率，同时也为团队能力提升提供了更加有效途径。

坚持提质增效，持续深化核聚变标准化工作。发布全球首项核聚变领域国际标准《反应堆技术—核聚变反应堆—核聚变堆高温承压部件的热氦检漏方法》（标准编号为 ISO 4233:2023），此项标准不仅是我国首项核聚变领域国际标准，更是 ISO 首项核聚变相关国际标准。正式立项两项 ISO 国际标准（《超导技术应用对磁约束托卡马克聚变核装置中安全系统的要求》《辐射防护—医用质子加速器—屏蔽设计与评估的要求和建议》）。持续推进 RCC-MRx 规范与核聚变专项标准的互认工作。

以双边稳多边，以多边促双边，扎实推进核聚变领域国际合作。以 ITER 计划为载体，我国在核聚变研究领域先后建立了中美、中日、中韩、中欧、中法、中日韩等双多边合作机制或框架。在此合作框架下，2023 年，成功举办中韩核聚变联合工作组第十一次会议、中日韩第八次技术工作组会议、中日核聚变双边合作第十六次联合工作组会议、中法聚变联合研究中心第五届理事会会议，中美聚变交流活动等一系列聚变领域双多边合作交流活动，扎实推进核聚变领域国际合作。

三、提升项目管理效能，全面推进国内核聚变研发进程

ITER 计划专项支持下，国内核聚变能研究取得了一系列阶段性进展，在实验装置能力、关键部件制造等方向均取得重要突破。

（一）全超导托卡马克核聚变实验装置（EAST）实现稳态高约束模式等离子体 403 秒稳态运行

2023 年 4 月，在解决了长时间尺度下的等离子体位形约束、高功率射频波加热与电流驱动、等离子体与壁相互作用、关键分布参数的实时诊断等系列前沿物理和技术集成问题后，EAST 装置获得了 403 秒的稳态高约束等离子体，创造了该参数下运行时间新的世界纪录，为未来 ITER 长脉冲高约束运行提供重要的科学和实验支撑，并为我国下一代聚变装置预研、建设和运行提供重要参考。

（二）中国环流 3 号（HL-3）首次实现 100 万安培等离子体电流高约束模式运行

HL-3 是国内规模最大、参数最高的先进托卡马克装置，是中国新一代先进磁约束核聚变实验研究装置。2023 年 8 月，首次实现 100 万安培等离子体电流下的高约束模式运行，再次刷新我国磁约束聚变装置运行纪录，突破了等离子体大电流高约束模式运行控制、高功率加热系统注入耦合、先进偏滤器位形控制等关键技术难题，是我国核聚变能开发进程中的重要里程碑，标志着我国磁约束核聚变研究向高性能聚变等离子体运行迈出重要一步。

（三）实现高温超导材料设计和加工关键技术突破

依托专项项目，开展了铋系（Bi-2223）和稀土钡铜氧（REBCO）两种 CICC 磁体研制。实现了 Bi-2223 前驱体粉末的批量化稳定制备和薄银层、百米级带材的均匀制备；制备了长度达到 1.5 米的高温超导 CICC 导体短样；掌握了稳定的接头焊接工艺，电阻达到 51.3 纳欧姆·平方厘米。以化学法制备 REBCO 超导层首次突破 3.5~4.0 微米厚度，并实现连续化生产，超导性能高于 1 100 安（12 毫米，77 开）；连续化制备 20 毫米宽的长带材，性能可达 ~1 220 安/20 毫米（米级 @77 开），~820 安 /20 毫米（百米级 @77 开）；高场高载流达到 725 安 / 厘米 @4.2 开 20 特斯拉。

（四）成功搭建磁阱型磁压缩聚变装置预研平台

依托专项项目，完成了磁阱型磁压缩聚变装置预研平台的设计、研制与集成测试，平台总长 15.3 米，真空室外径 1.6 米，准稳态约束磁场达到 0.106 特斯拉，维持时间达到 446 毫秒；基于装置开展了场反等离子体形成与对碰融合实验研究，对碰融合后等离子体分界面半径最大达到 50 厘米，弦平均密度最高达到 15×10^{19} 米 $^{-3}$，最高密度可达 2×10^{20} 米 $^{-3}$，温度最高达到 203 电子伏，寿命达到 570 微秒，具备了开展场反位形形成、传输、对碰融合及磁压缩的全链条实验研究能力。

（五）完成长脉冲高功率速调管的研制

长脉冲高功率速调管是大功率微波源的重要组成部分，是低杂波电流驱动系统中的重要部件。成功研制 2 支长脉冲高功率速调管，工作频率为 4.6 GHz，其中 1 号管输出功率 504 kW，功率稳定度 1.8%，脉冲宽度 300 s；2 号管输出功率 510 kW，功率稳定度 1.0%，脉冲宽度 1 000 s，并形成了 1 套长脉冲高功率速调管研制工艺规范。为我国现阶段托卡马克实验装置低杂波电流驱动加热物理实验研究和自主开展核聚变示范电站的研发及核聚变能的商业化应用提供了技术基础。

2023 年，核聚变专项共获得国家标准 2 项、行业标准 1 项；申请发明专利 177 项（其中国际专利 5 项），获得授权发明专利 107 项（其中国际专利 3 项），获得其他各类专利 11 项；取得软件著作权 34 项，出版专著 17 部；提出新理论、新原理 13 项；获得新技术、新工艺、新方法 32 项；研发新产品、新装置 23 套。人才培养再结硕果，毕业研究生 365 人，其中博士 134 人，培养技术人员 60 人。

为持续推进国内聚变研究发展进程，加强核聚变领域人才队伍建设，核聚变中心先后主办了第十一期国际组织及国际大科学计划人才能力建设研修班、第三期国际大科学计划和大科学工程管理高级研修班、国际科技项目管理人才培训班、第三届中国磁约束聚变能大会暨聚变能活动周等活动。

核聚变中心进一步加强科普宣传，“人造太阳”展项应邀参展第十一届中国（绵阳）科技城国际科技博览会、第 25 届中国国际高新技术成果交易会、第十五届中国国际核电工业展览会等活动。

核技术应用

一、中国核工业集团有限公司

一是同位素及制品保持领军地位。中国同辐获批工信部医药工业（放射性药物）链主企业。国内首家、全球单体规模最大的高丰度 ^{13}CO 气体项目全线贯通，^{13}C 稳定同位素国产化实现重大突破。华北、上海、四川生产基地主体工程完工，秦山基地所有子项封顶，大湾区基地取得立项批复。医药中心新设 4 家，累计达 37 家；新投产 3 家，累计达 26 家。

二是安检安保巩固传统优势，驶入新赛道。创新解决行李高速在线 CT 检查、无感人身检查、智能审图等行业难题，形成一系列场景化解决方案。新产品拓展智能选矿、金矿品位分析、动力电池检测等领域。圆满完成“核电厂区智能巡检机器人系统”关键技术攻关，实现成套巡检机器人系统交付使用。金七门核安保一体化项目取得积极进展，有力推动核电厂数字化转型。

三是特色装备开创新局面。整合中核高能与中核粒子。螺旋断层放射治疗系统（TOMO-C）本土化批量生产。朗视自主研发的全球首个耳鼻喉双源锥形束 CT 获批上市。高纯锗探测器突破国外垄断，成功实现国产化，入选集团公司第二批战略类目录产品。

四是核医疗“核成色”更足。中核集团（北京）核医疗中心项目和 404 医院职业病防治综合楼开工，中核集团全模块一体化核医疗项目落地 416 医院，“一县一科”核医学示范项目落户 504 医院，核工业总医院浒关院区二期项目和应急急救与危重症救治中心按进度施工，与清华长庚医院合作共建精准放疗中心。新增 1 个国家级核应急医学教学培训基地（416 医院）、3 个国家核应急医学救援分队（北核医、404 医院、504 医院）。

五是辐照应用产业规模跃升。推动中国同辐和同方威视辐照产业优势资源整合，产业规模进一步跃升。积极布局辐照应用市场和辐照新材料产业。

二、中国广核集团有限公司

（一）科技创新

1. 在加速器研发制造方面，中广核核技术发展股份有限公司已实现高、中、低能全系列工业电子加速器的全覆盖，实现了电子加速器在辐照加工、材料改性、消毒灭菌、核农学、核环保以及无损检测等领域的应用，稳居国内核技术应用第一梯队，相关产品远销韩国、泰国、印度、美国等国家。2023 年，基于电子束辐照技术的检疫消毒设备关键技术研发项目已进入验收阶段；成功研发 DG 型加速器配套中频电源，电能转换效率提高 15%；电子束 EB 固化实现产业化，填补国内 EB 产业化应用的国产化帘式低能电子加速器空白，可有效解决 EB 辐射应用推广中存在的设备一次性投入大和使用环境条件要求高的弱点；研制拥有自主知识产权的国产化微焦点 X 射线源，填补我国在微焦点 X 射线源的技术空白。

2. 在辐照应用方面，国内现有辐照中心 15 座，布局电子加速器 60 台，总功率超过 4700 千瓦。扎实开展乡村振兴，统筹推进集团百色农产品电子束保鲜、乐业垃圾渗滤液处理重点帮扶项目，其中，牵头编写申报的《创新农产品加工技术 助力乡村产业振兴——以中广核帮扶百色市电子束保鲜项目为例》，从 300 多家中央单位定点帮扶候选项目中脱颖而出，成功入选国家乡村振兴局发布的全国首批 36 个“社会帮扶助力巩固拓展脱贫攻坚成果同乡村振兴有效衔接典型案例”，成为国务院国资委所属中央企业 6 个入选帮扶案例之一；与中国农业科学研究院农产品加工研究所共同建立的“农产品辐照技术应用研究研发中心”在年内完成正式揭牌，为农产品的保鲜、保质、防腐等焦点问题再献一份科研力量。

3. 在环保应用方面，联合清华大学自主研发的国内首创、国际领先的电子束处理特种废物技术，已在印染废水、医疗废水 / 固废、抗生素菌渣、化工园区废水、制药废水、垃圾渗滤液、煤化工焦化废水、油气田采出废水、城镇生活污水等领域成功应用。与传统处理手段相比，该技术安全、绿色、高效，具有适应面广、反应速度快、降解能力强、处理效率高、使用成本低等优势，为常规手段难以处理的难降解有机污染物提供了一种全新有效的解决方案。2023 年，联合清华大学完成国家原子能机构电子束处理煤化工废水项目任务书的编制，并获得项目的审批；电子束降解垃圾焚烧烟气与飞灰中二噁英的应用研究正持续开展；电子束辐照化工废水工艺研究项目已完成中试系统设备设计及组装，目前正推进废水试验分析、工艺优化工作。“和美 I 号”电子束全量化处理垃圾渗滤液一体化设备作为电子束技术应用于乡村振兴生态文明建设示范科研成果，能够有力提升生活垃圾填埋场无害化处理能力。

4. 在测控装备业务方面，中广核研发的固定式氚在线监测仪被纳入《四川省重大技术装备首台套软件首版次推广应用指导目录》；研发的门架式铀矿石品味在线测量系统荣获中国核能行业协会科学技术奖科技进步奖二等奖。

在新材料方面，中广核通过技术创新成功开发出了全国产 XETFE 材料，并推动组建涵盖产业链上下游的航天应用验证攻关联盟，创造了仅 1 年时间通过航天鉴定的佳绩，拿到了中国空间技术研究院颁发的鉴定证书，填补国内空白，创行业第一，并获得多家客户认可。2023 年，中广核新材料业务公司中山三角洲、浙江俊尔、江阴爱克森荣获国家工信部专精特新“小巨人”企业称号，上海俊尔、四川拓普、河北中联、江苏三角洲获省级“专精特新”中小企业。

（二）产业发展

在加速器研发制造方面，2023年，中广核继续保持国内市场占有率领先地位，并实现海外销售再创历史新高，在越南、俄罗斯实现了新区域市场突破；印尼医疗器械消毒灭菌合作项目获评“中国—东盟和平利用核技术合作示范项目”。在三新市场也取得销售突破，其中新机型单灯丝电子帘首台套桌面机、新机型DG2.0电子加速器均实现销售，有力支撑了中广核2023年电子加速器的增量市场拓展。在辐照加工方面，2023年，中广核新投运的上海青浦辐照站点，实现地纳米加速器配置四进四出双工位，双束下系统，单日产能远优于行业平均水平，设备效率提升100%。在测控装备方面，中广核自主研发的安检CT系统实现了关键零部件国产化，搭载的企业自主研发的基于AI技术的集中审像和智能审图系统作为南昌市重大科技项目，在2023年顺利通过验收并投入市场。在医疗健康方面，中广核在中国医学科学院肿瘤医院深圳医院质子医疗项目、四川省肿瘤医院质子治疗中心项目分别成功引出稳定的高能质子束。在新材料业务方面，中广核在交通运输行业、新能源汽车和智能（网联）汽车行业实现销售增量突破2万吨；辐照材料成功进入施耐德、罗格朗等电气行业巨头供应体系，实现配套企业由国内龙头向国际龙头覆盖；5G+智能行业成功进入日本知名品牌的全球供应商系统，为2024年新增万吨级市场打下坚实基础。

三、国家电力投资集团有限公司

国家电投主动把握核技术应用市场需求和产业发展趋势，积极应对瞬息万变的市场环境，紧密围绕“应用”方向，以市场需求为导向，加大基于需求牵引的技术供给与市场融资力度，促进核心技术能力的产业化。医用小型回旋加速器项目、质子辐照关键技术及工艺研发项目有序推进；积极构建“技-产-融”结合发展新模式。

核能骨干企业

中国核工业集团有限公司

2023年，中国核工业集团有限公司（以下简称中核集团）深入贯彻落实党的二十大精神和习近平总书记重要指示批示精神，勇担国任、创新优化，把高质量发展要求贯穿改革发展全过程，发挥科技创新、产业控制、安全支撑三大作用，大力推动新型工业化建设和数字化转型。全年实现营业收入2 806亿元，利润总额293亿元，EVA161亿元。连续18年荣获国资委经营业绩考核A级，连续四年入选世界500强。

一、产业发展

2023年，中核集团坚定不移贯彻新发展理念，构建新发展格局，推动高质量发展，各产业发展捷报频传。积极安全有序发展核电，中核集团核电机组装机规模跃居国内第一，为实现国家“双碳”目标提供新动能。自主三代核电技术“华龙一号”示范工程顺利通过竣工验收并荣获国家优质工程金奖。高温气冷堆核电站示范工程成功投入商运。“玲龙一号”全球首堆全面进入安装阶段；三门核电4号机组开工建设。徐大堡1、2号机组核准开工，金七门项目获国家核准。田湾核电7、8号机组，徐大堡核电3、4号机组，漳州核电1、2号机组等建设顺利。18台在运核电机组WANO指数满分。安全环保管理与各类风险管控能力实现整体跃升。天然铀“四位一体”保障能力进一步夯实。发现一批万吨至十万吨级铀矿床，项目落地创历史最佳。我国核燃料供应保障水平和产业国际竞争力进一步提升，核燃料出口捷报频传。同位素及制品保持领军地位，核技术应用产业链链长方案获得国务院国资委肯定。新能源产业实现较快发展，为构建新型能源体系贡献中核力量。

二、创新能力

2023年，中核集团坚持“走稳热堆、走实快堆、走好聚变堆关键第一步”总体思路，核能“三步走”战略实施取得重要进展。华龙后续机型研发进入收官关键阶段，研发成果在漳州、海南等华龙机组落地应用。“中国环流三号”首次实现100万安培等离子体电流下的高约束模式运行。国内首台基于强流回旋加速器的BNCT样机研制成功，示范项目迈入关键实施阶段。全球首台民用航空集装箱CT安检系统通过考察。高水平研发平台布局成效显著，先进核能技术全国重点实验室等4个国家级研发平台和2个国家级中心成功获批。国家大科学装置——中国先进研究堆全面对外开放，新增需求用户140余家，创历史最佳运行业绩。

三、深化改革

2023年，中核集团以改革三年行动收官和改革深化提升行动开局为主线，持续深化国企改革，实现发展新跃迁。国企改革三年行动在国资委整体考核位列央企第二，12项考核任务中“两非”剥离、“压减”工作、董事会配齐建强、责任追究体系等4项任务斩获第一，董事会应建尽建、落实董事会职权、对标世界一流等10项任务位列前十。“科改”“双百”行动在国资委专项考核位列央企第三，所属10户企业全部为标杆或优秀。中核集团加快建设世界一流企业实施方案在国资委评估位列央企第四，中国核电、同方威视成功入选国资委首批200家创建世界一流“专业领军”示范企业名单，创建方案在国资委评估获A+。新一轮改革深化提升行动实施方案获国资委高度肯定，中核集团作为国防科技工业企业唯一代表在国资委推进会上交流经验。主责主业与核心竞争力明显增强，中国核电集约化改革加快落地，中核铀业实施系统性重组改革，核燃料系统“四定”标准化、新能源产业组织优化、聚变专业化公司设立等改革工作取得突破。法人压减取得显著成效，改革三年行动以来累计压减412户。现代企业治理水平不断提升，改革三年行动以来，82户设立党委的重要子企业100%制定党委前置事项清单，338家应建子企业实现外部董事多数占比。

四、数字核工业建设

2023年，中核集团把数字化转型作为核工业高质量发展的关键内涵，加快核工业数字化智能化转型升级，加速数字核工业建设。在国资委国资监管数智化提升专项行动验收中获评“优秀”。国资委国企数字场景大赛并列军工央企第一。29个数字化项目获得国家及部委奖项或入选试点示范，超过“十四五”前两年总和。“数字化矿山”实现“千里之外、一键采铀”，建成硬岩智能矿山示范标杆。龙鳍平台实现成功供货，打造了“中国智造”新名片。自主研发的我国第四代核电安全生产管理系统ASP-1通过验收。高质量开展数字化转型一号工程，联合打造国内首个与国外顶尖软件相当的全面自主可控集团级ERP。集团总部新建核应急响应中心全面建成并正式投运，安全环保信息化平台完成数据治理改造，实现各层级单位全员应用。经济运行信息化系统建成并在全系统上线运行。

五、国际合作

2023年，中核集团不断加大开放力度，打开了多元化高水平开放合作的新局面。组建中核集团7大海外代表处，实现全球覆盖，国际化经营体系不断健全。国家名片“华龙一号”海外首个工程两台机组正式交付巴基斯坦。恰希玛核电站5号机组（C-5）破土动工。国际热核聚变实验堆（ITER）磁体支撑产品正式交付。

在国家主席习近平与法国总统马克龙的共同见证下，中核集团与法国电力集团共同签署《关于“核能支持低碳发展前瞻性研究”的谅解备忘录》。积极参与第三届“一带一路”国际合作高峰论坛，积极参加国际原子能机构（IAEA）第67届大会，第五届法国世界核能工业博览会。与沙特、阿联酋、阿尔及利亚、俄罗斯、哈萨克斯坦等国务实合作不断走向深入。

中国广核集团有限公司

2023 年，中国广核集团坚持以习近平总书记重要指示批示精神为统领，坚决落实党中央、国务院决策部署，坚持高质量发展，扎实推进主题教育，深入践行“严慎细实”工作作风，严守核安全，深化改革创新，全面完成各项目标任务。规模体量进入超大型央企行列，在运在建装机突破 1 亿千瓦，资产总额突破万亿元，综合效益稳居央企前列。在 2023 年公布的上一年度考核中，中广核集团经营业绩、党建工作、改革三年行动、董事会工作、纪检工作、巡视巡察、乡村振兴等均获得 A 级或“优秀”评价，各项工作获得国务院国资委高度认可。

一是生产建设稳步提升。安质环态势总体平稳，中广核集团安质环管理全面实现“两个杜绝、六个零”目标。生产运营稳中有升，24 台 CPR 机组平均能力因子 92.3%。核燃料保障持续加强。中广核集团“华龙一号”首堆防城港核电 3 号机组实现高质量投产，华龙批量化建设“一台比一台好”的态势正在形成。境内外新能源机组设备可用率稳定在较好水平，在运总装机容量超 4500 万千瓦。

二是经营水平稳中有进。中广核集团发电业绩稳步提升。提质增效持续加力，中广核集团控负债、降成本等工作取得积极进展。经营合规风险有效管控，深入开展工程招标采购、财务审计、境外投资、中介佣金、清缴清欠等专项整治和整改工作，有效维护国有资产安全。

三是市场开发成果丰硕。市场开发体制机制进一步完善，持续深化央地合作、企业协同。宁德二期、太平岭二期获得核准。境内新能源新增核准备案超过 1 000 万千瓦。境外新能源转型发展迈出新步伐。新兴产业市场拓展稳步推进。

四是科技创新稳步向前。重大项目取得阶段性成果。核电“卡脖子”风险有效控制。系统谋划数字核电建设。基础平台建设稳步推进。坚持“应给尽给，能给尽给”，持续完善科研政策体系。科技人才培养加快落实，加快造就一批战略科技人才、骨干人才、青年科技人才和团队。

五是持续推进改革走深走实。国企改革三年行动圆满收官，在国务院国资委专项考核中获评 A 级，位列央企第 12 名，8 家“双百”“科改企业”获得“3 标杆 5 优秀”的优异成绩。高质量完成新一轮改革发展顶层设计，制定“十四五”规划中调方案、战新产业发展方案、改革深化提升行动方案。

国家电力投资集团有限公司

2023 年，国家电力投资集团有限公司（以下简称国家电投或集团公司）认真贯彻习近平总书记重要指示批示精神，坚决落实党中央、国务院决策部署，完整、准确、全面贯彻新发展理念，坚持稳中求进工作总基调，全力配合中央巡视，扎实开展主题教育和巡视整改，着力服务国家战略、坚持绿色发展、聚焦价值创造、突出科技创新、深化国企改革，全面完成 2023 年战略支点年经营目标和各项工作任务，高质量发展稳步推进，建设一流清洁能源企业迈出坚实步伐。

服务“国之大者”核心功能不断增强。牢记习近平总书记“一定要将光伏产业做好”的殷切嘱托，一流光伏产业建设有序推进；锻造“国之重器”取得突破，有效发挥“国和一号”和重型燃气轮机两个现代产业链链长作用；战略性新兴产业全年投资 1 610 亿元，实现营业收入 1 444 亿元，新兴产业战略部署初显成效；定点帮扶任务高标准完成；全年境外营收和利润大幅增长，境外权益装机突破 1 000 万千瓦，实现境外利润总额新突破，共建“一带一路”迈上新台阶。

经营效益创历史新高。全面完成国务院国资委考核指标，“一利五率”实现“一增一稳四提升”；全年完成营收、利润、归母净利润均创历史最好水平；营销工作成效显著，综合电价同比增长 0.52%，完成发电量 6 814 亿千瓦时；产金融合稳步提升，综合资金成本下降 12%，资产证券化率提升 4 个百分点；2022 年度中央企业负责人经营业绩考核再获 A 级，排名第 12 位。

绿色发展保持领先。建设世界一流企业走深走实，纳入国务院国资委创建世界一流示范企业名单，战略规划引领作用有效发挥，至 2023 年年底国家电投集团控股装机规模达到 2.37 亿千瓦，清洁能源装机 1.66 亿千瓦；清洁能源大基地进展顺利；全年新增核准 6 700 万千瓦以上，新增产能 2 700 万千瓦以上，均创历史新高；全年获取新能源指标 3 700 万千瓦以上，在贵州、山东、广东、陕西、湖南、广西、重庆、江苏、青海、上海、甘肃等 11 省市区获取指标排名第一；核电在建项目高质量建设，前期项目有序推进；积极稳妥推进集团碳达峰碳中和，第二次碳市场履约 100% 完成，CCER、碳足迹核算等业务深入探索。

科技创新持续加强。创新成果丰硕，全面完成国务院国资委、国家能源局专项攻关年度任务，连续 3 年获国务院国资委考核加分；获中国专利金奖 1 项、主编国际标准 2 项；牵头核能、氢能等 6 项国家重点研发计划；核能、水电等 6 个平台、纯氢燃机等 6 项核心成果分别入选国家能源局“十四五”首批国家能源创新平台和首台（套）重大技术装备；天红项目获核准；数字化建设持续推进，产业数据中台基本覆盖风、光、水、火、煤、铝产业存量场站，3台火电机组DCS自主安全可控替代项目成功并网稳定运行，贵安数据中心和“电投云”建成投运，集团统一ERP、“工业互联网＋安全生产”平台分别在37家二级单位、5家试点单位上线应用。

国企改革持续深化。国企改革三年行动顺利收官，深化提升行动实现良好开局，国务院国资委考核成绩名列第三，三项制度改革评估结果连续两年为一级；董事会建设持续加强，连续两年获评优秀；司库中期验收央企排名第四；供应链管理高效合规，工业品电商化发展初见成效，年交易额突破1 000亿元；严格安全生产管理，健全贯穿全过程全领域的安全生产制度体系，加大安全生产奖惩力度，加强技术监督管理，以双重预防机制防范化解重大安全风险，强化重点风险隐患整治，核电安全基础巩固夯实，本质安全型企业建设稳步推进，科技兴安成果显著，获得4项国家安全科技进步奖一等奖；质量环保管理持续提升，获得15项国家级/国际级质量奖项，高质量配合中央生态环保督察；“效率决定用工、效率调整薪酬”管理机制顺利实施，业务外包规范管理工作稳步推进；监督防控成效突出，内审整改纠偏金额1亿元；重点领域风险防控持续加强，化解风险项目金额52亿元。

2023年，国家电投集团在核能领域取得的主要成效情况如下。

1. 在运在建核电项目安全质量形势总体稳定

2023年，海阳核电1、2号机组总体保持安全稳定运行，顺利完成HY203/103大修及2号机组主泵变频器“四用一备”改造，未发生INES 1级及以上运行事件，WANO指标保持卓越值。示范项目和海阳核电3、4号机组建设稳步推进，廉江核电1号组机已顺利完成FCD并全面开工，核能产业实现全年“零死亡”目标。

2. 统筹组织新厂址开发，核电前期工作取得进展

深入开展技术审核，控制开发风险，排除颠覆性因素，全面推进14个新厂址初可研工作。

积极沟通协调国家核安全局，推动廉江核电一期工程建造许可证获取。大力推动国家核安全局审评流程，加快天红项目和海阳核电5、6号机组“两评”报告审评。积极对接自然资源部，推动广西白龙项目取得项目用海批文，取得项目核准所需全部支持性文件。山东莱阳项目完成年度取文目标，后续快速推进要件申办工作。

3. 三代核电主泵供电可靠性取得重大突破

AP1000主泵电源可靠性提升项目暨主泵变频器“四用一备”改造经过了运行实践的考验，有效避免了一次非计划停堆，三代核电主泵供电可靠性取得重大突破。

4. 核能综合利用走在全国前列

全力落实国家“十四五”规划关于“开展山东海阳等核能综合利用示范”的要求，推进以核能供热、核能供汽为代表的“核能+”能源综合利用技术研发和应用。国家电投“暖核一号”三期核能供热项目正式投运，实现国内首个跨地级市核能供热，新闻联播、新华社、人民日报等新闻媒体争相报道，取得了良好的品牌宣传效果。

5. 扎实开展核电安全质量提升行动及专项工作

积极推进核安全文化建设，完善“两个零容忍”制度程序体系，开展核安全震撼教育，组织重要事件“回头看”活动等。加强核安全监督的独立性，开展核电厂消防和取水安全等安全监督检查。启动核电厂全面提升核安全管理专项行动，核安全形势持续稳定向好。

中国华能集团有限公司

2023年，中国华能集团有限公司（以下简称华能集团）在以习近平同志为核心的党中央坚强领导下，坚决落实总书记重要指示批示精神，牢牢把握高质量发展主题，全面落实“服务大局，稳中求进，主动摸高，奋勇争先”总要求，聚焦年度发展目标，团结奋进、勇毅前行，关键生产指标、主要经营指标和绿色发展指标均创历史最好水平，高质量发展迈上新高度。

一是能源保供更有力。坚持把保障能源安全作为首要职责，牢记“国之大者”，不计成本、不计代价，全力以赴保发电、保供热、保民生，在关键时刻发挥央企关键作用，圆满完成了成都大运会、杭州亚运会、“一带一路”高峰论坛等重要时段保供任务。全年没有发生较大及以上安全事故。综合利用小时数行业对标第一。环保排放绩效保持行业最优。网络安全首获公安部护网演练优秀成绩。

二是发展结构更优。坚定落实“四个革命、一个合作”能源安全新战略，紧盯“双碳”目标推进绿色转型，大力推动新能源、水电、核电“三大支撑”，新能源发展创历史最好水平，风光大基地项目并网规模行业领先。海上风电核准、在建、投产规模稳居行业第一方阵。西南风光水储一体化基地建设稳步推进。核电发展实现新突破，国家科技重大专项——石岛湾高温气冷堆核电站示范工程正式商业化运行，标志着我国在第四代核电技术研发和应用领域达到世界领先水平。石岛湾压水堆一期工程获得国务院核准。

三是发展质量更好。坚持以价值创造为根本，着力拓市场、控成本，聚焦主业、协同发力，发电量结构持续优化，新能源发电量突破千亿大关。主要产业实现较好盈利，利润、净利润增长率排名央企前列，“一利五率”指标同比大幅提升，经营效益创历史新高。

四是发展动力更足。坚持服务国家战略需求，国家级创新平台建设和科技攻关任务按计划积极推进，打造国家战略科技力量迈出坚实步伐。CCUS、海上风电原创技术策源地建设取得扎实成效。一批关键核心技术攻关取得新突破，自主可控技术加快推广应用。巩固深化国企改革三年行动成果，高起点启动实施新一轮国企改革，以更大力度布局战新产业发展，推动市场化经营机制不断完善，公司治理水平进一步提高。

2023年，中国华能集团坚持绿色低碳发展不动摇，按照“积极安全有序发展核电”的总体要求，全力推进三大核电基地开发建设，积极开拓新的优质厂址，纵深推进经营改革发展，公司核电产业呈现良好发展态势。

一是安全生产稳中加固。扎实开展安全管理强化年、核安全保障能力提升、核电安全质量提升等专项活动，深入开展全面加强核电行业核安全管理专项行动自查自纠、改进提升，核安全保障体系不断完善。建立重大事故隐患排查“ABC”日跟踪、周评估、月评价工作机制，配强各核电项目安全质量总监，持续强化双重预防机制。安全隐患得到有效整治，运行缺陷和基建安全质量问题同比大幅降低。高质量开展“核安全文化月‘四个一’”及“安全生产月”系列活动，完成核电系统全员核安全文化提升培训和授权，评选表彰“核安全文化行为十佳模范”，高质量推动经验反馈体系运作，“三色使命、万无一失”核安全文化理念进一步内化于心、外化于行。大力实施“3—1—0”生产管理专项提升，高温气冷堆示范工程于12月6日正式商运投产，华能核电产业实现历史性重大突破。2023年，三大核电基地保持连续安全生产记录，圆满完成年度安全目标。

二是项目开发建设稳步推进。昌江二期工程3号、4号机组分别于2023年2月21日、12月27日完成内穹顶吊装，实现年内“两机组双扣盖”目标，全面转入安装阶段。石岛湾压水堆一期工程于7月31日获得国务院核准，按计划开展核岛FCD前各项准备工作。

三是经营管理能力持续提升。建立攻坚激励任务清单，持续优化绩效考核管理机制，计划管控质效进一步提高。制定核电产业创一流实施方案，确定6个领域20项提升目标。深入实施经营能力提升5大专项行动，推动经营难点问题不断取得突破。资金保量控价成效显著，有效支撑产业发展。政策性贷款取得重大突破，三大基地制造业中长期贷款全部获得国家发改委审批。坚持“一切成本皆可控”理念，严格落实资金精益化管理，税收优惠实现应享尽享，经营降本节支成果明显。扎实推进合规管理体系建设，强化法律合规审核把关，重大经营决策、重要规章制度、合同法律合规审核率保持100%。依法依规做好信访维稳、外事管理、国家安全和保密工作，进一步提升重大活动、重要时段稳定保障能力。

四是干部人才队伍更加壮大。出台“一行动两计划”实施方案，持续优化人才发展机制，推动干部人才队伍结构调整加快实施。多措并举加强人才引进，有序加强干部补充配备，建强干部人才队伍。秉承“一盘棋”理念，充分利用核电产业两平台三基地，推进干部人才挂借交流锻炼机制落地，促进人才良性培养流动。强化高水平技术技能人才建设，集团级核电技能实训基地正式挂牌运作。构建核电系统百人规模共享专家库，为核电产业发展提供强力技术支撑。

中国一重集团有限公司

中国一重集团有限公司（以下简称中国一重）坚持以习近平新时代中国特色社会主义思想为指导，认真贯彻落实习近平总书记两次视察中国一重重要指示精神和党中央决策部署，牢记殷殷嘱托、坚守初心使命，以埋头苦干的勇毅和舍我其谁的担当不断提升制造能力、增强创新动力、汇聚发展合力，现已成为中国核岛装备的引领者、国际先进的核岛设备供应商和服务商。

在核电产品制造方面，中国一重加快推进自主创新，关键核心技术不断取得突破，完全掌握了 CPR1000、CAP1000、CAP1400、“华龙一号”、“国核一号 ”、“玲龙一号” 等堆型核岛主设备的制造技术，实现了我国三代核电核岛一回路主设备及常规岛主要大型锻件全部国产化。主要产品有以 “华龙一号”、CAP1400 示范工程为代表的三代核反应堆压力容器、蒸发器、稳压器、主管道、锻焊主泵泵壳、堆芯补水箱，以中国实验快堆、示范快堆和高温气冷堆为代表的四代核反应堆压力容器等核能装备。

2023 年，中国一重坚持市场导向，着力加强市场开发力度，核电产品市场占有率稳步提高。核电主管道订货方面，与中广核签订了招远核电 2 号机组、三澳核电 4 号机组、太平岭核电 4 号机组 3 台主管道订货合同。蒸汽发生器订货方面，与中广核签订了宁德核电 5 号机组蒸汽发生器项目。核电锻件订货方面，与哈电集团（秦皇岛）重型装备有限公司签订了 2 台机组 CAP1400 蒸汽发生器锻件合同，与东方电气（广州）重型机器有限公司签订了 1 台机组的 CAP1400 蒸汽发生器锻件合同。

一、核电产品生产情况

中国一重是国内唯一具有核电、石化产品设计及转化、材料研发、锻件制造、加工、焊接、装配、包装发运等全流程技术、制造能力的供应商。拥有高纯净钢锭、整体锻造等多项处于国际先进水平的自主研发关键制造技术，可实现年产钢水 50 万吨、锻件 24 万吨，拥有 4 台大型自由锻造压力机，具备年产 12 台核岛全套主锻件（含反应堆压力容器、蒸汽发生器、稳压器、主泵泵壳等锻件）的能力。

2023 年，在制的核电产品主要包括反应堆压力容器 30 台、主泵泵壳 30 台、堆芯补水箱 14 台、蒸汽发生器 3 台、主管道 5 台套、电机座 6 台、高温堆 24 台、拉伸机 1 套、容器支承 1 台、稳压器 1 台等。特别是在海南昌江小堆反应堆压力容器的项目推进工作中，通过详实的技术、管理策划，顺利完成项目制造，并于 2023 年 7 月 13 日提前交付，在关键 16 处蒸汽腔焊接部位的 64 道焊缝 RT 一次合格，设备整体制造过程完全实现 “负接口”“贯穿式”管理。

二、科研开发进展情况

2023 年，中国一重紧密围绕国家战略需求，履行好央企责任，切实完成好党和国家交给的各项任务。

一是“复杂空间结构锻件一体化仿形及均质化制造技术”项目。针对华龙项目反应堆压力容器设计优化，完成带进出口接管和安注接管的一体化接管段制造方案。

二是“新型核反应堆用关键大锻件材料自主开发及工程化研制”项目。针对聚变堆设备用耐低温无磁奥氏体不锈钢材料，完成了全尺寸 N50 奥氏体不锈钢锻件工程化研制，结果满足设计要求。

三是“1 000 MWe 及以上超大型核电常规岛低压转子均质化极限制造技术”，已顺利完成核电焊接转子电机端轴头和轮盘研制，具备了核电焊接低压转子全套锻件的供货能力。

四是“核能装备锻件材料工程化和标准化研究”项目，完成新型铅铋堆大锻件材料制造，具备工程化使用条件。

五是“第四代核电高温气冷堆关键制造技术研发”项目，完全掌握了高温气冷堆压力容器一体化大锻件及堆内构件的关键核心制造技术。

六是“多用途模块式小型压力容器与蒸汽发生器安装关键技术研究”项目，完成蒸汽发生器与压力容器的安装、焊接、无损检测等全部制造工作，2023 年 7 月压力容器顺利发运现场。

七是商用模块化小型堆“玲龙一号”核心模块研制。中国一重承担全球首个陆上商用模块式小堆“玲龙一号”核心模块制造任务，包含反应堆压力容器的制造和蒸汽发生器与反应堆压力容器的安装和检验工作。“玲龙一号”采用一体化反应堆技术，针对大厚度一体化支承环、一体化蒸汽腔、集成化主泵接管、一体化分流板等专有结构，通过科研和专题研究的方式开展了制造技术开发和专用设备研制，攻克了主泵接管与隔板狭小空间焊接、复合热源（感应加热 + 电加热）局部热处理、镍基焊缝全位置窄间隙对接焊、大厚度整体支承环与筒体焊接、反应堆压力容器与蒸发器安装等 20 余项关键技术，开发了主泵接管隔板自动焊接、蒸汽腔接管自动焊接、大厚度支承环自动焊接、压力容器与蒸汽发生器高精度安装、蒸汽发生器焊缝射线检测屏蔽工装等多种专用设备。2023 年 7 月完成了“玲龙一号”核心模块的全部制造任务。

八是批量化“华龙一号”反应堆压力容器研制，面对批量化制造需求及项目经济性和安全性的要求，中国一重打造“多样化、小规模、周期可控”的柔性制造单元，适应核能设备小批量、定制化、个性化制造需求，开展机器人焊接、智能焊接、焊接过程数字化监控和记录的工程实践，实现焊接制造过程的数字化、可视化，实现了核能装备制造绿色化和智能化，推动了中国核能装备制造能力的快速发展。

三、核能研发平台建设情况

中国一重拥有“重型技术装备国家工程研究中心”“国家能源重大装备材料研发中心”两个国家级研发平台，在核电装备领域开展前沿性、紧迫性技术研究。2023年，研发平台申报专利58件、其中发明专利53件，主持及参与制定国家、行业、企业标准24项。在设备研发方面，中国一重在做优三代核电站核岛一回路主设备产品的基础上，加快第四代核电设备研制，向快堆、高温气冷堆、核聚变堆以及多用途小型先进模块化反应堆等拓展；加快核废液处理工艺及系统、中低放核固废处理装备、乏燃料贮运罐等新产品开发及产业化应用。

四、核电产品合作情况

中国中原对外工程有限公司作为我国核电出口的总承包单位，承揽的巴基斯坦C-1~C-4、K-2和K-3核电项目，中国一重承揽了C-1~C-4的4台核反应堆压力容器、9台主泵泵壳、C-3稳压器、K-2和K-3蒸汽发生器锻件，交付了海外首台“华龙一号”K-2机组反应堆压力容器和K-3机组反应堆压力容器，以及K-2和K-3项目的6台主泵泵壳和螺栓拉伸机设备，为中国核电走出国门、走向世界贡献了力量。同时，与中国中原对外工程有限公司分别签订了C-5机组反应堆压力容器、C-5机组蒸汽发生器锻件订货合同，承揽了全部海外核电反应堆压力容器及其附属设备，以及其他核电主设备锻件。

五、人才培养和培训情况

中国一重始终高度重视核电设备制造人才的培养和职工培训工作，在制定公司年度培训计划中突出了核法规、核质量保证手册及程序文件、核安全文化等方面的培训内容，保证了培训质量和培训效果。2023年，共举办核体系责任人员培训班115期，参训职工达6 503人次。

一是在核文化、核质量与安全知识培训方面，持续开展质量体系、核安全文化等宣贯培训，坚持“安全第一”的指导思想，落实“四个并重”的核安全文化核心内涵，核安全文化八大特征和民用核安全设备制造质量等内容，制定系统培训学习计划，使广大职工直观地认识到核安全的重要性，进一步改进大家实际工作中的态度、方式和习惯，提高大家对核用产品技术和质量的关注度。

二是在核电项目质保大纲培训方面，加大了对核电产品项目质保大纲的培训力度，开展了霞浦国家重大示范工程项目等多个核电项目质保大纲和程序培训。注重将核电项目制造技术结合生产进度确定培训重点，尤其把项目制造过程中容易出现的问题、采取的防范措施等方面内容补充进来，保证培训取得实效。公司各级单位能以核电项目培训为契机，全面核查本单位在制核电项目培训的开展情况，认真总结和改进不足，不断提高核电产品质量。

三是在强化核电人才内部培养和教育

培训的同时，积极选派相关人员参加国内相关机构开展的无损检测资质培训、核能行业质量保证监查员培训等，在满足公司当前核电产品制造需要的基础上，积极做好人才的培养和储备工作。同时，选派业务骨干到同行业知名企业进行学习，不断开拓视野，汲取先进的管理理念和实践经验，通过核电制造方面人才的培养，不断提升核电制造的业绩和管理工作水平。

哈尔滨电气集团有限公司

哈尔滨电气集团有限公司（以下简称哈电集团）以习近平新时代中国特色社会主义思想为指导，深入贯彻党的二十大精神，落实“四个革命、一个合作”能源安全新战略，坚持“四个并重”核安全观，坚持高端化、智能化、绿色化发展道路，系统性布局、多层次发力、协调式发展，牢固核电设备制造商的行业地位并不断扩大竞争力、影响力，加快向运维服务商转变，推动具备条件的企业转型系统集成商，坚持自主创新，强化安全质量管理，持续提升服务水平，努力成为世界一流的核电设备制造服务企业，为我国优化能源结构、保障能源安全、实现碳达峰碳中和目标提供有力支撑。

一、健全战略执行支撑体系

哈电集团根据《哈电集团“十四五”规划（中期调整版）》，结合国家《核电中长期发展规划（2023—2035 年）》，组织编制了战略子规划《哈尔滨电气集团有限公司核电产业中长期发展规划》。阐明了哈电集团未来一段时间核电产业发展的战略方向、重点任务和政策保障，进一步促进了集团公司高质量发展。在核电产业规划的指引下，哈电集团各方面工作取得一定的成绩。

二、经济运行质量明显提升

2023 年，哈电集团中标 104 亿元（其中新签订合同 98.36 亿元，正式合同 81.62 亿元）。核电产业市场成绩显著，中标金额创历史新高，较好把握新形势下市场机遇。

主设备市场占有率达 1/3 以上。蒸汽发生器实现规模化、批量化生产，产品质量和交付能力得到市场认可。签订宁德核电 6 号机组、巴基斯坦 C-5 项目蒸汽发生器设备。核主泵竞争能力得到市场认可。签订金七门核电 1、2 号机组，C-5 项目，海阳核电 5、6 号机组核主泵设备。汽轮发电机组市场取得重大突破，百万千瓦级核电汽轮发电机组年度市场中标率创历史最佳。获得三门核电 5、6 号，徐圩项目 1、2 号，招远核电 1、2 号，海阳核电 5、6 号等 8 台机组订单。辅机板块签订“华龙一号”福清核电 5、6 号，宁德核电 5、6 号，太平岭核电 3、4 号，三门核电 5、6 号高加、低加、除氧器等设备。

持续拓宽高温堆项目市场。以蒸汽发生器、主氦风机等拳头产品为纽带，推动传统产业在核电领域拓展应用。中标反应堆舱室冷却系统水冷壁、氦气压缩机设备、海水淡化系统。

推广“互联网＋服务”，打造全方位运维服务商。依托哈电集团电站服务平台建设提升核电板块运维服务水平，强化网上备件商城、智能运维等数字化服务手段，及时响应用户需求，推动传统产业制造服务转型。获得秦山二厂 1、2 号机组汽轮发电机组改造项目订单。

三、坚持科技创新驱动发展

哈电集团全面提升主导产品自主化设计制造能力。持续做好大型先进压水堆和高温气冷堆技术的优化升级。深入优化与固化华龙一号、CAP1000、高温气冷堆蒸汽发生器制造技术。固化 50 Hz 屏蔽主泵电机设计、制造技术。开展新型混流式轴封主泵水力模型开发。开展 CAP1400 核电汽轮机的高压模块和新型双独立支撑低压模块设计研发。开发额定功率为 1 500 兆瓦汽轮机。开展 1 300 兆瓦等级发电机自主化研制和关键材料国产化。提升自主化核电半速发电机关键零部件的国产化率。开展 1 500 兆瓦级核电发电机设计研发。开展核电常规岛 MSR 先导式安全阀、抽汽止回阀、汽轮机组旁路调节阀、关断类关键阀门等产品的研发与产业化开发，形成系列化。

持续推进“卡脖子”关键技术攻关。进行 CAP 型屏蔽主泵电机石墨轴承材料国产化应用研究。开展轴封主泵推力轴承国产化工作。建立轴封主泵水力设计模型数据库，摆脱外方限制。开展轴封主泵机械密封关键材料国产化研究等科研课题，全面实现国产化。掌握华龙一号轴封主泵的可靠性分析技术、卡转子分析方法等基础理论。开展大型先进压水堆和高温气冷堆配套重要阀门国产化开发工作。

哈电锅炉公司取得民用核安全二、三级设备设计资质，可实现核二、三级设备设计、制造集成供货能力。

四、治理能力迈上新台阶

哈电集团深化改革，总部管控模式由战略 + 运营型向战略型管控转变。明确集团公司核电办公室核电产业发展总体责任，安全环保质量部核电产业质量管理责任，各涉核单位对企业发展目标主体责任。全力以赴推进核电项目保质按期完工。

哈电汽轮机公司发挥汽轮发电机组合同执行牵头方主体作用，哈电电机公司全面配合，保障汽轮发电机组设备制造进展可控。

完善项目信息跟踪机制，通过重点项目月度进展报告、核能产业季度工作会、核电产业季度简报、重大项目专班工作会议等形式，构建全产业、全系统、全链条的风险防控机制。

一年来，重点项目执行顺利，在制项目基本可控并满足用户现场需求。昌江核电 3、4 号机组轴封主泵满足交付进度需求，汽轮发电机组整体进度满足现场需求，凝汽器壳体发运现场。昌江小堆屏蔽主泵满足现场需求，汽轮发电机组进度满足现场需求，凝汽器壳体发运现场。三门核电 3、4 号机组蒸汽发生器即将交付，屏蔽主泵电机开始交付，汽轮发电机组整体进度满足现场需求。漳州核电 3、4 号机组蒸汽发生器进展正常。三门核电 3、4 号机组，田湾核电 7、8 号机组及徐大堡核电 3、4 号机组高低加、除氧器项目部分设备交货，满足现场需求。三澳核电 1 号（转宁德核电 5 号）机组蒸汽发生器顺利发运，三澳核电 2 号机组蒸汽发生器进展正常。太平岭核电 3、4 号机组轴封主泵进展正常，汽轮发电机组开始原材料采购。太平岭核电 3 号机组蒸汽发生器进展正常。防城港核电 5、6 号机组轴封主泵进展正常，稳压器进展正常。陆丰核电 6 号机组稳压器进展正常。海阳核电 3、4 号机组屏蔽主泵电机开展发运前装配工作，汽轮发电机组进入产成交货阶段。廉江核电 1、2 号机组蒸汽发生器进展正常，屏蔽主泵电机开工制造。

五、战新产业发展布局深度优化

哈电集团以“建好建强重型装备生产制造基地”为目标，实施一批提升集团公司核心制造能力的重大投资项目。打造高端核电装备制造产业集群。

哈电重装公司完成高温气冷堆蒸汽发生器高技术产业化建设，形成年产 6 套蒸汽发生器产能；实施“揭榜挂帅”项目，建设数字化车间，数字化下料单元，数字化、自动化检验和无损检验单元。哈电动装公司实施“揭榜挂帅”项目，建设核电新区数字化车间。哈电汽轮机公司实施核电转子制造保障能力建设项目，新建 450 吨重型厂房、新增大型转子加工设备、350 吨高速动平衡机、埋弧焊、自动焊成套装备等；拟新建出海口基地，完善汽水分离再热器、凝汽器产品异地制造；实施“揭榜挂帅”项目，建设重型核电制造基地数字化单元。哈电电机公司建设镇江制造基地，进一步优化提升关键产品产能。佳电股份实施主氦风机成套产业化项目，形成年产 6 套主氦风机产能。

六、加快数字转型赋能发展

哈电集团不断推动创新链产业链供应链向数字化、智能化、智慧化转变。推动新一代信息技术与核电产业深度融合。

全力推进数字化车间、数字化生产线和数字化单元建设。哈电重装公司制定 5G 全连接工厂建设规划，同步推进 16 个业务模块的数字化建设。哈电动装公司实施三维设计协同平台建设，开展数字孪生项目建设，实现设计研发与生产制造高效协同。哈电汽轮机公司建设中小叶片自动化加工示范单元及配套立体仓库，柔性自动化加工成批量产品，开发汽轮机插管部套焊接、换热管自动胀接及焊接技术，验证数字化总装技术。“数字化总装技术”入选 2023 年国家核电工程建设五新技术成果。哈电汽轮机公司以重型核电厂房为试点开展“一机一策”信息化试点推进，实现业务层计划互联互通，与用户共享信息。

全力推进运维服务数字化建设。哈电汽轮机公司开展热力性能在线监测模块开发，搭建核电厂远程运维服务平台，实现典型核电数字孪生模块产品开发。哈电电机公司开展智能运维产品统一化布局，搭建核电大数据平台、运维服务平台，推进智能运行维护检修技术研发，探索数字孪生技术产品的交互式应用。哈电动装公司探索核主泵智慧运维方案。

七、坚持质量效益协同发展

哈电集团持续贯彻落实“三级书记抓质量”等质量工作举措，坚持问题导向、严字当头、真抓实干、客观评价。将各项质量管控部署及提升举措落到实处、做到细处，稳步提升产品质量和服务质量，塑造哈电集团质量形象，拓展哈电品牌的知名度。

哈电集团结合各涉核企业核安全文化建设水平，建立集团核安全文化建设工作指标。分年度、分阶段予以实施推进，每年度以2~3项重点工作为依托，全面系统推进集团核安全文化建设工作，形成在行业内处于先进水平并兼具哈电特色的核安全文化理念和践行体系。

哈电集团通过持续开展核安全文化评估、核电质保体系监查监督、组织经验反馈和核安全文化经验交流会等专项活动，为所属企业搭建集团资源共享平台，创造企业间相互交流、学习机会，促进先进的质量管理经验、优秀的核安全文化成果、重大质量问题的经验教训在集团内部得到最大程度的分享，培育所属企业间互相学习借鉴、互相改进提高的文化氛围。

八、转变发展方式推动转型升级

哈电集团积极开展先进核能技术研发，广泛参与模块式小堆、（超）高温气冷堆、低温供热堆、钠冷快堆、铅铋堆、熔盐堆、海上浮动式核动力平台等主设备的技术攻关。依托昌江小堆示范项目屏蔽主泵研制，开展海洋平台用主泵开发。开展600 MW高温气冷堆主氦风机系统关键零部件技术研究。开展超高温气冷堆氦气透平调研，开展高温气冷堆汽轮机本体、相关常规岛汽水系统及辅助设备等产品攻关。开展高温气冷堆主蒸汽安全阀、华龙一号仪表阀和抽汽止回阀等核电关键阀门研发。开展铅铋堆配套调节阀及关断类重要阀门关键技术研究。

积极开展核能综合利用技术研发，向核能供汽、供热、制氢、储能、乏燃料后处理等领域拓展。开展海阳核电2号机组900兆瓦等级核电供热技术研究。推进招远一期、海阳三期、江苏徐圩一期等核能供热项目执行。以徐圩项目为依托，开展核能工业供汽换热站蒸汽发生器设计开发。开展超大型海水淡化技术研发，10万吨级膜法海水淡化系统技术研发，30万吨级膜法海水淡化系统技术研发。开展海水淡化蝶阀、轴流式止回阀的关键技术研究。开展高压氢气球阀、针形阀、单向阀、调压阀及安全阀的研发及样机制造，实现产业化开发。

积极与高校、科研院所交流合作，通过联合研发、成立创新联合体等方式参与未来先进堆型开发。

中国东方电气集团有限公司

2023年，中国东方电气集团有限公司（以下简称东方电气）牢牢把握新时代新征程国资央企新使命新定位，不忘产业报国初心，牢记制造强国使命，以“绿色动力、驱动未来”为己任，瞄准碳达峰、碳中和目标，大力实施“11256”发展战略，加快推进“绿色智造”转型。作为集团“六电六业”之一的核能产业，以服务国家战略为己任，在抓好在制项目设备制造的同时积极做好已交货设备的现场服务工作，持续推动技术创新，不断推进核电设备制造的智能化、数字化水平，提升产业供应链自主可控能力，着力解决核电设备“卡脖子”问题，推动核电装备制造高质量发展。

一、开展的主要工作

（一）全力保障重大工程关键节点按期实现

积极落实党中央关于推进核能重大工程建设的决策部署，持续加强国和一号等重大项目现场服务工作组织和协调，项目实现了年度重要节点。

（二）多措并举确保设备按期交付

持续加强进度风险管控，以年度关键节点计划、关键设备进度跟踪表等为抓手，强化项目计划的刚性约束和执行力，加强进度监控，及时预警风险、制订纠偏措施，确保设备按期交付。完成惠州核电1、2号和三澳核电1号TG主要设备制造工作，部分设备早于现场安装需求。“玲龙一号”全球首个陆上商用模块化小堆项目稳压器、堆内构件、非能动余热排出热交换器提前完成研制，稳压器较合同提前2.5个月，非能动余热排出热交换器提前1.5个月完成交付。

（三）大力推进核安全文化建设。

发布《东方电气核安全文化建设推进实施方案（2023—2025）》，提炼东方电气“诚信透明、一次做好”核安全文化核心理念，总结发布“12468”核安全文化建设基本原则。以4.15国家安全教育日、质量月为契机开展核安全文化实践活动，通过《核安全文化故事集》《核安全文化大家谈》等多种载体，有效推动核安全文化入脑入心。

（四）积极推动数字化转型

积极推进制造装备的数字化和智能化水平。实施推进汽轮机汽缸无转子总装技术，减少厂内总装周期约1.5月，节省人力、设备资源等制造成本，大幅提升厂内生产安排灵活性；推动凝汽器换热管机器人焊接在三澳核电2号机应用实施；参与中广核汽轮发电机组智慧运维系统联合研发；以核电换热管机器人协同焊接为代表的智能制造在人民网进行了宣传，并在深圳核博会进行了宣讲。

（五）推进产业链和供应链自主可控

按计划组织推进国产化物项研发、鉴

定和成果应用。进一步推进与中国广核集团的国产化研发和应用，以及国产化工作向仪器仪表和元器件延伸；拓展国产化应用合作“朋友圈”，与上海核工院、中核工程就关键“卡脖子”部套的国产化联合研发及成果应用等进行了充分交流；完成发电机转子护环锻件国产化方案，实现锻件开工制造；抽汽逆止阀、中压蝶阀油动机验收评审通过；GFR 抗燃油泵完成样机鉴定；中压蝶阀国产化产品完工。

（六）持续推动技术创新

加强核能装备制造科技创新能力提升；切实推进核电原创技术策源地建设，全面完成示范快堆主设备研制，设备技术参数均满足设计要求。全面开展高温气冷堆主设备研制，全面参与多功能模块化小堆主设备科研预研。

二、主设备生产交付情况

2023 年主设备交付情况

堆型	设备	交付数量
“华龙一号”	蒸汽发生器	3 台（昌江核电 3 号）
“华龙一号” 陆上小堆	稳压器	1 台（三澳核电 1 号） 1 台（昌江小堆）
“华龙一号”	压力容器	1 台（惠州核电 1 号）
“华龙一号”	控制棒驱动机构	1 套（惠州核电 1 号）
“华龙一号” “华龙一号” 陆上小堆	堆内构件	1 套（昌江核电 3 号） 1 台（漳州核电 2 号） 1 台（昌江小堆）
“华龙一号”	汽轮发电机组	1 套（惠州核电 2 号）

上海电气集团股份有限公司

截至2023年年底，上海电气集团股份有限公司（以下简称上海电气）累计承接包括二代改进，AP1000、EPR、“华龙一号”“国和一号”等三代以及高温气冷堆、快堆等不同堆型的核电主设备（压力容器、蒸汽发生器、稳压器、堆内构件、控制棒驱动机构、主泵、汽轮机和汽轮发电机等）共计462台/套，实现完工或交付243台/套，专业化基地的产能效益得到有效体现。

一、项目管理

2023年，上海电气各涉核企业持续推进精益化管理，圆满完成了当年的出产任务，项目执行整体运作平稳。全年出产主设备14台/套。随着现有项目的陆续投产，在制主设备数量维持在65台/套左右。

（1）核岛设备。出产核岛主设备11台/套，包括：压力容器2台、蒸汽发生器1台、稳压器2台、堆内构件1套、控制棒驱动机构1套、主泵4台。此外，出产149台/套核岛辅助设备，包括装卸料机1套、人桥吊2套、乏吊1套、容器吊1套、核二三级泵24台、常规用泵16台、核二三级容器104台。

（2）常规岛设备。出产常规岛主设备3台（汽轮机1台、发电机2台），常规岛辅机28台、配套电机14台、应急柴油发电机9台。

（3）仪控仪表类设备。出产各类仪表和器件、调节阀、小三箱、电动执行机构约2 650台/套。

2023年项目执行的亮点有：

（1）三代“华龙一号”继续批量出产。2023年，完成了漳州核电2号机组汽轮发电机组、主泵交付，三澳核电1号机组堆内构件、蒸汽发生器出产。

（2）三代CAP1000开始交付。三门核电3号机组压力容器、稳压器，海阳核电3号机组稳压器完工交付。

（3）三代VVER首台设备完工。首台VVER田湾核电7号机组发电机完工，这也是首个三代VVER技术路线的常规岛主设备。

二、质量管理

2023年，上海电气核电质量管理工作有序推进，各项质量指标及管控要求得到有效落实，年度质量稳定目标全面实现；同时，积极落实核安全文化培育工作，开展了多种类型的核安全文化建设活动。

（1）管理改进方面，进一步优化考核指标的考核方法，对集团所属持证单位共制定44项质量考核目标、36项质量监控指标，实施每月跟踪，分级监控、动态聚焦。

（2）在核安全文化建设方面，对2022年核安全文化评估结果进行经验反馈，开展核安全文化专项提升行动，针对评估报告指出的薄弱环节，共制定12项核安全文化提升方案并全部完成。2023年度质量月的主题是“以问题为导向，持续提升质量管理水平”。开展了核安全文化建设升旗仪式暨核安全文化承诺宣誓仪式、质量问题研讨、质量案例天天讲、一线质量管理能力提升培训、职工技能大赛（无损检测技能比武）等一系列核安全文化建设活动。

（3）在质量信息化建设方面，开展对质量管理系统的第三期优化和运营分析平台对接，包括业务模块优化、系统流程改造、系统权限完善等工作，同时着眼于提升系统的操作便捷性、业务严谨性、界面友好性。

三、科研管理

2023是实施“十四五”战略承上启下的关键一年，也是上海电气创新发展、转型升级的科技创新年。集团秉承“以科技创新铸造核心竞争力”的宗旨，坚决落实“改进过去、攻关当下、研发未来”的发展路线，致力于产品做到极致和技术赋能产业，实现存量产品技术提升和增量产品技术突破。

2023年技术工作的亮点有：

（1）组织编制科技发展规划。以“先进核能系统”为主体，修订形成了“十四五”科技发展规划，描述了国家政策和市场情况，分析了技术发展现状和趋势，明确了产品技术布局和产品发展路径，发布了新产品开发计划，聚焦集团新赛道技术，加强科技发展规划引领。

（2）开展工艺改进促进技术水平提高。从技术先进性、制造周期、制造质量等方面分析梳理了31项工艺改进及工艺创新项目。《接管马鞍形焊缝双面自动焊接》项目成功应用到某核电项目压力容器的进出口接管焊接中，实现焊后探伤一次合格率100%。

（3）持续推进产学研合作。积极推进产业链上下游联动，构建开放协同的产业链创新生态。2023年与核动力院、上海核工院等单位签订产学研合作协议14项，开展产学研合作项目9项。

（4）2023年，完成高温气冷堆主设备、乏燃料干式贮存系统、热管微堆等12项政府科研项目申报工作。获得7项科技奖项，包括国家卓越工程师团队奖、中国核能行业协会科学技术奖二等奖、上海产学研合作优秀项目奖特等奖等。

二重（德阳）重型装备有限公司

二重（德阳）重型装备有限公司（简称二重装备），作为核能装备制造领域重要骨干企业，致力于核能装备制造产业的高质量发展。2023 年，二重装备全体干部职工响应党中央号召，乘势而上真抓实干，以公司核能装备发展目标为己任，坚持创新驱动，力求稳健发展，在核能装备研发、生产制造、人才培养、质量保证体系和核安全文化建设等方面取得了显著成绩，为我国核能事业的蓬勃发展贡献了重要力量。

一、核能产品生产取得的主要成绩和进展

2023 年，二重装备紧扣国家核电发展战略，以市场需求为导向，不断提升核能产品生产能力和水平。在核电锻件研制方面，成功实现了小堆 ACPR50S 套管壳外管管嘴段锻件、三门核电 5、6 号机组蒸汽发生器锻件的供货。在核电设备研制方面，成功完成了三门核电厂二期工程 3、4 号机组支座组件，海阳核电厂二期工程 3、4 号机组支座组件，三澳核电 1 号机组主管道，陆丰 5、6 号机组主管道，三澳核电 2 号机组波动管和海南昌江 ACP100 小堆波动管等设备供货。

在常规岛方面，2023 年，二重装备出产了多套大型核电汽缸，通过技术攻关，“华龙一号”核电低压焊接转子实现首套交货，1 000 兆瓦及以上核电机组常规岛汽轮机焊接转子锻件质量趋于稳定，在国内处于领先地位。

核电半速转子作为公司拳头产品，截至 2023 年，累计交货 23 件，质量稳定，在国内占据 80% 以上的市场份额。产品质量稳定可靠，性能达到国际先进水平。同时，公司还积极拓展核电后处理设备市场，提升国内核电后处理设备国产化水平。

在核能产品生产过程中，二重装备以市场为导向、以客户为中心，持续增强核心功能，提升核心竞争力，确保全年目标任务顺利实现，积极担当新型工业化建设主力军。二重装备注重技术创新和工艺优化。公司大力推进数字化辅助设计技术和智能制造技术，提高了产品设计的精准性和制造过程的自动化水平。同时，公司还加强了与行业内核电企业的合作与交流，共同推动核能装备制造技术的创新与发展。

二、核能产品科研开发

2023 年，二重装备积极培育发展新质生产力，持续加强高能级科研平台建设，强化关键核心技术攻关，加快推动科技创新成果转化应用，迅速抢占制高点，开辟新赛道，助力公司实现高质量发展。

2023 年，二重装备成功掌握反应堆压力容器顶盖和“玲龙一号”核电机组波

动管制造技术，实现世界首套“玲龙一号”商用小堆波动管设备交货。

二重装备作为牵头单位完成的大型先进压水堆及高温气冷堆核电站国家科技重大专项课题通过综合绩效评价。课题成果使我国大型锻造主管道制造技术达到世界领先水平。

2023 年，二重装备推进“华龙一号”核电设备国产化与批量化制造，满足核电重大工程建设需求。在核岛方面，实现 RCCM 标准主泵泵壳国产化，蒸发器锻件质量稳步提升。在常规岛方面，具备大型核电汽缸全流程自主制造技术，实现核电焊接转子批量化制造。成功研制全球首件聚变工程实验堆用超低温、强磁场高氮锰奥氏体不锈钢整体线圈盒锻件。首次成功研制核反应堆一体化奥氏体不锈钢吊篮筒体，实现国产化 1 000 兆瓦及以上核电常规岛汽轮机焊接低压转子批量交付。

公司开展了新型核材料研发、结构优化设计等研究工作，提高了设备可靠性，二重装备还注重科研成果的转化和应用。公司通过产学研合作、技术创新等方式，将科研成果快速转化为实际生产力，推动了核电设备制造产能和质量的提升。

三、核能质量保证体系建设

二重装备始终将质量放在首位，不断完善核能质量保证体系。

公司建立了严格的质量管理体系和流程，从原材料采购、生产加工、产品检验到售后服务等各个环节都实行严格的质量控制。同时，公司还加强了质量人员的培训和考核，提高了质量管理水平。

在质量监测与评估方面，公司引入了先进的质量监测设备和评估方法，及时发现和解决潜在的质量问题，确保核电产品的质量和性能达到最佳状态。

（1）推动精益质量管理。在运行过程管控方面，优化物资检验流程、质量检验计划、质量奖惩体系，构建产品制造全流程质量绩效检测网格模型。在质量问题改进管理方面，分层分级建立质量问题清单台账，强化质量问题跟踪落实，开展质量问题分析、改进。在质量管理提升方面，借鉴外部经验，推动质量数据信息化，实现核电制造过程控制全覆盖。

（2）持续推进核安全文化建设。为深入贯彻《中华人民共和国核安全法》等国家核安全法规要求，落实“理性、协调、并进”的中国核安全观，履行核安全设备制造中核安全责任和义务，持续提升公司核安全设备制造质量保证水平和核安全文化建设水平，开展一系列核安全文化建设工作，如核安全文化培训、文化氛围建设等。

四、核电人力资源培养

在核电人才资源培养方面，公司建立了完善的人才培养机制，通过内部培训、外部学习、实践锻炼等多种方式，提高员工的核文化意识和知识技能水平，积极开展校园招聘和社会招聘活动，吸引更多优秀的核电人才加入公司，为公司的可持续发展提供了有力的人才保障。

公司建立了完善的人才培养机制，通过内部培训、外部培训、岗位轮换等多种方式，提高了员工的技能水平和综合素质。同时，二重装备还注重引进高素质人才，通过校园招聘、社会招聘等多种渠道，吸引了一批具有专业技能的优秀人才加入公司。

此外，二重装备还积极开展与高校、科研机构的合作与交流，共同培养核能设备制造领域的专业人才。通过与高校合作开展产学研项目、共建实验室等方式，二重装备为高校师生提供了实践机会和平台，同时也为公司输送了新鲜血液和智力支持。

通过这些措施的实施，二重装备在核能设备制造领域形成了一支高素质、专业化的人才队伍，为公司的发展提供了有力的人才保障和支撑。

大事记

2023 年中国核能行业十大新闻

一、习近平在东北讲话强调要加快发展风光核等清洁能源

9 月 7 日，习近平在黑龙江省哈尔滨市主持召开新时代推动东北全面振兴座谈会上讲话强调，要以科技创新推动产业创新，加快构建具有东北特色优势的现代化产业体系。积极培育新能源、新材料、先进制造、电子信息等战略性新兴产业。加快发展风电、光电、核电等清洁能源，建设风光火核储一体化能源基地。（来源：新华社）

二、习近平与马克龙共同见证中法企业签订核能合作备忘录

4 月 6 日下午，在国家主席习近平与法国总统马克龙的共同见证下，中核集团和中国广核集团，分别与法国电力集团公司在北京签署《关于“核能支持低碳发展前瞻性研究”蓝皮书谅解备忘录》《关于核能领域设计与采购、运维、研发合作协议的签署声明》。中法企业分别就核能利用支撑能源低碳发展达成共识，积极应对环境挑战,深化产业和民用核能领域合作。（来源：中核集团、中广核集团）

三、国务院核准 10 台核电机组

继 7 月 31 日，国务院常务会议决定核准山东石岛湾、福建宁德、辽宁徐大堡核电项目之后，12 月 29 日，国务院常务会议决定核准广东太平岭、浙江金七门核电项目。会议强调，核电安全极端重要，必须坚持安全第一，按照全球最高安全标准和要求，稳步有序推进项目建设，加强全链条全领域安全监管，确保绝对安全、万无一失。（来源：央视新闻联播）

四、岭澳核电站 1 号机组连续安全运行 6000 天刷新世界纪录

截至 2023 年 3 月 16 日，中广核岭澳核电站 1 号机组实现连续安全运行 6 000 天，创造了国际同类型机组连续安全运行天数的最高纪录。大亚湾核电基地，包括岭澳核电站共 6 台百万千瓦级核电机组，自 1994 年首台机组投入商业运行以来，在国际核电安全业绩挑战赛中已累计获得 39 项次第一名，是全球获冠军数量最多的核电基地。（来源：中广核集团）

五、中国两个“人造太阳”双获重大突破

4 月 12 日 21 时，由中科院合肥所研

发的有中国“人造太阳”之称的全超导托卡马克核聚变实验装置创造新的世界纪录，成功实现稳态高约束模式等离子体运行 403 秒，对加快实现聚变发电具有重要意义。8 月 25 日下午，由中核集团西物院研发的新一代人造太阳“中国环流三号”取得重大科研进展，首次实现 100 万安培等离子体电流下的高约束模式运行，标志着我国磁约束核聚变研究向高性能聚变等离子体运行迈出重要一步。（来源：新华社、中核集团）

六、中国核协成功入选全国首批品牌协会

5 月 14 日，在 2023 年中国品牌发展国际论坛“行业·协会品牌建设论坛”上，国家发改委有关机构发布“品牌协会成长计划”首批成果。中国核能行业协会成为“品牌协会成长计划”全国性行业协会中 23 家成长良好协会商会之一。协会“深研究、助创新”成果成为本次培育出的典型案例。（来源：中国核能行业协会）

七、我国发现一批万吨至十万吨级铀矿床

10 月 28 日，第一届国际天然铀产业发展论坛发布信息称，截至目前，我国天然铀产业初步建立了国内开发、海外开发、国际贸易、战略储备相结合的“四位一体”天然铀保障供应体系。在铀矿勘查方面，通过建立“天空地深”一体化勘查技术，我国发现了一批万吨至十万吨级铀矿床。资源利用率已达到同业先进水平。（来源：《人民日报》）

八、我国首个跨地级市核能供热工程惠及 40 万居民

11 月 25 日，我国首个跨地级市核能供热工程——国家电投“暖核一号”三期核能供热项目正式投运，海阳核电在给烟台海阳市供暖的同时，供暖区域扩展到威海乳山市。本供暖季“暖核一号”双城供暖面积合计达 1 250 万平方米，可满足约 40 万人口的冬季清洁取暖需求。（来源：国家电投集团）

九、全球首座具有四代特征的高温气冷堆核电站投入商运

12 月 6 日，国家科技重大专项标志性成果，全球首座具有四代特征的核电站——华能石岛湾高温气冷堆示范工程，正式投入商业运行，标志着我国在第四代核电技术研发和应用达到世界领先水平。该电站装机容量为 20 万千瓦，设备国产化率达到 93.4%。除了核能发电外，反应堆产生的高温蒸汽还可广泛应用于供热、制氢、化工、冶金等行业。（来源:央视网）

十、“华龙一号”示范工程荣获国家优质工程金奖

12 月 9 日，中国施工企业管理协会

作出决定，“华龙一号”示范工程福清核电5、6号机组荣获2022—2023年度国家优质工程金奖。这是福清核电继3、4号机组荣获该金奖之后的“二次加冕”。福清核电成为唯一一个两次获得国家优质工程金奖的核电基地。（来源：福清核电）

2023 年中国核能行业大事记

1 月 4 日，中核集团发布消息，中核科技牵头研制生产的国家科技重大专项成果——“国和一号”示范项目 PV70 爆破阀完成出厂验收并成功发运。

1 月 5 日，国务委员王勇对哈电集团作出批示。他指出，2022 年，哈电集团为推动行业发展、服务东北地区振兴等方面作出了积极贡献。要求哈电集团要锚定对标世界一流装备制造企业，强化创新驱动，加强关键核心技术攻关，全面抓好经营管理和安全生产，有效防范化解各类风险，深入推进全面从严治党和反腐倡廉工作，持续推动我国电气装备制造业加快实现高质量发展。

1 月 7 日，中科院合肥物质科学研究院“人造太阳”东方超环 EAST 团队，在高能量约束模式等离子体运行方面重要科研进展成果，在国际学术期刊《科学进展》发表。

1 月 10 日，我国西部地区首台“华龙一号”核电机组——中广核广西防城港核电站 3 号机组首次并网成功。

1 月 10 日，中国原子能科学研究院发布消息，该院核安全研究所成功研制出国际首款 X/γ 和中子一体化辐射剂量探测芯片。该芯片可用于涉核领域放射工作场所、人员、环境等辐射剂量监测场景，能够实现 X/γ 和中子剂量的准确测量。

1 月 11 日，中国核能行业协会组织专家对中核矿业科技集团公司开展了数据安全检测评估活动。本次检测评估是我国核能领域首次开展的数据安全检测评估活动。

1 月 12 日，国家电投集团所属国核铀业自主研制的医用小回旋加速器成功出束，标志着国家电投首台自主质子加速器样机研制成功。

2 月 2 日，“华龙一号”海外首个工程两台机组（卡拉奇 K-2/K-3 机组）正式交付巴基斯坦。

2 月 11 日，人民网记者从市场监管总局了解到，国家原子能产业计量测试中心获批筹建。原子能产业是从事核燃料生产与循环利用、核能、核技术应用的一门新兴产业。

2 月 14 日，烟台海阳至威海乳山的核能供热长输管网工程启动，这是“暖核一号”三期 900 兆瓦核能供热工程的配套输热管网，标志着我国首个跨地级市的核能供热长输管网工程正式开工。

2 月 19 日，中广核集团发布消息，由中广核研究院牵头的国家重点研发计划“智能机器人”重点专项“大直径长引水隧洞水下检测机器人系统研发及示范应用”在雅砻江锦屏二级水电站引水隧洞完成示范应用，机器人各项性能指标满足现场工程巡检要求。

2 月 21 日，昌江核电 3 号机组内穹顶吊装完成。

2 月 23 日，中国核能行业协会核安

全文化建设委员会核电运行领域工作组在上海成立，并组织召开了首次会议。

2 月 27 日，由中广核联合中科院近物所研发的“120 keV~520 mA 电子帘加速器”通过专家鉴定，正式完成验收。

2 月 28 日，由国家电投集团主办的“国和一号”产业链联盟第二届会员大会暨党建联盟成立大会在沪召开。

2 月 28 日，根据国资委国资厅发改革〔2023〕4 号文《关于印发创建世界一流示范企业和专精特新示范企业名单的通知》，中核集团所属中国核电、同方威视；国家电投所属国核锆业、上海核工院；中广核所属北京广利核入选，成为全国首批 200 家创建世界一流专精特新示范企业。

3 月 6 日，由中核集团统筹组织、核工业西南物理研究院主导编制、中核战略规划研究总院核工业标准化研究所参与编制的国际标准《反应堆技术 - 核聚变反应堆一核聚变堆高温承压部件的热氦检漏方法》（标准编号 ISO 4233：2023）正式发布。该标准不仅是我国首项核聚变领域的国际标准，也是 ISO 发布的首项核聚变领域国际标准。

3 月 18 日，山东省人民政府与国家电投集团、中国华能集团签署《共同组织实施“核动未来”科技示范工程的框架协议》。根据协议，三方共同构建技术聚集、产业聚集、人才聚集的“中国核谷”，打造核能技术融合应用示范区。

3 月 22 日，三门核电 4 号机组核岛浇筑第一罐混凝土（FCD）。

3 月 25 日，我国西部地区首台“华龙一号”核电机组——中广核集团广西防城港核电 3 号机组正式具备商业运行条件。

3 月 28 日，中国核能行业协会首期“核安全文化大讲堂”开讲。

3 月 29 日，中法核能科技合作 40 周年纪念活动在中国原子能科学研究院举办。

4 月 1 日，中核集团纳米比亚工程技术研发中心启动会在纳米比亚罗辛铀矿成功召开。

4 月 3 日，中核华兴发布消息，由中核华兴承建的北山地下实验室项目迎来重要里程碑，作为北山地下实验室两个出入通道之一的人员竖井掘进深度达到 –280 米，标志着项目到达第一个试验水平深度。

4 月 6 日，在国家主席习近平与法国总统马克龙共同见证下，中核集团和法国电力集团在人民大会堂共同签署《关于“核能支持低碳发展前瞻性研究”蓝皮书谅解备忘录》；中广核集团与法国电力集团共同签署《关于核能领域设计与采购、运维、研发合作协议的签署声明》。

4 月 7 日，中法发布联合声明，提出为实现能源体系低碳转型的共同愿望，中法两国在政府间和平利用核能合作协定框架下，开展民用核能务实合作。两国致力于在中国国家原子能机构和法国原子能和替代能源委员会协议等基础上，继续推进在核能研发领域前沿课题上的合作。两国支持双方企业研究在核废料后处理等问题上加强工业和技术合作的可能性。

4 月 12 日，习近平总书记在广东省广州市考察当地制造企业，并同企业代表、科研人员、一线职工等交流。中广核核电运营有限公司“中华技能大奖”获得者王建涛作为优秀技能人才代表参加了活动。王建涛向习近平总书记简要汇报了他通过自主创新、发明专用工具提升核电发电机安全与质量的情况。

4月12日，中国有“人造太阳”之称的全超导托卡马克核聚变实验装置（EAST）创造新的世界纪录，成功实现稳态高约束模式等离子体运行403秒，对探索未来的聚变堆前沿物理问题，提升核聚变能源经济性、可行性，加快实现聚变发电具有重要意义。

4月16日（芬兰当地时间），欧洲最大核电机组芬兰奥尔基洛托（Olkiluoto）核电3号机组结束试运行，开始正常发电。这是中广核集团参与调试启动全过程的首个国际核电项目。

4月20日，中国华能集团首次集团级核应急综合演习顺利举行。

4月22日，海阳核电4号机组核岛浇筑第一罐混凝土（FCD）。

4月26日至28日，由中国核能行业协会主办、以“双碳背景下核能高质量发展”为主题的“中国核能可持续发展论坛——2023年春季国际高峰会议暨第十五届中国国际核电工业展览会”在京举行。同期举办“创新驱动发展、数字转型发展”两个分论坛，近60位政府官员、院士，国内外专家学者和企业高管发表讲话，三个论坛现场参会人员累计达1 300余人次。200余家国内外企业参展。重点展出当前核电领域新技术、新装备、新应用。“华龙一号”“国和一号”、高温气冷堆等一批代表我国核电技术能力最高水平的核电型号悉数亮相。除商业展区外，协会还设置科技创新成果展、新技术推广展、新型先进核电技术展、数字化转型展等主题展区。展览面积和参展企业数量均比上届明显增长，国际展商55家。

4月29日，国家核安全局颁发首个核电站废旧金属熔炼运行许可证，填补了国内人工核素污染废旧金属循环再利用产业的空白。

5月5日，我国自主三代核电技术华龙一号全球首堆示范工程——福清核电5、6号机组正式通过竣工验收。

5月7日，防城港核电4号机组冷试结束。

5月7日，《海湾时报》报道，阿联酋核能公司(ENEC)是负责发展阿联酋核能行业的机构，该公司已与中国核能组织签署了三项协议，寻求推动低碳核电发展。

5月10日，第七个“中国品牌日”，以“中国品牌，世界共享；品牌新力量，品质新生活”为主题的2023年中国品牌日活动在上海世博展览馆开幕，核能央企齐亮相。

5月14日，在2023年中国品牌发展国际论坛“行业·协会品牌建设论坛”上，国家发展改革委宏观经济杂志社发布了“品牌协会成长计划”首批成果。中国核能行业协会成为“品牌协会成长计划”全国性行业协会商会中23家成长良好的协会商会之一。

5月16日，中共中央政治局委员、

广东省委书记黄坤明到阳江核电基地、中广核先进燃料研制中心进行实地调研，强调要坚持安全至上，以严谨细致的作风做好电站运行管理监测，确保核安全万无一失，以持久稳定、高效清洁的电力保障更好支撑推动高质量发展。

5月17日至19日，国家主席习近平在西安同来华出席中国—中亚峰会并进行国事访问的哈萨克斯坦总统托卡耶夫会谈，两国元首签署了《中华人民共和国和哈萨克斯坦共和国联合声明》，双方商定继续深化天然铀领域合作，积极拓展风电、光伏、光热、核电等清洁能源领域合作。

5月17日，中核集团海水提铀海试平台建成投用并首次对外开放。同日，以“协同创新·开创未来”为主题的2023年度海水提铀技术创新联盟理事会暨学术交流会议在海南召开。中核集团海水提铀试验平台是我国南海海域建成的国内最大海水提铀试验平台，具备开展真实海洋情况下的材料验证与放大实验能力，后续将面向联盟单位开放使用。

5月24日至25日，中国核能行业协会在浙江海盐举办2023年核技术应用产业国际大会。本次大会以“核技术造福人类”为主题，同期举办“核技术增进民生福祉”“核技术点亮生命之光”“核技术助力工业创新”3个专题分会。同时，发布了首份《中国核技术应用产业发展报告（2023）》。

5月30日，在2023中关村论坛的重大科技成果专场发布会上，中核集团核工业西南物理研究院在面向国家重大需求板块，隆重发布新一代人造太阳——中国环流三号重大科技成果。新一代人造太阳——中国环流三号实现115万安培放电是聚变研究取得的重大进展，是面向聚变点火迈出的重要一步。

5月31日，田湾核电二期工程（3、4号机组）、三期工程（5、6号机组）完成竣工验收。

6月6日，红沿河核电1号机组迎来商运10周年。截至2022年年底，红沿河核电1号机组累计上网电量729.7亿千瓦时，全厂6台机组累计上网电量2 363亿千瓦时。

6月6日，中共中央政治局委员、国务院副总理张国清调研国核自仪系统工程有限公司，深入工厂车间，向企业负责人、研发人员和一线职工详细了解相关产业创新发展等情况。

6月6日，中国一重承制的昌江核电3号机组泵壳完工发运。

6月15日，由生态环境部核与辐射安全中心牵头，联合国家电投所属上海核工院等单位共同申报的“核电厂便于退役技术的应用和开发”成果获2022年度中国辐射防护学会科学技术奖一等奖。

6月15日，“风暴-2023”核安保综合演练在海阳核电成功举办。

6月17日，国家电投集团党组书记、董事长钱智民在德国法兰克福为欧洲代表处揭牌。欧洲代表处的设立是国家电投集团国际化发展的重要标志。

6月21日，三门核电有限公司与台州市海投集团、临海市人民政府、三门县人民政府、荣盛新材料（台州）有限公司共同签署《台州核能零碳智慧供汽项目合作备忘录》，项目投产后将成为全国最大核能供汽项目。

6月22日，国务院总理李强在巴黎同法国总理博尔内举行会谈。两国总理共同见证了航空、空间研究、核能等领域多项双边合作文件的签署。中广核集团与法国原子能和替代能源委员会（CEA）共同签署《CGN-CEA核研究与技术领域合作协议修正案》。本次《修正案》的签署是对原合作协议的续签，同时对原有合作范围进行了扩展和深化。

6月26日，中国核能行业协会核动力厂事故风险管理委员会成立大会在京召开，将进一步有效发挥协会统筹协调和交流平台优势，集行业资源和专家智慧，根据政府要求和行业需求，有计划、有步骤，机制化开展核事故风险管理相关工作，积极推进我国核事故风险管理高质量发展。

6月27日，“中核集团（北京）核医疗中心项目”正式启动，落户房山。该项目拟立足房山、辐射北京，面向世界，打造成为以核医疗为特色的高品质核技术医学应用现代化三级医院，进一步提升我国核技术医学诊疗服务水平，让核技术医学更好造福人民群众。

6月28日，中国华能集团携绿色低碳转型方面的8项领先科技创新成果，亮相以“能源新时代　世界新未来”为主题的2023世界新能源新材料大会，全方位展示了华能绿色低碳转型实践以及在核电、制氢、储能等领域的科技创新成果。

6月30日，三澳核电2号机组核岛安装开始。

6月，由东方电气承制的“玲龙一号”全球首个陆上商用模块化小堆项目稳压器制造完工。

7月3日，以“核力共创 携手未来”为主题的中核集团2023年度供应商大会暨首届供应链伙伴发展大会在福建厦门举办。会上，上海电气电站集团代表上海电气与中核集团签署联采联储框架协议，涉及联储、联采、技术服务三大版块，汽轮机、发电机、辅机、电机四大专业，秦山、福清、漳州、田湾、徐大堡五个基地。

7月3日，国家电投集团核能总工程师郑明光作为中国唯一代表连任第八届国际原子能机构总干事核能常务顾问组（SAGNE）成员并担任主席一职，成为自SAGNE成立以来第一位担任主席的中国人。

7月3日至6日，由中国核能行业协会主办的第三届核能系统焊接职业技能竞赛在山东海阳举办。来自全国25家核设备持证单位的92名参赛选手参赛。经过激烈角逐，最终，中核二四庄同平、中核二三李显耀、浙江火电丁言飞荣获通用竞赛个人一等奖，中核二四邱严庆荣获2项专项比赛一等奖，中核二三代表队、浙江火电代表队、中核二四代表队分别获团体冠、亚、季军。

7月5日，生态环境部核与辐射安全中心与山东省海阳市人民政府成功签署区域核与辐射应急监测物资储备库（东部）项目落地协议。

7月5日，哈电重装公司承制的三澳

核电 1 号机组蒸汽发生器设备发运。

7 月 7 日，由国家电投集团所属上海核工院与秦山核电共建的重水堆联合技术中心正式揭牌。

7 月 8 日，“首届稳定同位素技术产业高质量发展研讨会”在天津召开。本次研讨会以“协同创新 合作发展”为主题，来自 53 家单位的 128 名稳定同位素领域权威专家、学者参会。

7 月 9 日，由中广核达胜与清华大学核研院联合研发的“电离辐射技术处理抗生素废水及菌渣”科学技术成果通过专家鉴定。该项成果为国内首创，为无害化处理处置抗生素废水及菌渣提供了新途径。

7 月 13 日，中国一重承制的昌江小堆压力容器完工发运。

7 月 14 日（当地时间），巴基斯坦恰希玛核电站 5 号机组（C-5）破土动工。这是我国自主三代核电“华龙一号”出口巴基斯坦的第 3 台机组，也是中国出口巴基斯坦的第 7 台核电机组，是中巴两国核能合作的又一重要里程碑。

7 月 15 日至 21 日，应江苏核电有限公司申请，中国核能行业协会组织行业专家成功开展了首次放射性废物管理同行评估。由国内核能行业 9 家单位 13 名专家组成评估队，对田湾核电厂放射性废物管理领域的管理体系、废物安全管理、废物最小化和流出物排放四个要素进行了全面评估。

7 月 17 日，在全国生态环境保护大会上习近平总书记指出，“要确保核与辐射安全。坚持理性、协调、并进的核安全观，构建严密的核安全责任体系，严格监督管理，全面提高核安全监管能力，建成同我国核事业发展相适应的现代化核安全监管体系，推动核安全高质量发展。积极参与核安全国际合作”。

7 月 21 日，以“新时代 新征程 新突破”为主题的全国铀矿地质勘查高质量发展大会在呼和浩特市召开，会上发布了新时代十年我国在铀矿勘查领域取得的 10 项重大成果发布。

7 月 22 日，山东核电“暖核一号”品牌案例入选国资委 2022 年度国有企业品牌建设典型案例。

7 月 22 日，由国家电投集团主办，山东省发展改革委、山东省能源局指导，上海核工院和山东省核能发展研究中心承办核能产业供需对接大会暨核能产业共建共享平台启动仪式在山东济南举行。

7 月 24 日，“国和”系列核能产业供需对接大会暨“国和”核能产业共建共享平台启动仪式在山东济南举行。上海核工院、国核设备等 42 家单位现场签约。活动共促成省内企业签署“国和”系列建筑安装、设备采购、技术服务类合同近 50 亿元。

7 月 24 日，中核地勘集团所属中核内蒙古地勘中心、中核新疆地勘中心、中核东北地勘中心、中核西部地勘中心、中核南方地勘中心等五大区域中心分别在包头、乌鲁木齐、沈阳、西安、南昌等地同步举行挂牌仪式。

7 月 24 日，由国家原子能机构和经合组织核能署共同主办的首届中国—经合组织核能署核设施退役与放射性废物管理国际交流会在北京召开。

7 月 25 日，徐大堡核电 3 号机组穹顶吊装就位。

7 月 25 日，泰国首台托卡马克实验装置 TT—1 的启动仪式在泰国中部那空那育府举行，标志着中泰合作的核聚变实验装置正式开始运行。

7 月 28 日，哈电重装公司承制的三门核电 3 号机组非能动余热排出热交换器设备发运。

7 月 31 日，国务院总理李强主持召开国务院常务会议，决定核准山东石岛湾、福建宁德、辽宁徐大堡核电项目。会议强调，安全是核电发展的生命线，要坚持安全第一、质量第一，按照全球最高安全要求建设新机组，按照最新安全标准改进已建机组，强化全链条全领域安全监管，提升关键核心技术国产化水平，确保万无一失。

7 月，东方重机生产制造的惠州核电 1 号机组压力容器完工。

8 月 1 日至 5 日，生态环境部副部长、国家核安全局局长董保同应巴基斯坦核监管局邀请率团出席第 11 届中巴核安全合作指导委员会会议，并赴卡拉奇和恰希玛核电厂开展现场联合监督。两国还续签了技术合作协议。

8 月 2 日，山东核电完成全国首次核电电量市场交易。

8 月 14 日，2023 年全国核能系统职业技能竞赛首届继电保护员决赛圆满收官。来自中核五队（福清一队）的李民万、黄晨辉、洪序平荣获个人一等奖；中核五队（福清一队）、中广核一队（阳江代表队）、中核六队（福清二队）分别荣获团体冠、亚、季军。

8 月 17 日至 18 日，阳江核电工程通过最终竣工验收。

8 月 23 日，太平岭核电 2 号机组内穹顶封顶。

8 月 24 日，日本福岛核污染水开始排海。生态环境部（国家核安全局）相关负责人就日本启动福岛核污染水排海答记者问时指出，日本政府强行启动福岛核污染水排海，将一己私利凌驾于全人类长远福祉之上，极其自私和不负责任。我们敦促日方倾听国际社会声音，切实以科学、安全、透明的方式处置核污染水，接受严格国际监督。生态环境部将持续加强有关监测工作，切实维护我国家利益和人民健康。

8 月 24 日，国家原子能机构就日本宣布福岛核污染水启动排海对外发声指出，日本政府此举严重损害国际原子能机构权威和公信力，严重损害周边国家人民健康和海洋环境权益，严重损害全球核能事业安全与发展利益。中方对此坚决反对和强烈谴责，日方应立即停止这一错误行为。

8 月 25 日，新一代人造太阳“中国环流三号”取得重大科研进展，首次实现 100 万安培等离子体电流下的高约束模式运行，突破了等离子体大电流高约束模式运行控制、高功率加热系统注入耦合、先进偏滤器位形控制等关键技术难题，是我国核聚变能开发进程中的重要里程碑。

8月26日，陆丰核电6号机组核岛浇筑第一罐混凝土（FCD）。

8月，东方重机生产的三澳核电1号机组稳压器制造完工。

9月2日，中国一重承制的海南昌江核电3号压力容器完工发运。

9月4日，由国际原子能机构与中国国家原子能机构共同主办的小型模块堆技术发展和应用跨地区研讨会在海南召开。来自国际原子能机构以及中国、俄罗斯、英国、法国、匈牙利、加拿大、巴西、印度尼西亚、沙特、巴基斯坦、哈萨克斯坦等50多个国家和地区的200余名政府官员和专家学者围绕小型模块堆技术发展、用户需求、安全监管等议题开展深入交流研讨。

9月7日，中共中央总书记、国家主席、中央军委主席习近平在黑龙江省哈尔滨市主持召开新时代推动东北全面振兴座谈会并发表重要讲话时指出，加快发展风电、光电、核电等清洁能源，建设风光火核储一体化能源基地。

9月7日，中核集团发布消息，其主导修订的国际标准ISO 22188:2023《放射性物质非故意转移和非法运输的监测》正式发布。该标准是中核集团首个主导修订的ISO国际标准。在维持标准目标和范围不变的前提下，项目团队对标准结构、设备类别、引用标准和参考文献等部分进行了全面修订，涉及的设备由原来的3类增加到了7类，引用的标准和参考文献数量增加到原标准的两倍多。修订过程中，各阶段标准草案投票均获得20余个ISO投票权成员国100%的赞成票。

9月8日，国家级操纵员大赛2023年全国核能系统核反应堆操纵人员职业技能竞赛历时5天，在三门核电基地落下帷幕。经过激烈角逐，中核五队三门核电队获得团体冠军，国家电投二队山东核电二队、中广核三队宁德核电队获得团体亚军，中核六队海南核电队、中广核四队红沿河核电队获得团体季军。中国华能队华能昌江核电队李胜利、中核四队福清核电队谢治贫、国家电投一队山东核电一队陈青等9名选手分别获主控室SRO、RO1、RO2个人优胜奖。三门核电有限公司、中核武汉核电运行技术股份有限公司获突出贡献奖。

9月13日至16日，中国核能行业协会在甘肃嘉峪关举办了“企业品牌文化建设暨第六届文化宣传通讯员培训研讨班”。会议邀请中国企业文化研究会专家、中央财经大学教授、兰州大学新闻与传播学院教授、中国摄影家协会专家分别就品牌文化建设与传播进行授课，60余位学员参加培训。

9月14日，核工业西南物理研究院发布消息，由其主办的国家重点研发计划磁约束核聚变能发展研究专项项目暨第三届聚变等离子体破裂物理研讨会在湖北宜昌召开。会议共有来自西物院、中国科学院合肥等离子体所、中国科学技术大学、华中科技大学等14家高校和科研院所的90余名代表参加。

9月16日，由中国国家原子能机构与广西壮族自治区政府共同主办，中核集团共办，中国核电承办的“‘核’美家园”——第二届中国—东盟和平利用核技术论坛成功举办。会上，中国国家原子能机构发布了核技术助力共建美好家园的“中国方案”。中国同位素与辐射行业协会发布了 6 项中国—东盟和平利用核技术合作示范项目。有关涉核企事业单位与东盟国家及广西壮族自治区合作伙伴签署了 10 份相关合作文件。

9 月 19 日至 20 日，第七届中阿能源合作大会在海南省海口市盛大召开。本届大会由国家能源局、阿拉伯国家联盟秘书处和海南省人民政府共同主办。大会以“秉承高质量高标准可持续，开创中阿能源合作黄金期”为主题，分设油气、可再生能源与氢储、核能三个分论坛。中国核能行业协会承办核能分论坛。来自中国、阿拉伯联盟国家的能源主管部门、地方政府、能源企业、金融机构、智库、高校、行业协会等单位的近 500 名代表共赴海口，共同探讨中阿能源合作新前景，加快构建中阿能源立体合作新格局。

9 月 20 日，重装公司承制的三门核电 3 号机组堆芯补水箱设备发运。

9 月 22 日，国家电投集团“天枢一号”智慧能源系统在京正式发布。这是我国首个可以实现数十种能源同时协同管理的“智慧大脑”，集成了能源监视、预测、调控、运维和服务等全功能于一体，为用户提供智能、高效的“能源一站式”综合服务。“天枢一号”系统具备千万级计算能力，拥有 800 多个核心智能算法。它通过大数据 + 大模型和 AI 技术，赋能综合能源领域，助力企业提升能源效率、节能减排，属于全国首创。

9 月 25 日，防城港核电 4 号机组热态功能试验正式开始。

9 月 25 日至 26 日，2023 年（第六届）核能公众沟通交流大会在深圳顺利召开。本次会议由中国核能行业协会主办，中广核集团支持承办。同期举行大亚湾核能科技馆云揭幕，宣布首批云博物馆联建单位并授牌，聘任第二届核能公众沟通大使并召开座谈会，举办核能公众沟通经验交流沙龙、核能公众沟通明星风采展示以及大亚湾核能科技馆现场参观等系列活动。

9 月 25 日至 28 日，国家电投集团核能总工程师、首席科学家、IAEA 总干事核能常务顾问组（SAGNE）主席郑明光受邀参加国际原子能机构（IAEA）第 67 届年度大会，并代表国家原子能机构分享中国核能行业的技术创新、发展成就以及应对气候变化的承诺，展现核能发展的中国力量。

9 月 26 日，中共中央政治局委员、上海市委书记陈吉宁一行莅临“2023 世界设计之都大会”展台，了解先进核电型号产业链建设情况。

9 月 26 日至 27 日，由中国核能行业协会主办的 2023 年核电运行经验交流会在上海召开。会议强调，要尽快建立核电运行绩效评价和安全隐患排查体系，强化全链条全领域安全监管，提升关键核心技术国产化水平，确保核电机组运行万无一失。中国核能电力股份有限公司、中国广核电力股份有限公司、国电投核能有限公司及华能核电开发有限公司等 30 余家单位，近 80 人参会。

9 月 28 日，三澳核电 2 号机组穹顶吊装就位。

9 月 29 日，廉江核电 1 号机组核岛浇筑第一罐混凝土（FCD）。

9 月 29 日，华龙系列核主泵自主化电机样机在上海电气凯士比核电泵阀有限公司全流量试验台架上顺利通过全流量试验验证。标志着华龙系列核主泵的所有关键部件均已实现国产化制造，如期实现华龙系列主泵 100% 国产化、自主化的战略目标。

9 月，由东方电气承制的“玲龙一号”全球首个陆上商用模块化小堆项目堆内构件、非能动余热排出热交换器制造完工。

截至 9 月，东方重机生产制造的昌江核电 3 号机组 3 台蒸汽发生器全部完工。

10 月 6 日，海阳核电 2 号机组完成主泵变频器“四用一备”改造工程并顺利实现并网，成为国内首台实现国产备机变频器自主化研制和工程应用落地的机组。

10 月 7 日，全球首台全高温超导托卡马克装置 HH-70 主机系统发运仪式暨新一代主机系统合作协议签订仪式在上海电气核电集团有限公司举行。核电集团与能量奇点签署了商业聚变堆合作协议，为后续双方在核聚变领域开展广泛合作奠定基础。

10 月 16 日，是享誉世界的杰出科学家、中国原子能科学事业卓越的开拓者和奠基人、“两弹一星功勋奖章”获得者、中核集团原子能院第二任院长钱三强先生诞辰 110 周年纪念日，也是中国第一颗原子弹成功爆炸 59 周年纪念日。当天，中核集团原子能院举办钱三强诞辰 110 周年纪念大会暨学术思想研讨会。

10 月 16 日，漳州核电 1 号机组冷试开始。

10 月 18 日，国家主席习近平在人民大会堂出席第三届“一带一路”国际合作高峰论坛开幕式并发表题为《建设开放包容、互联互通、共同发展的世界》的主旨演讲。作为论坛的开场活动，由中国贸促会、国务院国资委、全国工商联共同举办的“一带一路”企业家大会于 10 月 17 日下午在国家会议中心举行。中核集团、中广核集团、国家电投集团应邀参加“一带一路”企业家大会，并分别与“一带一路”国家签署相关项目合作备忘录或合作协议。

10 月 18 日，中国核能行业协会在核应急领域首次举办核能行业核应急交流大会。大会以“新时代核应急能力提升”为主题，通过工作交流和新技术新装备展示，共商新时代核能发展对我国核应急能力提出的新要求，探讨国际国内核应急管理与技术发展趋势，交流分享核应急准备与响应工作中的良好实践及新方法新技术。

10 月 24 日，“乐山中平核产业基金”合作签约仪式在夹江县举行。乐山中平核产业基金总规模 10 亿元，由夹江县人民政府、乐山高新投资发展（集团）有限公司、上海中平国瑀资产管理有限公司共同设立，注册地为乐山市夹江县。基金以市场化运营、价值投资、服务实体经济为根本策略，主要投资方向为乐山市核技术应用、高端新材料相关产业链上下游的优质项目，同时服务于落地的乐山市相关领域重点招商引资项目。

10 月 26 日，中核集团发布消息，中核集团核理化院 / 公司通过自主研发首次获得公斤级丰度 99% 钼 -100 同位素，这是我国首次实现钼同位素关键材料自主化供应的重大突破，改变了长期以来钼同位素完全依赖进口的局面，标志着我国在高丰度稳定同位素研究领域达到了世界领先水平，成为世界上极少数可以批量获得钼同位素的国家。

10 月 27 日，国家能源非能动核能共性技术研发中心在沪正式揭牌，作为国家能源局批复认定的“十四五”首批国家能源研发创新平台之一，中心由国家电投所属上海核工院牵头，联合上海交大、上海电气核电集团、山东核电共同建设。

10 月 28 日，第一届国际天然铀产业发展论坛发布信息称，截至目前，我国天然铀产业初步建立了国内开发、海外开发、国际贸易、战略储备相结合的“四位一体”天然铀保障供应体系。在铀矿勘查方面，通过建立“天空地深”一体化勘查技术，我国发现了一批万吨至十万吨级铀矿床。资源利用率已达到同业先进水平。

10 月 30 日至 11 月 1 日，由中国核能行业协会主办的 2023 年秋季核电建设质量大会在深圳召开。大会以“核电建设质量改进与绩效提升”为主题。会议采用了现场 + 视频直播同步进行的方式举办。

10 月，惠州核电 1 号机组控制棒驱动机构制造完工。

11 月 6 日，国家电投集团核能总工程师、首席科学家、“国和一号”总设计师郑明光出任国际原子能机构（IAEA）核能常设咨询组主席，并首次以该身份在 IAEA 总部主持核能常设咨询组（SAGNE）工作会议，与 20 名全球核能领域顶级专家共话国际核能发展大计，为 IAEA 提供核能顶层工作咨询建议。郑明光正式出任 SAGNE 主席是该组织成立以来首次由中方代表担任主席，为提高中国在核能领域的国际话语权发挥了重要作用。

11 月 6 日，中国原子能科学研究院发布消息，原子能院核物理研究所成功研制出国内首台紧凑型加速器质谱仪（AMS），标志着我国在高端核分析设备研制方面取得重要进展，为加速器质谱的高灵敏分析应用奠定了坚实基础。

11 月 8 日，广西防城港核电站“核光风储”绿色能源示范基地首期项目正式开工，该项目是我国西部核电基地中首个有效结合了核电与新能源多能互补的项目，是防城港核电站以“核能 + 综合智慧能源”绿色能源建设为依托，向零碳目标迈出的重要一步。

11 月 9—10 日，由中国核能行业协会、法国核电规范标准协会共同主办的第三届中法核电经验交流研讨会在京召开。会议以“深化合作，助力中法核电可持续发展”为主题，邀请到中法双方 40 余位专家分享了核电标准化建设和先进建造领域的经验和成果，来自法国驻华使馆及相关机构，协会标准化委员会和核电建设技术委员会代表，中法相关企事业单位代表等 160 余人参加了会议。会上，中国核能行业协会与法国核电规范标准协会续签合作谅解备忘录。

11 月 11 日，2023 中核智库论坛——核能“三步走”发展 40 年在京召开。

11 月 12 日，防城港核电 4 号机组热试完成。

11 月 13 日，中国一重承制的海阳核电 3 号压力容器完工发运。

11 月 14 日至 15 日，由中国核能行业协会主办的“2023 年核电厂首届值长交流会”在海南昌江开幕。来自中核集团、中广核集团、国家电投集团、中国华能集团等 18 家单位的近 50 位值长代表参会。

11 月 15 日，徐大堡核电 1 号机组核岛浇筑第一罐混凝土（FCD）。

11 月 15 日，中核集团原子能院同位素电磁分离技术团队传来捷报，通过自主研发关键技术，经中国计量科学研究院测试，首次分离出丰度大于 99%，纯度大于 99.5% 的镱 -176 同位素，其中镱 -174 丰度小于 0.5%。这一突破，切实增强了我国医用同位素无载体镥 -177 前体材料——高丰度镱 -176 同位素的国产化制备能力，填补了国内空白，标志着我国自主研制的镱 -176 同位素达到国际先进水平。

11 月 15 日，由东方电气承制的“国和一号”1 号汽轮发电机组非核蒸汽冲转试验一次成功。

11 月 16 日，国际权威评估机构挪威船级社（DNV）正式发布对山东核电生产运营国际标杆 2023 年年终评估结果，达到 8.3 级（国际领先级）。

11 月 18 日，上海核工院荣获亚太质量组织（APQO）“2023 年度创新奖”最高奖（STAR 创新奖），系中国核电企业首次获此殊荣。

11 月 22 日，2023 年两院院士增选结果正式揭晓，中核集团首席专家、中国原子能科学研究院研究员叶国安当选中国科学院院士；中核集团首席专家、中国原子能科学研究院副总工程师胡石林当选中国工程院院士。

11 月 25 日，海阳核电 900 兆瓦三期核能供热项目正式投运，实现了我国首个跨地级市的零碳热源互通共享。

11 月 27 日，三门核电发布消息，其发明专利“一种压水堆核电一回路总含气量测定装置”获美国专利商标局（USPTO）授权。

11 月 28 日至 30 日，中国核能行业协会牵头组织 12 家中国企业以中国展团的形式亮相第五届法国世界核工展。本届法国世界核工展有来自 76 个国家的 650 家参展商参展，由中核集团、中广核集团、国家电投集团、中国华能集团等 12 家中国企业组成的中国展团参展面积近 500 平方米，是除法国本土展团外最大的国家展团。

11 月 30 日，田湾核电 7 号机组内壳穹顶混凝土浇筑完成。

11 月，ITER 项目极向场线圈支撑 PFCS 3-4 悬挂梁产品 18 套交付。

截至 11 月，昌江核电 3 号机组、漳州核电 2 号机组堆内构件全部制造完工。

12 月 6 日，国家科技重大专项标志性成果，全球首座具有四代特征的核电站——华能石岛湾高温气冷堆示范工程，正式投入商业运行，标志着我国在第四代核电技术研发和应用达到世界领先水平。

12 月 9 日，“华龙一号”示范工程福清核电 5、6 号机组荣获 2022—2023 年度国家优质工程金奖。这是福清核电继 3、4 号机组荣获该金奖之后的“二次加冕”。两次优质工程皆由中国核能行业协会推荐。

12 月 9 日，中核集团发布消息，由中国同辐、原子高科联合承研的国防科工局核能开发科研项目“诊疗一体化关键核素 ^{64}Cu 制备技术及相关药物研究”通过验收，获评“优秀”。这意味着我国正式具备 ^{64}Cu 核素批量化市场供应能力。

12 月 14 日，在法国卡达拉奇，中核集团核工业西南物理研究院与国际热核聚变实验堆 ITER 总部签署协议，宣布新一代人造太阳“中国环流三号”面向全球开放，邀请全世界科学家来中国集智攻关，共同追逐“人造太阳”能源梦想。

截至 12 月 19 日 8：30，秦山核电 2023 年累计安全发电突破 535 亿千瓦时，超过 2022 年度全年发电量，提前完成年度发电任务，再次创历史新高，实现自全面建成投产以来的年度发电量“九连增”，能力因子和负荷因子创造了连续 7 年实现双“90”的卓越运行业绩。

12 月 19 日，廉江核电 1 号机组安全壳底封头吊装就位。

12 月 22 日，太平岭核电 1 号机组冷试开始。

12 月 22 日，中核集团在核应急响应中心举行核应急演习，标志着集团公司总部新建成的核应急响应中心正式投入使用，进一步健全集团公司领导协调核设施营运单位核应急准备工作，调配应急资源和力量、支援应急响应行动的能力。

12 月 26 日，由四川红华、成都科创投和正景智远投资组建的四川紫璞科技有限责任公司正式宣布成立，该公司将致力于国产质谱仪创新研发道路。

12 月 27 日，昌江核电 4 号机组内穹顶吊装完成。

12 月 28 日，漳州核电 2 号机组外穹顶吊装完成。

12 月 29 日，国务院总理李强主持召开国务院常务会议，决定核准广东太平岭、浙江金七门核电项目。会议强调，核电安全极端重要，必须坚持安全第一，按照全球最高安全标准和要求，稳步有序推进项目建设，加强全链条全领域安全监管，确保绝对安全、万无一失。要进一步加大核电产业创新发展支持力度，全面提升核电装备及相关产业竞争力。

12 月 29 日，原子能院 230 兆电子伏超导质子回旋加速器及治疗端通过验收技术测试。这意味着中核集团布局治癌回旋加速器及治疗端技术取得又一重要突破。至此，我国成为全球少数几个掌握具有自主知识产权质子治疗高端医疗装备技术的国家之一，对于带动我国核医疗技术水平的跨越式发展具有重要意义。

12 月 29 日，中国一重承制的太平岭核电 2 号机组稳压器完工发运。

12 月 29 日，以“核力启航 聚变未来”为主题的可控核聚变未来产业推进会在成都召开。由 25 家央企、科研院所、高校等组成的可控核聚变创新联合体正式宣布成立。

截至 12 月底，惠州核电 2 号汽轮发电机组主设备及三澳核电 1 号汽轮机主设备制造完工。

附　录

核能行业人物及荣誉

一、2023年度当选院士

11月22日，2023年两院院士增选结果正式揭晓，中核集团首席专家、中国原子能科学研究院研究员叶国安当选中国科学院院士；中核集团首席专家、中国原子能科学研究院副总工程师胡石林当选中国工程院院士。

叶国安，长期致力于核燃料后处理工艺技术研究，是我国核燃料后处理领域领军科学家，先后发表论文200余篇，授权发明专利59件，获国家科技进步奖二等奖4项，入选国家百千万人才工程，被授予“有突出贡献的中青年专家”，获钱三强科技奖、奋进中核人等荣誉称号。

胡石林，长期从事材料生产技术研究，是我国新一代材料研制及生产技术领域的主要开拓者，先后发表学术论文100余篇，授权发明专利63件，获国家科技进步奖二等奖1项，省部级科技进步奖一等奖4项，入选国家百千万人才工程，被授予“有突出贡献的中青年专家”，获国防科技工业杰出人才奖、钱三强科技奖、全国劳动模范等荣誉称号。

二、第十四届全国人大代表

中国核工业集团有限公司

1. 罗琦　中国工程院院士、中核集团总工程师

罗琦，男，1967 年 10 月生。1991 年毕业于西安交通大学，获硕士学位。核动力研发专家，主要从事反应堆研究和核动力工程设计与研发。2019 年当选中国工程院院士。

2. 刘士鹏　中核集团副总工程师，中核四 0 四党委书记、董事长

刘士鹏，男，1980 年分配到中核四 0 四四分厂参加工作。先后荣获“全国优秀党务工作者”、国务院政府特殊津贴获得者、甘肃省领军人才等荣誉称号。现任中核集团副总工程师，中核四 0 四有限公司党委书记、董事长。

3. 师延财 中核集团中核检修焊工

师延财，男，汉族，1990 年 5 月生，中共党员，青海海西人，大学本科学历。国务院政府特殊津贴获得者、全国技术能手。现任中核检修福清分公司第二党支部委员，核级管道焊工、焊接技师。

三、第十四届全国政协委员

中国核工业集团有限公司

1. 卢铁忠 中核集团总经理助理，中国核能电力股份有限公司党委书记、董事长

卢铁忠，男，汉族，1975 年生，工学学士，研究员级高级工程师。现任第十四届全国政协委员、政协人口资源环境委员会委员，中国核能电力股份有限公司党委书记、董事长。

2. 徐鹏飞　中核集团副总工程师，中国核电工程有限公司党委书记、董事长

徐鹏飞，男，现任中核集团副总工程师，中国核电工程有限公司党委书记、董事长。

3. 辛锋　中国原子能科学研究院党委书记、董事长

辛锋，男，汉族，1972 年 9 月生，中共党员。2023 年 7 月起任中国原子能科学研究院党委书记。

4. 韩泳江　同方股份有限公司党委书记、董事长

韩泳江，男，汉族。中共党员，毕业于成都科技大学，研究员级高级工程师。现任同方股份有限公司党委书记、董事长，兼任第十四届全国政协委员、社会和法制委员会委员。

5. 段旭如　中核集团核工业西南物理研究院院长

段旭如，男，1966 年 1 月生，博士生导师，聚变科学所所长，中核集团核工业西南物理研究院院长。2001 年获德国 Greifswald 大学自然科学博士学位，2019 年被聘任为中核集团首席专家。现任第十四届全国政协委员、中核集团核聚变堆技术领域首席专家、国际热核聚变实验堆（ITER）计划科技咨询委员会副主席。

中国广核集团有限公司

杨长利　中国广核集团有限公司党委书记、董事长

杨长利，男，汉族，1964年3月生，中共党员，天津大学，机械设计及制造专业，研究生，研究员级高级工程师，现任中国广核集团有限公司党委书记、董事长，中国广核电力股份有限公司党委书记、董事长。

国家电力投资集团有限公司

钱智民　国家电力投资集团有限公司党组书记、董事长

钱智民，男，1960年11月生，汉族，中共党员，研究员级高级工程师，上海交通大学动力机械系核动力专业硕士研究生。政协第十一届全国委员会委员，中国共产党第十八届中央委员会候补中央委员，中国共产党第十九届中央委员会候补中央委员；中国共产党第二十次全国代表大会代表；2023年3月当选第十四届全国政协委员、常委、人口资源环境委员会副主任。

王明弹　上海核工程研究设计院股份有限公司总经理

王明弹，男，汉族，1966 年 10 月生，清华大学土木工程系建筑结构工程专业学士、上海核工程研究设计院反应堆工程与反应堆安全专业硕士研究生，研究员级高级工程师，第十二届、十三届、十四届全国政协委员。

哈尔滨电气集团有限公司

曹志安　哈尔滨电气集团有限公司董事长、党委书记

曹志安，男，汉族，1962 年 10 月生，河北唐山人。中国共产党党员，热能动力专业硕士学位，研究生学历，高级经济师。现任哈尔滨电气集团有限公司董事长、党委书记，党的二十大代表，第十四届全国政协委员，中国共产党黑龙江省第十三届委员会委员。

四、国家级奖项获得者

（一）全国五一劳动奖和全国工人先锋号

2023年4月，中华全国总工会授予207个单位全国五一劳动奖状，授予1035名职工全国五一劳动奖章，授予1044个集体全国工人先锋号。其中，核工业领域获奖名单如下：

全国五一劳动奖状

福建福清核电有限公司

山东核电有限公司

全国五一劳动奖章

未晓朋，中国核工业二三建设有限公司荣成片区项目部CV焊接队队长，高级技师

张发奇，中国核工业第五建设有限公司施工队长，钳工高级技师

程克辉，中建电力防城港核电项目部副班长，技师

寇伟龙，四川红华实业有限公司生产运行三部总工程师，工程师

温伟，中核陕西铀浓缩有限公司真空设备研发中心首席技师，高级技师

全国工人先锋号

中国核电工程有限公司北京核工程研究设计院力学中心

核工业北京地质研究院环境工程研究所

中核霞浦核电有限公司工程管理处

东方电气集团东方锅炉股份有限公司容器二分厂核电装焊作业组

国机重装二重装备核电石化公司核电容器厂铆焊工段核电班

中核四0四有限公司第四分公司一车间一组

（二）全国技术能手

2023年10月20日，人力资源社会保障部发布《关于授予2021—2022年度职业技能竞赛优秀选手全国技术能手称号的决定》。其中，核工业领域24名技能人才荣获“全国技术能手”称号。名单如下：

2021年度全国行业职业技能竞赛获“全国技术能手”称号人员名单（核工业领域）

全国核能系统职业技能竞赛（12名）

张　乐　国核电站运行服务技术有限公司

任剑波　中广核检测技术有限公司苏州分公司

刘朋顺　哈电集团（秦皇岛）重型装备有限公司

李军红　三门核电有限公司

李敏华　三门核电有限公司

田继栋　三门核电有限公司

李大伟　中广核核电运营有限公司

李庆磊　中广核核电运营有限公司

陈坤池　福建福清核电有限公司

何泰烽　福建福清核电有限公司

杨　鹏　中核核电运行管理有限公司

郑海全　江苏核电有限公司

2022年度全国行业职业技能竞赛获“全国技术能手”称号人员名单（核工业领域）

中国核工业集团有限公司第四届职业技能竞赛（12名）

李　达　核工业二四三大队

许安冬　核工业二〇八大队
翟堂威　核工业二四三大队
殷茂森　中核陕西铀浓缩有限公司
熊彤炜　中核陕西铀浓缩有限公司
陈国干　中核兰州铀浓缩有限公司
蒲小丽　中核四川环保工程有限责任公司
樊　浩　中核四川环保工程有限责任公司
刘　佳　中核四川环保工程有限责任公司
张　运　中国核工业二四建设有限公司
王明磊　中核检修有限公司
梁更强　中核四0四有限公司

中国核能行业协会 2023 年工作十大亮点

2023 年，中国核能行业协会坚持以习近平新时代中国特色社会主义思想为指导，全面贯彻落实党的二十大精神及党中央国务院重要决策部署，以创建世界一流协会为引领，更加注重提高服务品质及提升管理能力，稳步推动高效发展及增强办会实力，奋楫全面建设世界一流协会新征程。结合中国核能行业协会秘书处 2023 年度重点工作任务完成情况，梳理出“中国核能行业协会 2023 年工作十大亮点”。

1. 认真组织开展“学习贯彻习近平新时代中国特色社会主义思想主题教育”。坚持党建引领，围绕中心服务大局，精心组织制定主题教育 8 个领域 47 项重点工作计划并有效实施，在“把理论学习贯穿始终、深入开展调查研究、全力推动高质量发展、组织引导党员干事创业、认真检视整改、抓好建章立制”等方面取得显著成效。

2. 协会重大课题联合研究成果丰硕。《关于我国核电铀资源中长期供应保障有关重大问题的建议》《尽早将核电纳入我国绿色低碳交易体系的建议》《关于我国核能供热发展状况及经济性情况的报告》分别上报党中央国务院主管领导以及国家发改委主要领导并获高度重视，协助国家能源局发布了《国家能源局关于推进核电数字化转型发展指导意见》。

3. 高标准组织开展协会团体标准化建设。全年申报 197 项、立项 153 项、发布 71 项，累计发布 247 项，协会团体标准发布数位居行业首位，组织开展各专业领域团体标准规划清单研究工作并初步形成 1 000 余项项目清单，1 项团标成功转化为 ISO 国际标准并获批发布，组织编制《非能动核电技术用户要求文件》并通过审查。

4. 高质量组织开展职业技能竞赛活动。全面完成 2023 年全国行业职业技能竞赛第三届全国核能系统首届核反应堆操纵人员、首届继电保护员、焊接人员等 3 项国家级职业技能竞赛及系列活动，成功研发核反应堆操纵人员竞赛新项目，研发水泵检修技能竞赛实操新项目，实现竞赛评分自动化，组织编制核燃料操作等 9 项工种标准化竞赛指南。

5. 高水平常态化组织开展核电建设专项共享服务。完成徐大堡等 2 个核电建设项目综合评估，福清 5、6 号“华龙一号”机组工程获 2023 年度国家优质工程金奖，举办 2023 年秋季核电建设质量大会及系列交流研讨活动，组织评审并形成 66 项高推广价值五新技术成果，组织举办 17 期核电大讲堂，累计参与人数突破 12 万人。

6. 着力加强协会文化品牌建设。深度参与国家发改委“品牌协会成长计划”，成功入选首批 23 家全国性品牌协会成长计划行列，实现“深研究”和“助创新”两个重点方向成果入围典型案例，并作为两家推荐单位在2023年“国家品牌日”国际论坛上进行经验分享，梳理形成协会核心价值文化体系，开展协会办公场所文化环境建设。

7. 高水平组织开展国际合作与交流活动。成功组织举办以“双碳背景下核能高质量发展”为主题的“中国核能可持续发展论坛——2023年春季国际高峰会议”及系列活动，在中法双方联合举办3场系列核电交流研讨活动，与法国核工业协会等两家机构签署合作文件。

8. 成功举办核电工业国际展览活动。圆满完成第十五届中国国际核电工业展览会及系列活动，创新性地推动商业展与主题展相互协同、线下展与线上展相互融合，参展单位、参观人数和展览效益创历史最好水平。牵头组织中国企业以中国展团的形式参加第五届法国世界核工展，参展面积较上届大幅增长40%，成为除法国本土展团外最大的国家展团。

9. 核能公众沟通工作取得重要进展。协会联合四大核电集团面向社会公众开发“核能云端博物馆”，在2023年4月26日隆重开馆，当前访问量已超过10万人次，实现核能科普课程进党校。

10. 推动核能科技创新取得新成效。全年共征集核能科技奖评审创新成果292项，成功获得国家科技奖推荐资格，完成核能科技创新成果鉴定、专有技术评价、技术评审及咨询服务230余项，均创历史新高。

2023 年度中国核能行业协会科学技术奖获奖名单

一、科技进步奖获奖项目

序号	项目名称	主要完成单位	主要完成人	获奖等级
一等奖项目 4 项				
1	先进反应堆核级泵关键技术及工程应用	上海交通大学，上海阿波罗机械股份有限公司，佳木斯电机股份有限公司，沈阳鼓风机集团核电泵业有限公司，浙江大学宁波“五位一体”校区教育发展中心	王德忠 尹俊连 许 锐 陆金琪 潘 波 符 伟 顾希垚 郭小佳 姚学良 林 斌 振 柱 马惠萍 孙 琪 刘丁元 王战战	一等奖
2	基于交流电磁场感应和激光焊接的核设施水下缺陷检测和维修技术	上海核工程研究设计院股份有限公司，北京石油化工学院	邵长磊 张晓春 朱加雷 梅 乐 卞向南 贺小明 翁志敏 张俊宝 丛大志 黄 然 徐道平 沈光耀 钟 华 金 博 申思行 黄国军 张振雨 黄祥明 翁晨阳 李从伟	一等奖
3	非能动核电厂氢气缓解关键技术与设备研发	上海核工程研究设计院股份有限公司，中国船舶集团有限公司第七一八研究所	严锦泉 史国宝 黄高峰 薛山虎 宋春景 姜韶堃 方立凯 詹惠安 张 琨 曹克美 张 伟 潘如东 芦 苇 付廷造 顾春辉 陈延辉 乔鸿鹄 王佳赟 张梦威 卢燕芸	一等奖

续表

序号	项目名称	主要完成单位	主要完成人	获奖等级
4	大型压水堆核电站先进乏燃料干法贮存系统型号装备研制和应用	中广核工程有限公司，大亚湾核电运营管理有限责任公司，深圳中广核工程设计有限公司，广东核电合营有限公司，中广核铀业发展有限公司，中广核研究院有限公司	王　鑫　高景辉　潘跃龙　程　呈　李晓蔚　韦　力　廖蓉国　莫怀森　张学岭　景顺平　刘彦章　杨寿海　张文利　唐琼辉　卫媛媛　侯德毅　魏志国　刘　超　周骁凌　马庆俊	一等奖
二等奖项目 21 项				
5	船用核动力非能动安全系统可靠性分析技术	哈尔滨工程大学，中国人民解放军 92578 部队，核动力运行研究所	夏庚磊　王晨阳　刘新凯　李　韧　谭思超　张博文　成守宇　魏　巍　谢政权　张元东　孙觊琳　彭敏俊　赵　强　李　磊　薛若军	二等奖
6	核电设备可靠性数字化管理系统（ERMs）	核电运行研究（上海）有限公司，山东鲁软数字科技有限公司，杭州安脉盛智能技术有限公司，上海交通大学，中核武汉核电运行技术股份有限公司	王　欣　凌世情　曹双华　刘　双　陶佳林　刘志勇　邱韶阳　张福海　郭英端　孙丰诚　彭志科　何　栓　昌正科　王启峰　唐湘涛	二等奖
7	高温气冷堆在役检查技术研究	中核武汉核电运行技术股份有限公司，华能山东石岛湾核电有限公司，华能核能技术研究院有限公司，核动力运行研究所	尹　鹏　王庆武　蔡家藩　周　文　汪兆军　胡　啸　徐　安　甘文军　许远欢　徐华锋　刘　奎　孙海漩　王俊涛　李　铮　贾晶晶	二等奖
8	碳 [^{13}C]- 尿素原料药研发及产业化	深圳市中核海得威生物科技有限公司	沈桂富　王春玲　魏翠雯　袁书林　闫长斌	二等奖

续表

序号	项目名称	主要完成单位	主要完成人	获奖等级
9	“华龙一号”反应堆冷却剂泵组研制及工程化应用	哈尔滨电气动力装备有限公司，福建福清核电有限公司，中国核电工程有限公司，中国核动力研究设计院，生态环境部核与辐射安全中心	蔡　龙　刘祥松　盛志伟　徐　坚　王文彬　江　福　张贵滨　金　刚　杜鹏程　王泽宇　黄秀波　赵环宇　贾　允　王　岩　张林	二等奖
10	钠冷示范快堆蒸汽发生器关键制造技术及应用	东方电气（广州）重型机器有限公司，中国原子能科学研究院，中核霞浦核电有限公司	王卫东　刘晓鸿　江国焱　武志广　贝秋生　刘远彬　梁　化　李　恩　徐　磊　易　飞　王祥元　王慧翔　李　鑫　金　鑫　蒋宇晨	二等奖
11	三代核电核岛主设备承压边界关键结构形性调控焊接技术开发及应用	上海交通大学，上海电气核电设备有限公司	陆　皓　邓建国　余　春　孙志远　罗吾希　张茂龙　陈俊梅　罗　庆　许　杰　徐济进　吴　琼　钱红妹　鲁艳红　李晓冬　倪辉勇	二等奖
12	先进压水堆燃料组件设计关键软件研发	中国核动力研究设计院	周　毅　马　超　邢　硕　涂晓兰　尹春雨　秦　勉　张　坤　卢宗健　冯晋涛　黄永忠　郑乐乐　李　权　朱发文　李　华　何　梁	二等奖
13	新一代高性能锆合金研发	中国核动力研究设计院	杨忠波　邱绍宇　彭　倩　程竹青　高士鑫　易　伟　赵文金　潘钱付　卓　洪　张显鹏　邱　玺　王朋飞　吴　裕　邱　军　陈　勇	二等奖
14	核应急放射性核素扩散三维实时仿真技术	上海核工程研究设计院股份有限公司，中国人民解放军 92609 部队，西安交通大学	浦　祥　陈迎锋　王　炫　裴　娟　杜风雷　黄程鹏　崔艳艳　邱志靓　杨永新　姜昊宇　傅小城　王　雪　刘翠红　吕汶辉　张　奎	二等奖

续表

序号	项目名称	主要完成单位	主要完成人	获奖等级
15	秦山 320 MWe 核电机组提效增容技术研究与应用	中核核电运行管理有限公司，上海电气电站设备有限公司上海汽轮机厂，上海发电设备成套设计研究院有限责任公司，上海电气电站设备有限公司上海发电机厂，上海核工程研究设计院有限公司，中国电力工程顾问集团华东电力设计院有限公司	齐 涟 杨 宇 叶 成 邹远波 钱厚军 黄庆华 夏鲜良 贺小忠 丁大章 黄家运 山雪峰 陈富杰 史进渊 伍宙敏 曾庆娟	二等奖
16	聚变等离子体破裂控制的多物理态杂质注入技术及应用研究	核工业西南物理研究院	董云波 刘 仪 张铁泼 陈程远 高金明 李 栋 邓 玮	二等奖
17	一型 INF3 级乏燃料运输专用船	上海欣安航运有限公司，上海核工程研究设计院股份有限公司，深圳中广核工程设计有限公司，上海船舶研究设计院，宜昌达门船舶有限公司，嘉兴星网通信技术有限公司	王 军 姚国军 王梦琪 吴小康 杨寿海 明水林 王 唯 王丽华 钟 勇 吴录平 张 杰 张明杰 李晓辉 刘 杰 苏东亮	二等奖
18	20 万千万高温气冷堆示范工程建造关键技术	中国核工业二四建设有限公司，中国核工业二三建设有限公司	康增保 李文恒 高国新 张希旭 孙朝朋 曲文科 刘奎林 李新欣 张志强 丁永勇 王广思 李 旺 张 冷 田 野 吴书泰	二等奖
19	全国钍资源调查评价及成矿潜力预测技术研究	核工业北京地质研究院	范洪海 孟艳宁 陈金勇 钟 军 蔡煜琦 惠小朝 朱 斌 何德宝 孙远强 张濡亮 肖 为 陈东欢 邱林飞 耿瑞瑞 胡超男	二等奖

续表

序号	项目名称	主要完成单位	主要完成人	获奖等级
20	钠冷快堆工程主要设备安装工艺	中国核工业二三建设有限公司	范　凯　周志清　刘奎林　罗贤宝　陈　晨　袁　波　乾　龙　胡泽海　王宝迪　邱亿立　赖潮弟　胡忠民　李阿龙　宋吉久　柴贤明	二等奖
21	非岩石地基核工程地震反应分析关键技术研究及应用	中国核电工程有限公司，海南核电有限公司，中核霞浦核电有限公司	孙晓颖　张超琦　杨建华　王东洋　吴茜婷　蒋　迪　陈　健　马屹松　甘莹莹　王少杰　刘子乔　李云屹　冯　嘉　曲　勇　徐　旸	二等奖
22	120 keV—520 mA 电子帘加速器	中广核达胜加速器技术有限公司，中国科学院近代物理研究所	王西坡　周月东　张子民　朱焕铮　李中平　谭国庆　曹树春　许森飞　刘　铭　杨春名　李健辉　成　鹏　陆洁平　王晟煜　刘元林	二等奖
23	核级变送器抽真空充液关键技术研究及应用	中广核核电运营有限公司	陈永伟　李　元　邹洪先　邱河文　周新星　索凌平　胥籽任　滕　野　浦　黎　姜千帆	二等奖
24	高温气冷堆示范工程一回路非核调试技术研究与应用	华能山东石岛湾核电有限公司	叶　林　常重喜　赵　峰　陈光建　朱英杰　杨文明　黄俊平　严义杰　李振江　马　雷　杨　铎　李海泉　吴一帆，胡联群　张　倩	二等奖
25	门架式铀矿石品位在线测量系统	中广核铀业发展有限公司，中广核贝谷科技有限公司	张怀峰　陈　宁　蔡兴琪　李福龙　荣建锋　郝金龙　高　红　史蒂芬　徐　喆　秦超飞	二等奖
三等奖项目 52 项				
26	压水堆燃料组件流致振动磨损性能评价技术	上海核工程研究设计院股份有限公司，上海第一机床厂有限公司，上海交通大学，山东核电有限公司	干富军　徐时吟　郑铁雄　朱丽兵　景　益　苗富足　张　伟　戎卫东　张朝柱　丁　捷	三等奖

续表

序号	项目名称	主要完成单位	主要完成人	获奖等级
27	燃料组件真空离线啜吸检测技术研究	中核武汉核电运行技术股份有限公司，中核核电运行管理有限公司，西安中核核仪器股份有限公司，西安交通大学	廖昌斌 邓志新 郝庆军 龚雪琼 石中华 周 政 邹 森 程 檀 代前进 崔建新	三等奖
28	自主化核心燃料软件JASMINE 1.0开发与应用	中广核研究院有限公司	金 鑫 卫小艳 刘俿瀚 邓勇军 朱亚楠 王开元 聂立红 汪 洋 徐东风 厉井钢	三等奖
29	CF控制棒组件连接柄制造技术研究	中核建中核燃料元件有限公司	陈仲权 尹富斌 谭兰衍 张海发 谢 威 周奎刚 艾才垚 王保军 甘 露 徐 超	三等奖
30	二七二尾矿库矿泥固结固化关键技术及应用	中核第四研究设计工程有限公司，中核二七二铀业有限责任公司	李哲辉 蒋树武 李玉雷 郭大平 胡良才 赵 发 曾姣红 杨润生 于宝民 孙刚友	三等奖
31	基于先进控制技术的铀浓缩工厂辅助系统的智能化控制	中核陕西铀浓缩有限公司	林安吉 叶景涛 郝 荣 赵鲁宝 邢宝春 田 真 钟红芳 周立中 封学智 孙 丹	三等奖
32	鄂尔多斯盆地南部砂岩型铀矿综合勘查技术研究及找矿突破	核工业二〇三研究所	王江波 王晓鹏 武正乾 周 伟 王 凯 张 良 刘凯鹏 王奇辉 娄汉生 赵友东	三等奖
33	AFA3G芯块外观自动检测装置研制	中核北方核燃料元件有限公司，成都术有云视觉科技有限公司	郝新贵 凌 云 潘 彬 黄 田 张 宾 何 勇 曹 宇 王振宇 韩 磊 曹明明	三等奖

续表

序号	项目名称	主要完成单位	主要完成人	获奖等级
34	VVER 机组换料大修辐照剂量控制关键技术应用	江苏核电有限公司	邸明乐　谢卫平　赵喜寰　丁长龙　李中华　陈全利　马　飞　杨兴龙　潘同金　董海斌	三等奖
35	核电厂核取样与水化学在线监测技术研究及应用	中国核动力研究设计院，中广核工程有限公司，江苏核电有限公司	张军平　王　春　王广金　马韦刚　郑　华　邱　添　李杏伟　岑　琳　赵海江　侯　文	三等奖
36	重水堆压力管寿命评估技术研究及应用	中核核电运行管理有限公司，上海核工程研究设计院股份有限公司	赵传礼　孔德萍　陶　钧　石秀强　许　锋　郁光廷　鲍一晨　秦　川　陈明军　孟凡江	三等奖
37	核电厂数字化仪控系统性能提升和国产化改进关键技术研究	江苏核电有限公司，北京广利核系统工程有限公司	刘永生　管运全　史东亮　苏本新　李　伟　穆海洋　董保录　范辉先　谢国宝　黄　逸	三等奖
38	核电厂安全壳结构全域自动监测与寿命评估技术	中核武汉核电运行技术股份有限公司，中核核电运行管理有限公司，福建福清核电有限公司	王　振　马谷剑　王建乐　陈　森　张　锋　张江涛　阮彬标　桂　春　蒋达飞　陈银强	三等奖
39	核电厂复杂结构焊缝诊断、评价和修复成套技术开发及应用	中广核工程有限公司，深圳中广核工程设计有限公司，大亚湾核电运营管理有限责任公司，苏州热工研究院有限公司，中广核核电运营有限公司，中广核检测技术有限公司	邓小云　邱振生　李晓蔚　鲁　立　左智成　匡艳军　汤建帮　李守彬　熊志亮　杨　佳	三等奖
40	核电站主泵在线监测与智能诊断系统自主化研制	中国核动力研究设计院	何　攀　罗　能　蒋兆翔　庞天枫　杨泰波　刘才学　李朋洲　王广金　李　振　王　岩	三等奖

续表

序号	项目名称	主要完成单位	主要完成人	获奖等级
41	控制棒驱动机构密封焊缝维修技术	国核电站运行服务技术有限公司，上海核工程研究设计院股份有限公司	文 忠 俞照辉 闫国华 史骁辰 樊 钊 郝国锋 李 玮 刘 刚	三等奖
42	风险指引型在线维修技术研究和应用	中国核电工程有限公司，江苏核电有限公司	王怡明 李友谊 高 超 董方宇 于文革 杨晓燕 安 瑾 孙 扬 丁小 川 顾晓慧	三等奖
43	核电站控制棒驱动机构钩爪组件在役检查设备开发与应用	中广核检测技术有限公司，台山核电合营有限公司	马 超 朱传雨 祁 磊 张 洋 宁方卯 李 俊 吴健荣 高 超 刘小乐 钞旺成	三等奖
44	核电厂大型凝汽器运行可靠性提升关键技术研究及应用	苏州热工研究院有限公司，大亚湾核电运营管理有限责任公司，中广核核电运营有限公司，辽宁红沿河核电有限公司，福建宁德核电有限公司，台山核电合营有限公司	陈 杰 祖 帅 曾维鹏 车银辉 朱才华 张 强 龚明祥 蔡宝光 张绍然 熊少武	三等奖
45	高温气冷堆启停堆技术研究与应用	华能山东石岛湾核电有限公司，西安热工研究院有限公司	徐伟强 叶 林 马喜强 王 磊 徐校飞 黄 鹏 文发龙 姚 尧 崔 鹏 洪雨佳	三等奖
46	金属材料热电势检测与评估技术	福建宁德核电有限公司，苏州热工研究院有限公司	高禄平 蒲晶菁 高 超 陈志林 史芳杰 刘海涛 赵万祥 杨 璋 杨广宇 李乾武	三等奖
47	大型非能动核电厂堆芯冷却系统调试关键技术及专用装置研制与工程应用	上海核工程研究设计院股份有限公司，国核示范电站有限责任公司	杨 磊 周兴强 王建伟 胡国峰 杜炎刚 武心壮 任文星 陶 建 张德亮 马中杰	三等奖

续表

序号	项目名称	主要完成单位	主要完成人	获奖等级
48	国家科技重大专项“高温高压差电动控制阀”及严重事故卸压阀研发	中广核工程有限公司，深圳中广核工程设计有限公司	高学生 官梦凡 董鹏飞 李洪武 李予卫 张其先 杨广宏 蒋晓红 张浩然 刘 峤	三等奖
49	核电机组 MSR 先导式安全阀	哈电集团哈尔滨电站阀门有限公司，中广核工程有限公司，中广核核电运营有限公司，阳江核电有限公司	周 犊 万胜军 丁佳鹏 金 刚 钟 亮 孙明宇 彭钦春 陈乃斌 张 涛 李大猛	三等奖
50	示范快堆新乏组件转换桶关键制造技术攻关及工程应用	上海阿波罗机械股份有限公司，中核霞浦核电有限公司	陆金琪 罗 凯 姚学良 贝秋生 晋利群 胥根平 陶诗阳 何朝辉 朱 红 吴 晟	三等奖
51	CPR1000 机组一回路辅助系统全系列水过滤器滤芯的自主化研制及应用	中广核核电运营有限公司，普瑞奇科技（北京）股份有限公司	马普东 宋晨晨 马永清 柴宇东 廖支援 侯亚林 张立国 梅宗川 季宗涛 赵金波	三等奖
52	核级贫化醋酸锌制备与应用	三门核电有限公司，核工业理化工程研究院	吴元明 梅 方 侯 涛 周红艳 谢全新 丛艺坤 姜 磊 李于教 孟宪波 耿冰霜	三等奖
53	厚大断面球铁乏燃料容器极限服役温度断裂韧性测试技术研究与应用	雁栖湖基础制造技术研究院（北京）有限公司，中国核电工程有限公司，日月重工股份有限公司	马 力 李 宁 顾剑峰 王 庆 张永新 王文杰 周建军 詹乐昌 潘 俊 周 舟	三等奖
54	华龙一号反应堆冷却剂系统设备和管道金属保温层创新设计研发	中国核动力研究设计院，安徽应流集团霍山铸造有限公司	刘 威 周 永 何劲松 汤臣杭 沈厚平 张富源 沈平川 郭 君 余 平 蒲小芬	三等奖

续表

序号	项目名称	主要完成单位	主要完成人	获奖等级
55	光谱法主蒸汽管道泄漏监测系统	上海核工程研究设计院股份有限公司，陕西卫峰核电子有限公司	江　浩　夏　栓　王　颖　刘春丽　赵莹玉　牛婷婷　邸甲峻　施　伟　王胜光　吴雪琼	三等奖
56	千吨级铀浓缩工程用DN400转筒真空阀研制	中核第七研究设计院有限公司，中核苏阀科技实业股份有限公司	殷亚芳　吴　刚　刘　洋　徐咏斌　车　军　薛光磊　范国伟　钟　平　郭　琦　钟　雄	三等奖
57	“华龙一号”核岛厂房整体隔震技术研究及应用	中国核电工程有限公司，中核国电漳州能源有限公司，中国核工业二四建设有限公司	陈　健　李玉民　孙晓颖　隋春光　史晨程　靳金平　吴升国　王旋旋　任合欢　郝禄禄	三等奖
58	600MW高温气冷堆示范工程内部水淹概率安全分析	中核能源科技有限公司，清华大学，生态环境部核与辐射安全中心	石　琦　童节娟　孙　凤　杜志豪　谭方泉　卢　放　钟　山　赵　军　倪　曼　钱鸿涛	三等奖
59	等离子体三维物理效应的实验研究	核工业西南物理研究院	季小全　刘　仪　孙腾飞　郝广周　董春凤　胡世林　柯　锐　梁绍勇　高金明　李　旭	三等奖
60	核动力关键能动设备先进验证技术与应用	中国核动力研究设计院	湛　力　邢立淼　张　林　吴小飞　聂常华　郑　华　卓文彬　杨　平　谭术洋　刘　杰	三等奖
61	压水堆核电厂严重事故PIRT开发技术及应用	上海核工程研究设计院股份有限公司，国核示范电站有限责任公司	黄高峰　芦　苇　曹　臻　曹克美　张志利　王佳赟　张　琨　刘耀华　方立凯　付廷造	三等奖
62	先进核电双层安全壳结构建造及服役性能评价关键技术	中冶建筑研究总院有限公司，中国核能电力股份有限公司，中国核工业华兴建设有限公司，河北工业大学，中冶检测认证有限公司，北京冶核技术发展有限责任公司	杨忠勇　卿龙邦　卢铁忠　杨　尚　郭红晓　向　群　廖春生　罗　俊　李吉娃　王明涛	三等奖

续表

序号	项目名称	主要完成单位	主要完成人	获奖等级
63	华龙一号首堆试验关键技术研究与应用	中国核动力研究设计院，中国核电工程有限公司	刘昌文 王啸宇 吴 清 任 云 刘 勇 李海颖 冷贵君 赖建永 李 峰 钱立波	三等奖
64	核电厂火灾风险评价模型及应用技术研究	生态环境部核与辐射安全中心	史 强 左嘉旭 宋 维 张春明 靖剑平 田欣鹭 李炜炜 陈宝龙 王晓峰 方香云	三等奖
65	严重事故下堆芯下支承板失效评价方法研究及应用	生态环境部核与辐射安全中心	魏 超 李 春 张春明 刘巧凤 潘昕怿 杨志义 种毅敏 郭 超 朱光昱 唐 晖	三等奖
66	核电厂构筑物全寿期性能评价体系研究及应用	生态环境部核与辐射安全中心，中冶建筑研究总院有限公司，北京航空航天大学，中冶检测认证有限公司，北京工业大学	潘 蓉 李 亮 耿 岩 郭全全 张 璇 吴洁琼 杨智博 任国鹏 杨 宇 朱秀云	三等奖
67	先进压水堆核电厂 PSA 应用技术及配套风险管理技术研究	三门核电有限公司，中核核电运行管理有限公司，中国核电工程有限公司	黄伟兵 范福平 王珍琪 李 乐 冯楚然 陈伦寿 王子龙 李文静 邹胜佳 杨冠三	三等奖
68	新型 Kr-85 测厚源的研制	原子高科股份有限公司	梁斌斌 彭怡刚 王子默 巴伟伟 高 翔	三等奖
69	集团级核电网络安全纵深防御体系设计与建设	中广核智能科技（深圳）有限责任公司	春增军 张 勇 胡孔杰 叶力旋 黄福同 姚全兵 徐 康 郑 勇 朱旭东 颜振宇	三等奖
70	华龙一号总体运行标准体系研究	中国核电工程有限公司	陆 斌 杨庆明 易 珂 赵思桥 杜 宇 孙 茜 李 力 于爱民 刘海宇 刘家豪	三等奖

续表

序号	项目名称	主要完成单位	主要完成人	获奖等级
71	智能化核电厂应急管理综合平台研究	中核武汉核电运行技术股份有限公司，核动力运行研究所	谢明亮 魏 巍 侯雪燕 谢政权 戴 浩 冉晓隆 刘 伟 李 青 朱 彤 周 华	三等奖
72	核设施人因可靠性系统化提升技术研究	核动力运行研究所，中国核能电力股份有限公司，中核武汉核电运行技术股份有限公司	沈 阳 王国华 李红波 罗 俊 黄乃曦 宁 宇 夏立民 明 丹 沈曙光 朱东来	三等奖
73	核电厂工业控制系统边界网络安全防护方法研究及应用	中核武汉核电运行技术股份有限公司，中国核能电力股份有限公司	张 登 高汉军 曲 鸣 马文博 王俊凯 孙代杰 梁景煊 冯 蔚 尹 飞 潘 松	三等奖
74	和睦天盾核设施实物保护集成管理平台的研发与应用	中广核数字科技有限公司	闵长顺 刘泽林 张焕欣 吕秀红 程滢颖 张 亮 潘 锋 陈博奥 范新凯 康志伟	三等奖
75	核电站非安全级 DCS 整体在线升级仿真验证平台开发与应用	中广核核电运营有限公司	马德有 何桂波 谢光辉 张 海 辛成东 闻振江 李鹏飞 谭 翔 谢开明 董士杰	三等奖
76	物理模型与数据驱动融合的核主泵密封智能化健康管理系统	福建福清核电有限公司，清华大学	文 学 杨全超 黄伟峰 向先保 王玉明 吴 明 尹 源 费冬冬 何 强 杜鹏程	三等奖
77	核电厂全厂 DCS 平行系统技术研究及应用	中核武汉核电运行技术股份有限公司，中核核电运行管理有限公司	刘培邦 田 露 谢成龙 马 斌 汤晨瑾 李旭宁 聂 文 杨子华 祁 蔚 原上草	三等奖

二、技术发明奖获奖项目

序号	项目名称	主要完成单位	主要完成人	获奖等级
一等奖项目2项				
1	压水堆堆芯多层级中子学及多物理耦合分析技术与工程应用	西安交通大学	吴宏春　曹良志　万承辉　刘宙宇　李云召　祖铁军	一等奖
2	复杂低品位铀铌铅多金属矿绿色高效综合回收技术	核工业北京化工冶金研究院	刘志超　贾秀敏　马　嘉　李春风　李　广　强录德	一等奖
二等奖项目1项				
3	高温气冷堆燃料装卸系统新型阻流器研制及应用	华能核能技术研究院有限公司，华能山东石岛湾核电有限公司	汪景新　雷伟俊　吕华权　张振鲁　许　杰　孟东旺	二等奖

三、企业技术创新工程奖获奖项目

序号	项目名称	完成单位
1	中核核电运行管理有限公司运行许可证延续技术创新工程	中核核电运行管理有限公司

续表

序号	项目名称	完成单位
2	中国三代核电技术（华龙一号）西部首堆自主研发与应用创新工程	中广核工程有限公司
3	华龙一号技术融合与优化创新工程	华龙国际核电技术有限公司

四、创新团队奖获奖项目

序号	团队名称	主要支持单位	团队主要成员
1	上海核工程研究设计院先进核电标准体系创新团队	上海核工程研究设计院股份有限公司	郑明光 严锦泉 顾申杰 王明弹 田 林 丁振坤 付在伟 韩镇辉 刘 鑫 周 全 邱 健 张淑慧 黄小林 罗海涛 王弘昶
2	生态环境部核与辐射安全中心核动力厂软件评价和校核计算创新团队	生态环境部核与辐射安全中心	刘福东 高新力 左嘉旭 王昆鹏 王 亮 温 爽 贾 斌 乔雪冬 陈海英 田欣鹭 韩向臻 宋 维 韩静茹 石兴伟 安婕铷

五、青年优秀创新人物奖获奖人

序号	人物姓名	所在单位
1	肖瑶	上海交通大学

续表

序号	人物姓名	所在单位
2	王婷	中广核研究院有限公司
3	郝琛	哈尔滨工程大学
4	曹克美	上海核工程研究设计院股份有限公司
5	柴晓明	中国核动力研究设计院

2023 年中国核能行业协会组织的科技成果鉴定项目

序号	鉴定证书号	成果项目名称	鉴定性质	申请单位	鉴定日期
1	核协鉴字 [2023]001 号	事故后高精度压力和差压变送器国产化研制	技术鉴定	中国核电工程有限公司	2023 年 1 月 16 日
2	核协鉴字 [2023]002 号	华龙一号及后续机型重要设备网络化监测系统的研发与应用	技术鉴定	中国核电工程有限公司	2023 年 1 月 16 日
3	核协鉴字 [2023]003 号	安全级导波雷达液位计	技术鉴定	中国核电工程有限公司	2023 年 1 月 16 日
4	核协鉴字 [2023]004 号	高精度主给水超声波流量计	技术鉴定	中国核电工程有限公司	2023 年 1 月 16 日
5	核协鉴字 [2023]005 号	仪控就地箱元件	技术鉴定	中国核电工程有限公司	2023 年 1 月 16 日
6	核协鉴字 [2023]006 号	阀门用安全级限位开关	技术鉴定	中国核电工程有限公司	2023 年 1 月 16 日
7	核协鉴字 [2023]007 号	阀门用安全级阀位变送器	技术鉴定	中国核电工程有限公司	2023 年 1 月 16 日
8	核协鉴字 [2023]008 号	阀门用安全级电磁离合器	技术鉴定	中国核电工程有限公司	2023 年 1 月 16 日
9	核协鉴字 [2023]009 号	安全级气动调节阀气路组件	技术鉴定	中国核电工程有限公司	2023 年 1 月 16 日
10	核协鉴字 [2023]010 号	执行 C 类及以上功能的核电厂智能型仪控设备	技术鉴定	中国核电工程有限公司	2023 年 1 月 16 日
11	核协鉴字 [2023]011 号	核电厂用现场总线 / 无线传输智能流量、液位和分析仪	技术鉴定	中国核电工程有限公司	2023 年 1 月 16 日

续表

序号	鉴定证书号	成果项目名称	鉴定性质	申请单位	鉴定日期
12	核协鉴字 [2023]012 号	场所环境剂量率仪通信模块	技术鉴定	中国核电工程有限公司	2023 年 1 月 16 日
13	核协鉴字 [2023]013 号	核电厂现场总线电缆	技术鉴定	中国核电工程有限公司	2023 年 1 月 16 日
14	核协鉴字 [2023]014 号	1E 级柴油发电机组电子调速器国产化研制	产品鉴定	中国核电工程有限公司	2023 年 1 月 16 日
15	核协鉴字 [2023]015 号	1E 级柴油发电机组超速保护装置国产化研制	产品鉴定	中国核电工程有限公司	2023 年 1 月 16 日
16	核协鉴字 [2023]016 号	核反应堆控制棒用高安全性中子吸收材料研发及应用	技术鉴定	厦门大学	2023 年 2 月 1 日
17	核协鉴字 [2023]017 号	1E 级限位开关	产品鉴定	江苏利核仪控技术有限公司	2023 年 2 月 24 日
18	核协鉴字 [2023]018 号	高性能热塑性塑料基中子屏蔽材料	技术鉴定	中广核工程有限公司	2023 年 2 月 28 日
19	核协鉴字 [2023]019 号	高性能树脂基中子屏蔽材料	技术鉴定	中广核工程有限公司	2023 年 2 月 28 日
20	核协鉴字 [2023]020 号	先进有机硅辐射屏蔽材料研究	技术鉴定	中广核工程有限公司	2023 年 2 月 28 日
21	评审会，无编号	CASM320-H 乏燃料干法贮存容器试验大纲	评审会	中广核工程有限公司	2023 年 3 月 14 日
22	核协鉴字 [2023]021 号	模块化柔性直流静态棒电源系统技术研究与设备研制	产品鉴定	中国核动力研究设计院	2023 年 3 月 16 日
23	核协鉴字 [2023]022 号	核主泵机械密封可靠性提升及全尺寸多参数测试技术	技术鉴定	福建福清核电有限公司、大连鸿泽泵业有限公司、清华大学	2023 年 3 月 23 日

续表

序号	鉴定证书号	成果项目名称	鉴定性质	申请单位	鉴定日期
24	核协鉴字 [2023]023 号	基于工业互联网技术的集团公司安全环保信息化平台研究	技术鉴定	中核核信信息技术（北京）有限公司	2023 年 3 月 24 日
25	核协鉴字 [2023]024 号	冷喷涂修复技术在核电机械领域的应用	技术鉴定	中国科学院金属研究所	2023 年 3 月 30 日
26	核协鉴字 [2023]025 号	厚大断面球铁乏燃料容器极限服役温度断裂韧性测试技术研究与应用	技术鉴定	雁栖湖基础制造技术研究院（北京）有限公司	2023 年 4 月 6 日
27	核协鉴字 [2023]026 号	我国 WWER 机组在役检查技术优化研究	技术鉴定	雁栖湖基础制造技术研究院（北京）有限公司	2023 年 4 月 6 日
28	核协鉴字 [2023]027 号	CASM320-H 自主化乏燃料干法贮存系统	技术鉴定	中广核工程有限公司	2023 年 4 月 11 日
29	核协鉴字 [2023]028 号	核电厂消防垄断阀	产品鉴定	西安中核核仪器	2023 年 4 月 13 日
30	核协鉴字 [2023]029 号	核电厂用 DN40 消防栓系统	产品鉴定	西安中核核仪器	2023 年 4 月 13 日
31	核协鉴字 [2023]030 号	新型耐高温中子屏蔽材料	技术鉴定	中广核研究院有限公司	2023 年 4 月 17 日
32	核协鉴字 [2023]031 号	辐照改性特种橡胶	技术鉴定	中广核研究院有限公司	2023 年 4 月 17 日
33	核协鉴字 [2023]032 号	新型柔性屏蔽材料	技术鉴定	中广核研究院有限公司	2023 年 4 月 17 日
34	核协鉴字 [2023]033 号	核电厂在线硼表研发	技术鉴定	美核电气（济南）股份有限公司	2023 年 5 月 9 日
35	核协鉴字 [2023]034 号	非能动核电机组安全壳焊接施工工艺及配套焊材研究	技术鉴定	中国电建集团核电工程有限公司	2023 年 5 月 11 日

续表

序号	鉴定证书号	成果项目名称	鉴定性质	申请单位	鉴定日期
36	核协鉴字 [2023]035 号	国产三代核电站大型半速汽轮发电机组关键技术研究与应用	技术鉴定	中国电建集团核电工程有限公司	2023 年 5 月 11 日
37	核协鉴字 [2023]036 号	核电站核级 BOSS 焊缝无损检测技术	技术鉴定	中国电建集团核电工程有限公司	2023 年 5 月 11 日
38	核协鉴字 [2023]037 号	压水堆核电厂核岛控制棒驱动机构（CRDM）安装成套技术研究	技术鉴定	中国电建集团核电工程有限公司	2023 年 5 月 11 日
39	核协鉴字 [2023]038 号	核电主管道自动化焊接关键技术研究	技术鉴定	中国电建集团核电工程有限公司	2023 年 5 月 11 日
40	核协鉴字 [2023]039 号	研发的华龙一号反应堆理论设计、实验验证及工程实施	技术鉴定	中广核研究院有限公司	2023 年 5 月 13 日
41	核协鉴字 [2023]040 号	直流蒸汽发生器（OTSG）热工和控制系统设计与研究	技术鉴定	中广核研究院有限公司	2023 年 5 月 13 日
42	核协鉴字 [2023]041 号	自主三代核电厂“华龙一号”反应堆安全关键技术研究与应用	技术鉴定	中广核研究院有限公司	2023 年 5 月 13 日
43	核协鉴字 [2023]042 号	核级管道设计分析创新技术研究与工程应用	技术鉴定	中国核电工程有限公司	2023 年 5 月 16 日
44	核协鉴字 [2023]043 号	华龙一号应对蒸发器传热管破裂事故对策研究与应用	技术鉴定	中国核电工程有限公司	2023 年 5 月 16 日
45	核协鉴字 [2023]044 号	三代核电堆型结构整体隔震技术研究及应用	技术鉴定	中国核电工程有限公司	2023 年 5 月 16 日

续表

序号	鉴定证书号	成果项目名称	鉴定性质	申请单位	鉴定日期
46	核协鉴字 [2023]045 号	示范快堆高温管道蠕变分析技术研究与应用	技术鉴定	中国核电工程有限公司	2023 年 5 月 16 日
47	核协鉴字 [2023]046 号	土质地基核电厂地震反应分析关键技术研究及应用	技术鉴定	中国核电工程有限公司	2023 年 5 月 16 日
48	核协鉴字 [2023]047 号	风险指引型在线维修技术研究和应用	技术鉴定	中国核电工程有限公司	2023 年 5 月 16 日
49	核协鉴字 [2023]048 号	核电厂地震风险评价技术研究及应用	技术鉴定	中国核电工程有限公司	2023 年 5 月 16 日
50	核协鉴字 [2023]049 号	核电主给水超声波流量计国产化研发	产品鉴定	美核电气（济南）股份有限公司	2023 年 5 月 19 日
51	核协鉴字 [2023]050 号	核电厂安全壳厂房 LED 灯具开发研制	技术鉴定	深圳市海洋王照明工程有限公司	2023 年 5 月 23 日
52	核协鉴字 [2023]051 号	泄漏监测系统研发及应用	技术鉴定	中广核工程有限公司	2023 年 5 月 24 日
53	核协鉴字 [2023]052 号	华龙一号主回路系统设备设计研究及应用	技术鉴定	中广核工程有限公司	2023 年 5 月 24 日
54	核协鉴字 [2023]053 号	核电厂仪控数字化协同设计平台研发与应用	技术鉴定	中广核工程有限公司	2023 年 5 月 24 日
55	核协鉴字 [2023]054 号	核电厂电气系统安全性和可靠性分析与应用	技术鉴定	中广核工程有限公司	2023 年 5 月 24 日

续表

序号	鉴定证书号	成果项目名称	鉴定性质	申请单位	鉴定日期
56	核协鉴字 [2023]055 号	大型核电站反应堆冷却剂泵动密封关键技术自主研发与工程应用	技术鉴定	中广核工程有限公司	2023 年 5 月 24 日
57	核协鉴字 [2023]056 号	华龙一号核岛调节阀自主化研发及应用	技术鉴定	中广核工程有限公司	2023 年 5 月 24 日
58	核协鉴字 [2023]057 号	核电厂核岛结构内部灾害防护评价方法创新及应用	技术鉴定	中广核工程有限公司	2023 年 5 月 24 日
59	核协鉴字 [2023]058 号	核电厂双层安全壳密封舱关键技术与核心装备研发及应用	技术鉴定	中广核工程有限公司	2023 年 5 月 24 日
60	核协鉴字 [2023]059 号	中广核华龙一号示范项目热试准备关键技术创新及应用	技术鉴定	中广核工程有限公司	2023 年 5 月 24 日
61	核协鉴字 [2023]060 号	华龙一号 GDA 项目的技术创新与实践	技术鉴定	中广核工程有限公司	2023 年 5 月 24 日
62	核协鉴字 [2023]061 号	华龙一号核电厂反应堆结构研发及应用	技术鉴定	中广核工程有限公司	2023 年 5 月 24 日
63	核协鉴字 [2023]062 号	数智核电（整体鉴定）	技术鉴定	上海核工程研究设计院股份有限公司	2023 年 5 月 25 日
64	核协鉴字 [2023]063 号	SAF-14 燃料组件交混系数测量试验研究及应用	技术鉴定	上海核工程研究设计院股份有限公司	2023 年 5 月 25 日
65	核协鉴字 [2023]064 号	新法规体系下非能动核电厂安全评价改进创新及应用	技术鉴定	上海核工程研究设计院股份有限公司	2023 年 5 月 25 日

续表

序号	鉴定证书号	成果项目名称	鉴定性质	申请单位	鉴定日期
66	核协鉴字 [2023]065 号	风险指引型核电厂运维关键技术研究及应用	技术鉴定	上海核工程研究设计院股份有限公司	2023 年 5 月 25 日
67	核协鉴字 [2023]066 号	反应堆核岛设备复杂管束内热工水力行为多尺度分析技术开发与工程应用	技术鉴定	上海交通大学	2023 年 5 月 25 日
68	核协鉴字 [2023]067 号	核领域人员防护系列装备自主研发及应用	技术鉴定	中广核研究院有限公司	2023 年 5 月 26 日
69	核协鉴字 [2023]068 号	CEC(H)/K..C 系列国产化核安全级压力变送器	产品鉴定	中国核动力研究设计院	2023 年 5 月 30 日
70	核协鉴字 [2023]069 号	大型商用核电站汽轮机调节和保护系统整体升级项目	技术鉴定	大亚湾核电运营管理有限责任公司	2023 年 5 月 31 日
71	核协鉴字 [2023]070 号	大型商用核电站气闸门锁紧传动机构国产化技术研发及应用	技术鉴定	大亚湾核电运营管理有限责任公司	2023 年 5 月 31 日
72	核协鉴字 [2023]071 号	压水堆核电厂大修停堆维持高温高电位氧化方案	技术鉴定	大亚湾核电运营管理有限责任公司	2023 年 5 月 31 日
73	核协鉴字 [2023]072 号	AFA 系列乏燃料干法贮存技术研究及工程示范项目建成投用	技术鉴定	大亚湾核电运营管理有限责任公司	2023 年 5 月 31 日
74	核协鉴字 [2023]073 号	缩短核电机组大修关键路径的定期试验优化创新技术	技术鉴定	大亚湾核电运营管理有限责任公司	2023 年 5 月 31 日

续表

序号	鉴定证书号	成果项目名称	鉴定性质	申请单位	鉴定日期
75	核协鉴字 [2023]074 号	核电智能仓储移动化项目	技术鉴定	大亚湾核电运营管理有限责任公司	2023 年 5 月 31 日
76	核协鉴字 [2023]075 号	核电站 DCS 平台整体在线升级和系统优化改进	技术鉴定	大亚湾核电运营管理有限责任公司	2023 年 6 月 1 日
77	核协鉴字 [2023]076 号	配置风险管理	技术鉴定	大亚湾核电运营管理有限责任公司	2023 年 6 月 1 日
78	核协鉴字 [2023]077 号	生物样品组织自由水氚快速制备自动设备研发	技术鉴定	中核核电运行管理有限公司	2023 年 6 月 2 日
79	核协鉴字 [2023]078 号	核电机组三机无刷励磁系统国产化关键技术研究及应用	技术鉴定	中核核电运行管理有限公司	2023 年 6 月 2 日
80	核协鉴字 [2023]079 号	汽轮机轴瓦翻转工具设计研发	技术鉴定	中核核电运行管理有限公司	2023 年 6 月 2 日
81	核协鉴字 [2023]080 号	核辅厂房通风系统止回阀结构优及改造	技术鉴定	中核核电运行管理有限公司	2023 年 6 月 2 日
82	核协鉴字 [2023]081 号	高温气冷堆新型阻流器研制及应用	技术鉴定	华能核能技术研究院有限公司	2023 年 6 月 5 日
83	核协鉴字 [2023]082 号	管状类能力验证用试件的制造工艺	技术鉴定	国核电站运行服务技术有限公司	2023 年 6 月 7 日
84	核协鉴字 [2023]083 号	核电站水下燃料棒直径测量系统	技术鉴定	国核电站运行服务技术有限公司	2023 年 6 月 7 日

续表

序号	鉴定证书号	成果项目名称	鉴定性质	申请单位	鉴定日期
85	核协鉴字 [2023]084 号	控制棒驱动机构密封焊缝维修技术	技术鉴定	国核电站运行服务技术有限公司	2023 年 6 月 7 日
86	核协鉴字 [2023]085 号	全覆盖式固定超声水浸点聚焦控制棒检查技术与装置	技术鉴定	国核电站运行服务技术有限公司	2023 年 6 月 7 日
87	核协鉴字 [2023]086 号	AP / CAP 系列核电站顶盖在役检查系统国产化研制	技术鉴定	国核电站运行服务技术有限公司	2023 年 6 月 7 日
88	核协鉴字 [2023]087 号	辐射环境强适应型视频产品技术创新与应用	技术鉴定	国核电站运行服务技术有限公司	2023 年 6 月 7 日
89	核协鉴字 [2023]088 号	一型 INF3 级乏燃料运输专用船	产品鉴定	上海欣安航运有限公司	2023 年 6 月 8 日
90	核协鉴字 [2023]089 号	民用核安全设备无损检验人员资格管理优化研究及应用	技术鉴定	生态环境部核与辐射安全中心	2023 年 6 月 9 日
91	核协鉴字 [2023]090 号	核电厂运行事件报告制度关键技术研究	技术鉴定	生态环境部核与辐射安全中心	2023 年 6 月 9 日
92	核协鉴字 [2023]091 号	核电厂混凝土构筑物健康监测及评价技术研究	技术鉴定	生态环境部核与辐射安全中心	2023 年 6 月 9 日
93	核协鉴字 [2023]092 号	核电站地震紧急处置技术研究及示范应用	技术鉴定	生态环境部核与辐射安全中心	2023 年 6 月 9 日
94	核协鉴字 [2023]093 号	严重事故下堆芯下支承板失效评价方法研究	技术鉴定	生态环境部核与辐射安全中心	2023 年 6 月 9 日

续表

序号	鉴定证书号	成果项目名称	鉴定性质	申请单位	鉴定日期
95	核协鉴字 [2023]094 号	火灾 PSA 监管技术在 CAP1400 审评中的应用研究	技术鉴定	生态环境部核与辐射安全中心	2023 年 6 月 9 日
96	核协鉴字 [2023]095 号	中系技术规格书优化	技术鉴定	生态环境部核与辐射安全中心	2023 年 6 月 9 日
97	核协鉴字 [2023]096 号	国家核与辐射安全监管技术研发基地低本底实验室	技术鉴定	生态环境部核与辐射安全中心	2023 年 6 月 9 日
98	核协鉴字 [2023]097 号	CPR 机组堆外中子测量系统自主维修和可靠性诊断技术研究及应用	技术鉴定	中广核核电运营有限公司	2023 年 6 月 12 日
99	核协鉴字 [2023]098 号	发电机定子槽楔智能检测装置研发与应用	技术鉴定	中广核核电运营有限公司	2023 年 6 月 12 日
100	核协鉴字 [2023]099 号	百万千瓦级核电厂中低压配电设备运检技术创新与应用	技术鉴定	中广核核电运营有限公司	2023 年 6 月 12 日
101	核协鉴字 [2023]100 号	大中型机组多相无刷励磁系统故障的综合诊断及工程应用	技术鉴定	中广核核电运营有限公司	2023 年 6 月 12 日
102	核协鉴字 [2023]101 号	国内核电站首次非安全级 DCS 整体在线升级—仿真验证平台开发与应用	技术鉴定	中广核核电运营有限公司	2023 年 6 月 12 日
103	核协鉴字 [2023]102 号	核用辐照钴靶组件水下提取技术及应用	技术鉴定	中广核核电运营有限公司	2023 年 6 月 12 日

续表

序号	鉴定证书号	成果项目名称	鉴定性质	申请单位	鉴定日期
104	核协鉴字 [2023]103 号	三代核电站安全壳试验关键技术研究与应用	技术鉴定	中广核核电运营有限公司	2023 年 6 月 12 日
105	核协鉴字 [2023]104 号	核级紧固件新型防松垫片设计与工程应用研究	技术鉴定	中广核核电运营有限公司	2023 年 6 月 12 日
106	核协鉴字 [2023]105 号	RIC 指套管磨损处理技术创新及应用	技术鉴定	中广核核电运营有限公司	2023 年 6 月 12 日
107	核协鉴字 [2023]106 号	核电人员状态诊断系统开发及大修中应用	技术鉴定	中广核核电运营有限公司	2023 年 6 月 12 日
108	核协鉴字 [2023]107 号	门架式矿石品位在线测量系统	技术鉴定	中广核铀业发展有限公司	2023 年 6 月 12 日
109	核协鉴字 [2023]108 号	乏燃料多式联运体系关键技术研究与应用	技术鉴定	中广核铀业发展有限公司	2023 年 6 月 12 日
110	核协鉴字 [2023]109 号	压水堆堆芯多层级多物理虚实数据融合的先进分析技术及应用	技术鉴定	西安交通大学	2023 年 6 月 14 日
111	核协鉴字 [2023]110 号	AP1000 核电机组停堆除氢优化	技术鉴定	山东核电有限公司	2023 年 6 月 14 日
112	核协鉴字 [2023]111 号	AP1000 厂房多功能区域辐射监测仪研发	技术鉴定	山东核电有限公司	2023 年 6 月 14 日
113	核协鉴字 [2023]112 号	取水明渠口门外围浒苔导引网布设方案	技术鉴定	山东核电有限公司	2023 年 6 月 14 日
114	核协鉴字 [2023]113 号	核电厂 DCS 数据库数字化应用工具开发项目	技术鉴定	台山核电合营有限公司	2023 年 6 月 15 日

续表

序号	鉴定证书号	成果项目名称	鉴定性质	申请单位	鉴定日期
115	核协鉴字 [2023]114 号	高温气冷堆控制系统仿真验证平台的开发及应用	技术鉴定	西安热工研究院有限公司	2023 年 6 月 15 日
116	核协鉴字 [2023]115 号	三代核电核岛主设备关键结构焊接形性调控技术及应用	技术鉴定	上海电气核电设备有限公司	2023 年 6 月 16 日
117	核协鉴字 [2023]116 号	核电厂高精度金属滤芯研制	技术鉴定	华龙国际核电技术有限公司	2023 年 6 月 19 日
118	核协鉴字 [2023]117 号	高温气冷堆示范工程一回路无核调试技术的研究与验证	技术鉴定	华能山东石岛湾核电有限公司	2023 年 6 月 19 日
119	核协鉴字 [2023]118 号	高温气冷堆应急柴油发电机系统调试运行技术研究与应用	技术鉴定	华能山东石岛湾核电有限公司	2023 年 6 月 19 日
120	核协鉴字 [2023]119 号	高温气冷堆启停堆技术研究与应用	技术鉴定	华能山东石岛湾核电有限公司	2023 年 6 月 19 日
121	核协鉴字 [2023]120 号	基于国产 DCS 平台的应急柴油发电机组（EDG）控制保护系统研制与应用	技术鉴定	北京广利核系统工程有限公司	2023 年 6 月 20 日
122	核协鉴字 [2023]121 号	核电 DCS 自动化测试平台（TD_Base）研制与应用	技术鉴定	北京广利核系统工程有限公司	2023 年 6 月 20 日
123	核协鉴字 [2023]122 号	实物保护集成管理系统研制示范应用	技术鉴定	北京广利核系统工程有限公司	2023 年 6 月 20 日
124	核协鉴字 [2023]123 号	按“三化六防”要求构建的网络安全纵深防御体系规划与建设	技术鉴定	北京广利核系统工程有限公司	2023 年 6 月 20 日

续表

序号	鉴定证书号	成果项目名称	鉴定性质	申请单位	鉴定日期
125	核协鉴字 [2023]124 号	“华龙一号”反应堆冷却剂泵组研制及工程化应用	技术鉴定	哈尔滨电气动力装备有限公司	2023 年 6 月 21 日
126	核协鉴字 [2023]125 号	600MW 高温气冷堆示范工程内部水淹概率安全分析	技术鉴定	中核能源科技有限公司	2023 年 6 月 21 日
127	核协鉴字 [2023]126 号	高温气冷堆核电厂就地设备人因工程技术研究与应用	技术鉴定	中核能源科技有限公司	2023 年 6 月 21 日
128	核协鉴字 [2023]127 号	核电站应急柴油发电机组用橡胶膨胀节	技术鉴定	江苏永和高分子技术有限公司	2023 年 6 月 25 日
129	核协鉴字 [2023]128 号	核用稀土复合纳米气凝胶材料制备及应用技术研究	技术鉴定	中广核研究院有限公司	2023 年 6 月 26 日
130	核协鉴字 [2023]129 号	堆芯子通道分析软件 LINDEN V1 研发	技术鉴定	中广核研究院有限公司	2023 年 6 月 26 日
131	核协鉴字 [2023]130 号	铅基快堆主换热器传热管破裂事故原理试验研究	技术鉴定	中广核研究院有限公司	2023 年 6 月 26 日
132	核协鉴字 [2023]131 号	海洋条件下 CRDL 热态寿命试验技术研究	技术鉴定	中广核研究院有限公司	2023 年 6 月 26 日
133	核协鉴字 [2023]132 号	强 γ 场下核反应堆首次装料的堆内中子监测方法	技术鉴定	辽宁红沿河核电有限公司	2023 年 6 月 27 日
134	核协鉴字 [2023]133 号	大型核电机组发电能力提升关键技术研究与应用	技术鉴定	广西防城港核电有限公司	2023 年 6 月 28 日

续表

序号	鉴定证书号	成果项目名称	鉴定性质	申请单位	鉴定日期
135	核协鉴字 [2023]134 号	核级阀门密封唇焊增材修复及非接触耦合超声再鉴定评成套技术	技术鉴定	广西防城港核电有限公司	2023 年 6 月 28 日
136	核协鉴字 [2023]135 号	非能动安全系统可靠性分析与设计优化技术	技术鉴定	哈尔滨工程大学	2023 年 6 月 29 日
137	核协鉴字 [2023]136 号	先进核电双层安全壳结构建造及服役性能评价关键技术	技术鉴定	中冶建筑研究总院有限公司	2023 年 6 月 29 日
138	核协鉴字 [2023]137 号	骨架模拟栅元系统开发及应用	技术鉴定	中广核铀业发展有限公司	2023 年 6 月 30 日
139	核协鉴字 [2023]138 号	核电厂应急运行程序信息化系统（iSOP）	技术鉴定	苏州热工研究院有限公司	2023 年 6 月 30 日
140	核协鉴字 [2023]139 号	采用非放射性甲基碘进行碘吸附器净化效率测定技术	技术鉴定	苏州热工研究院有限公司	2023 年 6 月 30 日
141	核协鉴字 [2023]140 号	凝汽器单列运行可靠性提升关键技术研究及应用	技术鉴定	苏州热工研究院有限公司	2023 年 6 月 30 日
142	核协鉴字 [2023]141 号	核电厂重要设备智能化管理关键技术研究及应用	技术鉴定	苏州热工研究院有限公司	2023 年 6 月 30 日
143	核协鉴字 [2023]142 号	非能动核电高压限流文丘里管及试验装置	技术鉴定	山东核电设备制造有限公司	2023 年 7 月 25 日
144	核协鉴字 [2023]143 号	核电余热利用与集中供热供冷研究	技术鉴定	中广核苍南核电有限公司	2023 年 7 月 26 日
145	核协鉴字 [2023]144 号	PX 钢筋砼结构保护优化与耐久性监测	技术鉴定	中广核苍南核电有限公司	2023 年 7 月 26 日

续表

序号	鉴定证书号	成果项目名称	鉴定性质	申请单位	鉴定日期
146	核协鉴字 [2023]145 号	大型先进非能动核电站安全关键技术及应用	技术鉴定	上海核工程研究设计院股份有限公司	2023 年 7 月 28 日
147	核协鉴字 [2023]146 号	国产化防火金属复合板系统	产品鉴定	江苏金环科技有限公司	2023 年 8 月 17 日
148	核协鉴字 [2023]147 号	放射性废液热泵蒸发装置	产品鉴定	中国核电工程有限公司	2023 年 8 月 18 日
149	核协鉴字 [2023]148 号	放射性废物球墨铸铁 HIC	产品鉴定	上海核烨工程技术有限公司	2023 年 8 月 21 日
150	核协鉴字 [2023]149 号	疲劳监测和瞬态统计系统工程样机	产品鉴定	中国核动力研究设计院	2023 年 9 月 14 日
151	评审会，无编号	10kWe 高效紧凑的斯特林热电一体化空间核反应堆电源设计	评审会	北京卫星环境工程研究所	2023 年 9 月 22 日
152	核协鉴字 [2023]150 号	高温气冷堆氦气介质隔离阀	产品鉴定	中核苏阀科技实业股份有限公司	2023 年 9 月 26 日
153	核协鉴字 [2023]151 号	VVER 堆型破损燃料密封桶	产品鉴定	上海阿波罗机械股份有限公司	2023 年 9 月 27 日
154	核协鉴字 [2023]152 号	华龙一号中压安注泵	产品鉴定	上海阿波罗机械股份有限公司	2023 年 9 月 27 日
155	核协鉴字 [2023]153 号	核电站燃料组件及安全屏障完整性分析、预测、评价及干预	技术鉴定	阳江核电有限公司	2023 年 10 月 10 日
156	核协鉴字 [2023]154 号	核电厂冷源系统衬胶管道在役运维检测技术（EDSF）	技术鉴定	阳江核电有限公司	2023 年 10 月 10 日

续表

序号	鉴定证书号	成果项目名称	鉴定性质	申请单位	鉴定日期
157	核协鉴字 [2023]155 号	核电厂放射性废物先进减容减害技术研发与应用	技术鉴定	阳江核电有限公司	2023 年 10 月 10 日
158	核协鉴字 [2023]156 号	核电厂海水冷源系统腐蚀防护与治理成套技术开发与应用	技术鉴定	阳江核电有限公司	2023 年 10 月 10 日
159	核协鉴字 [2023]157 号	核电站一回路部件松脱诊断方法及系统开发与应用	技术鉴定	阳江核电有限公司	2023 年 10 月 10 日
160	核协鉴字 [2023]158 号	核电汽轮机下部防落物平台	技术鉴定	阳江核电有限公司	2023 年 10 月 10 日
161	核协鉴字 [2023]159 号	一种核电汽轮机低压转子膨胀量激光测量方法	技术鉴定	阳江核电有限公司	2023 年 10 月 10 日
162	核协鉴字 [2023]160 号	高温气冷堆一回路压力泄放系统安全阀原理样机	产品鉴定	华能核能技术研究院有限公司	2023 年 10 月 16 日
163	核协鉴字 [2023]161 号	核电厂可压实固体废物压实减容工艺设备研制	产品鉴定	上海核工程研究设计院股份有限公司	2023 年 10 月 18 日
164	核协鉴字 [2023]162 号	基于多物理场耦合模化准则理论的核电关键设备设计验证及工程应用	技术鉴定	上海核工程研究设计院股份有限公司	2023 年 10 月 20 日
165	核协鉴字 [2023]163 号	核电厂设备抗震安全验证拓展技术及试验验证	技术鉴定	上海核工程研究设计院股份有限公司	2023 年 10 月 20 日
166	核协鉴字 [2023]164 号	蒸汽发生器和主蒸汽管线声共振试验和分析评价技术及工程实践	技术鉴定	上海核工程研究设计院股份有限公司	2023 年 10 月 20 日

续表

序号	鉴定证书号	成果项目名称	鉴定性质	申请单位	鉴定日期
167	核协鉴字 [2023]165 号	核电厂主动降噪系统开发及应用	技术鉴定	上海核工程研究设计院股份有限公司	2023 年 10 月 20 日
168	核协鉴字 [2023]166 号	大角度、高速、重载、电机驱动型六自由度摇摆台	产品鉴定	上海核工程研究设计院股份有限公司	2023 年 10 月 20 日
169	核协鉴字 [2023]167 号	核电循环水系统设计及施工关键技术研究	技术鉴定	中国能源建设集团广东省电力设计研究院有限公司	2023 年 10 月 23 日
170	核协鉴字 [2023]168 号	高温气冷堆压力容器用 C 型密封环	产品鉴定	滨州双峰石墨密封材料有限公司	2023 年 10 月 24 日
171	核协鉴字 [2023]169 号	放射性固体废物气化熔融先进减容技术研发及应用	产品鉴定	中广核研究院有限公司	2023 年 10 月 31 日
172	核协鉴字 [2023]170 号	核电生命周期碳排放因子核算方法	技术鉴定	核电运行研究（上海）有限公司	2023 年 11 月 2 日
173	核协鉴字 [2023]171 号	大体积放射性固体废物测量装置	技术鉴定	核电运行研究（上海）有限公司	2023 年 11 月 2 日
174	核协鉴字 [2023]172 号	放射性废液微波干燥装置	技术鉴定	核电运行研究（上海）有限公司	2023 年 11 月 2 日
175	核协鉴字 [2023]173 号	M310 机组定期水压试验技术条件优化	技术鉴定	核电运行研究（上海）有限公司	2023 年 11 月 2 日
176	核协鉴字 [2023]174 号	大修关键路径优化	技术鉴定	核电运行研究（上海）有限公司	2023 年 11 月 2 日

续表

序号	鉴定证书号	成果项目名称	鉴定性质	申请单位	鉴定日期
177	核协鉴字 [2023]175 号	VVER 核电厂低压配电设备运维模式优化的研究及应用	技术鉴定	江苏核电有限公司	2023 年 11 月 2 日
178	核协鉴字 [2023]176 号	VVER 机组凝汽器海水室拉筋及抽真空管道结构改进研制	技术鉴定	江苏核电有限公司	2023 年 11 月 2 日
179	核协鉴字 [2023]177 号	核电机组智能化的运行支持平台开发与应用	技术鉴定	江苏核电有限公司	2023 年 11 月 2 日
180	核协鉴字 [2023]178 号	VVER 机组全范围模拟机仿真平台俄共仪表国产化替代研究	技术鉴定	江苏核电有限公司	2023 年 11 月 2 日
181	核协鉴字 [2023]179 号	中子法硼表在核电站应用中的创新	技术鉴定	江苏核电有限公司	2023 年 11 月 2 日
182	核协鉴字 [2023]180 号	功构一体六边形硼不锈钢无缝钢管	产品鉴定	中国核动力研究设计院	2023 年 11 月 8 日
183	核协鉴字 [2023]181 号	华龙一号控制棒驱动机构 Y 型熔化环自主化研制	技术鉴定	上海第一机床厂有限公司	2023 年 11 月 10 日
184	核协鉴字 [2023]182 号	百万千瓦级压水堆核电站汽轮机再热阀轴承国产化研发	产品鉴定	中国航发北京航空材料研究院	2023 年 11 月 14 日
185	核协鉴字 [2023]183 号	华龙一号、EPR 核岛辅助系统水过滤器金属滤芯国产化研发项目	产品鉴定	安泰科技股份有限公司	2023 年 11 月 15 日
186	核协鉴字 [2023]184 号	高温气冷堆石墨球制备关键技术研究	技术鉴定	辽宁国瑞新材料有限公司	2023 年 11 月 17 日
187	核协鉴字 [2023]185 号	非能动核电厂放射性水过滤器滤芯和油过滤器滤芯系列产品	产品鉴定	上海核工程研究设计院股份有限公司	2023 年 11 月 21 日

续表

序号	鉴定证书号	成果项目名称	鉴定性质	申请单位	鉴定日期
188	核协鉴字 [2023]186 号	核级特种控制阀设计制造关键技术及工程应用	技术鉴定	中核苏阀科技实业股份有限公司	2023 年 11 月 22 日
189	核协鉴字 [2023]187 号	在役核电厂蒸汽发生器 / 主管道封堵机器人系统	技术鉴定	中广核工程有限公司	2023 年 11 月 22 日
190	核协鉴字 [2023]188 号	核电厂操纵人员执照考核机考技术研究及应用	技术鉴定	中核武汉核电运行技术股份有限公司	2023 年 11 月 22 日
191	核协鉴字 [2023]189 号	基于大数据和语义分析的核电厂经验反馈精准检索和智能推送关键技术研究	技术鉴定	中核武汉核电运行技术股份有限公司	2023 年 11 月 22 日
192	核协鉴字 [2023]190 号	工控安全检测评估及攻防演练技术及应用	技术鉴定	中核武汉核电运行技术股份有限公司	2023 年 11 月 22 日
193	核协鉴字 [2023]191 号	换热器传热管涡流检测信号处理与分析技术	技术鉴定	中核武汉核电运行技术股份有限公司	2023 年 11 月 22 日
194	核协鉴字 [2023]192 号	核电厂贯穿件内管道环焊缝自动超声检验技术研究	技术鉴定	中核武汉核电运行技术股份有限公司	2023 年 11 月 22 日
195	核协鉴字 [2023]193 号	核电厂蒸汽发生器高效排污阻垢分散剂研究及应用	技术鉴定	中核武汉核电运行技术股份有限公司	2023 年 11 月 22 日
196	核协鉴字 [2023]194 号	核电厂重要阀门零部件自主化研制	产品鉴定	上海一核阀门股份有限公司	2023 年 11 月 24 日
197	核协鉴字 [2023]195 号	核电厂重要阀门（气动截止阀）零部件自主化研制	产品鉴定	上海一核阀门股份有限公司	2023 年 11 月 24 日

续表

序号	鉴定证书号	成果项目名称	鉴定性质	申请单位	鉴定日期
198	核协鉴字 [2023]196 号	核电厂重要阀门（调节阀）零部件自主化研制	产品鉴定	吴忠仪表有限责任公司	2023 年 11 月 24 日
199	核协鉴字 [2023]197 号	核电厂重要阀门零部件自主化研制 - 止回阀	产品鉴定	大连大高阀门股份有限公司	2023 年 11 月 24 日
200	核协鉴字 [2023]198 号	百万千瓦级压水堆核电站汽轮机再热阀国产轴封	产品鉴定	中密控股股份有限公司	2023 年 11 月 28 日
201	核协鉴字 [2023]199 号	放射性废油蒸汽重整处理装置	产品鉴定	中国核动力研究设计院	2023 年 11 月 30 日
202	核协鉴字 [2023]200 号	600MW 钠冷快堆不锈钢产品研制	产品鉴定	上海电气上重铸锻有限公司	2023 年 12 月 7 日
203	核协鉴字 [2023]201 号	华龙一号、EPR 核岛辅助系统水过滤器非金属滤芯国产化研发	产品鉴定	普瑞奇科技（北京）股份有限公司	2023 年 12 月 8 日
204	核协鉴字 [2023]202 号	核电用系列化抗震锚栓	产品鉴定	中国核电工程有限公司	2023 年 12 月 10 日
205	核协鉴字 [2023]203 号	钢珠定位碟形弹簧组研制	产品鉴定	上海毅骋工程技术有限公司	2023 年 12 月 13 日
206	核协鉴字 [2023]204 号	华龙一号余热排出泵	产品鉴定	上海阿波罗机械股份有限公司	2023 年 12 月 14 日
207	核协鉴字 [2023]205 号	新型高阻燃聚乙烯基屏蔽材料	技术鉴定	安徽应流久源核能新材料科技有限公司	2023 年 12 月 19 日
208	核协鉴字 [2023]206 号	基于 FPGA 的显控平台	产品鉴定	国核自仪系统工程有限公司	2023 年 12 月 25 日
209	核协鉴字 [2023]207 号	核级设备用焊接材料—16MND5 钢用非熔化极气体保护焊丝研制	技术鉴定	天津市金桥焊材集团股份有限公司	2023 年 12 月 27 日

续表

序号	鉴定证书号	成果项目名称	鉴定性质	申请单位	鉴定日期
210	核协鉴字 [2023]208 号	核级设备用焊接材料—不锈钢焊条研制	技术鉴定	天津市金桥焊材集团股份有限公司	2023 年 12 月 27 日
211	核协鉴字 [2023]209 号	锚栓综合测试平台	技术鉴定	中国核电工程有限公司	2023 年 12 月 10 日

中国核能行业协会

协会治理及组织架构

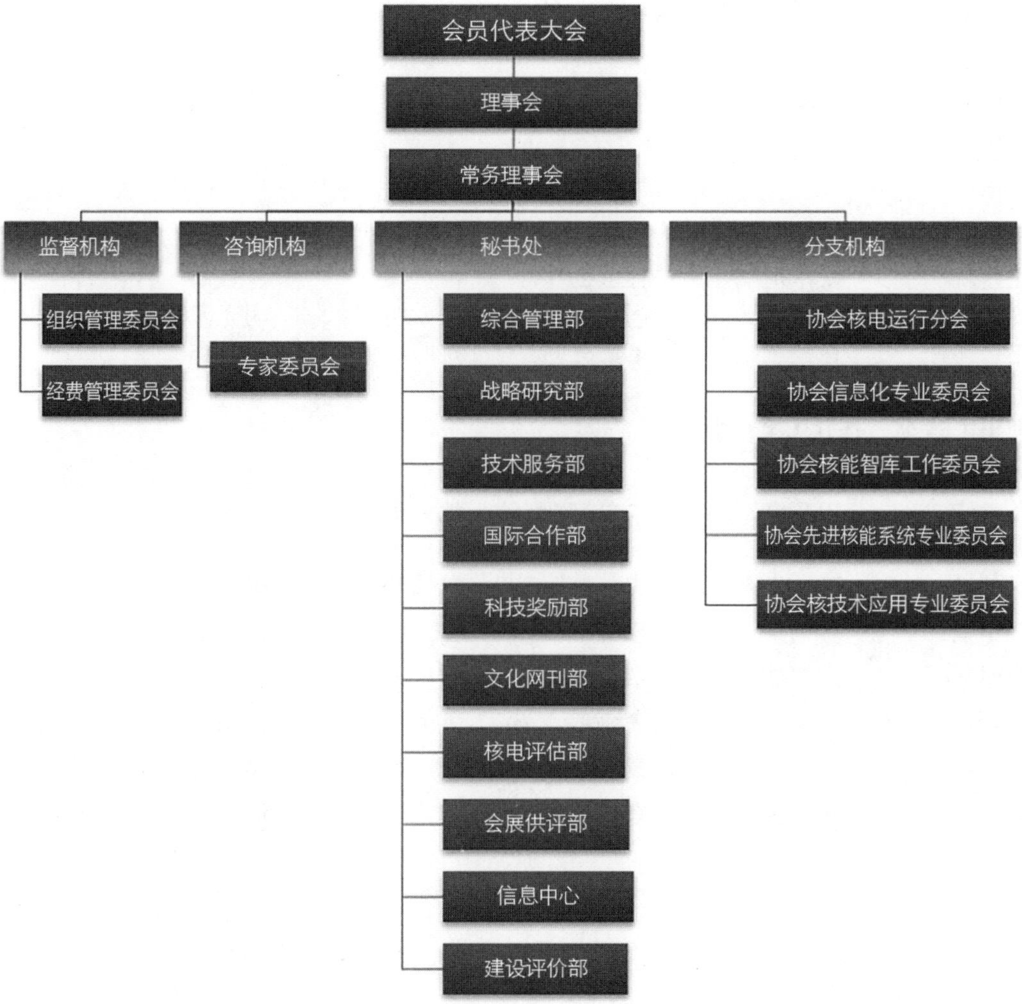

第三届理事会名单（截至2023年底）

轮值理事长：（空缺）

副理事长兼秘书长：张廷克

副理事长（13名，按姓氏笔画为序）：

王文宗	王凤学	王丛林	卢铁忠	李卫东	陈宝智
张作义	张海权	邵建明	高 峰	高立刚	曹述栋
蒋兴华					

常务理事（17名，按姓氏笔画为序）：

庄建新	安军靖	孙玉良	汤 勇	汪映荣	陆金琪
庞 可	和建生	尚宪和	胡 明	胡守印	邱志强
赵一兵	徐鹏飞	黄文有	姚照红	戴金华	

理事（55名，按姓氏笔画为序）：

万 骥	王德桂	王贵洪	邓正平	冯守佳	关先林
孔学峰	田辉宇	朱向东	池雪丰	吕宏伟	孙永滨
龙茂雄	苏立新	陆冬青	李松柏	李江颖	吴贲华
吴郁龙	陈 文	陈 凯	陈伟仲	陈伟杰	陈国才
陈小强	陈周晓	陈义学	但 军	范福平	周 永
周建平	郑建能	郑砚国	郑伟平	张文辉	张福海
张乐福	高宏树	高海潮	郭爱华	柯国土	孟琰彬
单建强	胡国峰	黄 飞	杨 波	葛 飞	韩恩厚
路云岩	柳和生	秦余新	梁光扶	谌继明	蔡翔舟
阙为民					

中国核能行业协会会员名录

一、副理事长单位

1. 中国核工业集团有限公司
2. 中国广核集团有限公司
3. 国家电力投资集团有限公司
4. 中国华能集团有限公司
5. 中国大唐集团有限公司
6. 国家能源投资集团有限责任公司
7. 中国长江三峡集团有限公司
8. 哈尔滨电气集团有限公司
9. 中国东方电气集团有限公司
10. 上海电气集团股份有限公司
11. 清华大学
12. 中国核能电力股份有限公司
13. 中国核工业建设股份有限公司
14. 中国核动力研究设计院
15. 大亚湾核电运营管理有限责任公司
16. 中核北方核燃料元件有限公司

二、常务理事单位

1. 核电秦山联营有限公司
2. 华能山东石岛湾核电有限公司
3. 华能核电开发有限公司
4. 江苏核电有限公司
5. 秦山核电有限公司
6. 秦山第三核电有限公司
7. 香港核电投资有限公司（中电控股有限公司）
8. 中国核工业地质局
9. 中广核铀业发展有限公司
10. 电力规划总院有限公司
11. 中国核电工程有限公司
12. 中广核研究院有限公司

13. 中广核工程有限公司
14. 中国核工业华兴建设有限公司
15. 宝银特种钢管有限公司
16. 广东省能源集团有限公司
17. 清华大学核能与新能源技术研究院
18. 国核示范电站有限责任公司
19. 上海阿波罗机械股份有限公司
20. 中国船舶重工集团公司第七一九研究所
21. 江苏海龙核科技股份有限公司
22. 中核战略规划研究总院有限公司
23. 中核工程咨询有限公司
24. 中国电力建设集团有限公司
25. 中国能源建设集团有限公司

三、理事单位

1. 中国核工业二三建设有限公司
2. 上海市核电办公室
3. 海盐县核电产业发展服务局
4. 山东核电有限公司
5. 三门核电有限公司
6. 辽宁红沿河核电有限公司
7. 阳江核电有限公司
8. 福建宁德核电有限公司
9. 福建福清核电有限公司
10. 中核四 0 四有限公司
11. 中核陕西铀浓缩有限公司
12. 中核建中核燃料元件有限公司
13. 中国电力工程顾问集团华东电力设计院有限公司
14. 中国原子能科学研究院
15. 中核第七研究设计院有限公司
16. 国防科工局核技术支持中心
17. 生态环境部核与辐射安全中心
18. 核工业北京化工冶金研究院

19. 核工业理化工程研究院
20. 核动力运行研究所
21. 中国中原对外工程有限公司
22. 中国核工业第二二建设有限公司
23. 中国核工业二四建设有限公司
24. 中国核工业第五建设有限公司
25. 中国一重集团有限公司
26. 二重（德阳）重型装备有限公司
27. 上海电气核电设备有限公司
28. 上海自动化仪表有限公司
29. 上海第一机床厂有限公司
30. 东方电气（广州）重型机器有限公司
31. 西安核设备有限公司
32. 中核苏阀科技实业股份有限公司
33. 哈尔滨工程大学
34. 东华理工大学
35. 南华大学
36. 中国原子能工业有限公司
37. 上海工业自动化仪表研究院有限公司
38. 海南核电有限公司
39. 中国科学院金属研究所
40. 台山核电合营有限公司
41. 苏州热工研究院有限公司
42. 广东正超电气有限公司
43. 成都海光核电技术服务有限责任公司
44. 华龙国际核电技术有限公司
45. 核工业井巷建设集团有限公司
46. 中核控制系统工程有限公司
47. 中核检修有限公司
48. 江苏铁锚玻璃股份有限公司
49. 上海核工程研究设计院股份有限公司
50. 大全集团有限公司
51. 浙江宏伟供应链集团股份有限公司

52. 中核（上海）供应链管理有限公司
53. 中核辽宁核电有限公司
54. 中核国电漳州核电有限公司
55. 兴原认证中心有限公司
56. 中核能源科技有限公司
57. 中核兰州铀浓缩有限公司
58. 中广核核电运营有限公司
59. 广西防城港核电有限公司
60. 北京广利核系统工程有限公司
61. 国家电投集团科学技术研究院有限公司
62. 华能霞浦核电有限公司
63. 西安热工研究院有限公司
64. 上海电气凯士比核电泵阀有限公司
65. 上海交通大学
66. 西安交通大学
67. 核电运行研究（上海）有限公司
68. 核工业西南物理研究院
69. 中核环保有限公司
70. 陕西卫峰核电子有限公司
71. 中广核陆丰核电有限公司
72. 中国科学院上海应用物理研究所
73. 华能海南昌江核电有限公司
74. 中核霞浦核电有限公司
75. 中国宝原投资有限公司
76. 中电投广西核电有限公司
77. 江西核电有限公司
78. 国核湛江核电有限公司
79. 国核铀业发展有限责任公司
80. 同方知网数字出版技术股份有限公司
81. 中国大唐集团核电有限公司

四、会员单位

1. 中国能源建设集团广东省电力设计研究院有限公司

2. 上海发电设备成套设计研究院
3. 中国核工业中原建设有限公司
4. 北京和利时系统工程股份有限公司
5. 东方电气集团东方锅炉股份有限公司
6. 哈尔滨锅炉厂有限责任公司
7. 哈尔滨汽轮机厂有限责任公司
8. 上海电气电站设备有限公司—上海电站辅机厂
9. 上海电气电站设备有限公司—上海发电机厂
10. 上海电气电站设备有限公司—上海汽轮机厂
11. 上海电气上重铸锻有限公司
12. 上海中核浦原有限公司
13. 福建省核电办公室
14. 中核二七二铀业有限责任公司
15. 新疆中核天山铀业有限公司
16. 湖北三〇三库
17. 吉林省核工业地质局
18. 青海省核工业地质局
19. 中陕核工业集团公司
20. 核工业北京地质研究院
21. 中核第四研究设计工程有限公司
22. 核工业工程研究设计有限公司
23. 中核核信信息技术（北京）有限公司
24. 中国辐射防护研究院
25. 核工业西南勘察设计研究院有限公司
26. 中国能源建设集团安徽电力建设第二工程公司
27. 中国能源建设集团广东火电工程有限公司
28. 中国能源建设集团浙江火电建设有限公司
29. 中核投资有限公司
30. 大连宝原核设备有限公司
31. 大连大高阀门有限公司
32. 上海一核阀门制造有限公司
33. 浙江三方控制阀股份有限公司
34. 浙江中控技术有限公司

35. 西南科技大学
36. 沈阳东管电力科技集团股份有限公司
37. 常州八益电缆有限公司
38. 国核电站运行服务技术有限公司
39. 中国平安财产保险股份有限公司
40. 核工业管理干部学院（核工业培训中心）
41. 大连深蓝泵业有限公司
42. 国核电力规划设计研究院有限公司
43. 中国能源建设集团湖南省电力设计院有限公司
44. 上海阀门五厂有限公司
45. 国核宝钛锆业股份公司
46. 江苏华光电缆电器有限公司
47. 安徽电缆股份有限公司
48. 国核自仪系统工程有限公司
49. 烟台台海玛努尔核电设备有限公司
50. 浙江中达新材料股份有限公司
51. 嘉兴多角电线电缆股份有限公司
52. 陕西中环机械有限责任公司
53. 宁波奥崎自动化仪表设备有限公司
54. 中国建筑第二工程局有限公司
55. 山东电力工程咨询院有限公司
56. 中国核保险共同体
57. 厦门大学能源研究院
58. 通裕重工股份有限公司
59. 江苏神通阀门股份有限公司
60. 上海阀门厂股份有限公司
61. 常州电站辅机总厂有限公司
62. 哈尔滨天达控制工程有限公司
63. 江苏省核应急办公室
64. 中国原子能出版社传媒有限公司
65. 陕西柴油机重工有限公司
66. 江苏申港锅炉有限公司
67. 南京新核复合材料有限公司

68. 浙江电力建设工程咨询有限公司
69. 浙江泰索科技有限公司
70. 江苏华冠电器集团有限公司
71. 苏州宝骅密封科技股份有限公司
72. 常熟市辐射技术开发应用研究所
73. 中电华元核电工程技术有限公司
74. 东方电气（武汉）核设备有限公司
75. 湖南核电有限公司
76. 中广核核技术发展股份有限公司
77. 中核河南核电有限公司
78. 中核核电运行管理有限公司
79. 苏州纽威阀门股份有限公司
80. 浙江苍南仪表集团东星能源科技有限公司
81. 上海森永工程设备有限公司
82. 雁栖湖基础制造技术研究院（北京）有限公司
83. 中国钢研科技集团有限公司
84. 哈电集团（秦皇岛）重型装备有限公司
85. 浙江阳光时代律师事务所
86. 国家电投集团电站运营技术中心（北京）有限公司
87. 大连海密梯克泵业有限公司
88. 宁波天生密封件有限公司
89. 浙江久立特材科技股份有限公司
90. 浙江创想节能科技有限公司
91. 中国科学院合肥物质科学研究院
92. 江苏爵格工业集团有限公司
93. 连云港经济技术开发区管理委员会
94. 四川沱江起重机有限公司
95. 中国船舶重工集团公司第七〇三研究所无锡分部
96. 西陇化工股份有限公司
97. 中国核建高温堆控股有限公司
98. 青岛东卡环保工程技术有限公司
99. 中核嘉华设备制造股份公司
100. 中核华电河北核电有限公司

101. 辽宁伊菲科技股份有限公司
102. 杭州邦胜自动化科技有限公司
103. 舟山市正源标准件有限公司
104. 浙江咸亨国际通用设备有限公司
105. 中核浙能能源有限公司
106. 北京群源电力科技有限公司
107. 国核华清（北京）核电技术研发中心有限公司
108. 滨州双峰石墨密封材料有限公司
109. 中核四川环保工程有限公司
110. 四川华都核设备制造有限公司
111. 北京雷蒙赛博核装备技术研究有限公司
112. 美核电气（济南）有限公司
113. 中核深圳凯利集团有限公司
114. 中国电建集团上海能源装备有限公司
115. 上海昱章电气股份有限公司
116. 河南核净洁净技术有限公司
117. 颂锐机电科技（上海）有限公司
118. 四川汇通能源装备制造股份有限公司
119. 山东远大特材科技股份有限公司
120. 河北宏润核装备科技股份有限公司
121. 四川省核工业辐射测试防护院
122. 上海大学
123. 江苏省特种设备安全监督检验研究院无锡分院
124. 中国电建集团核电工程有限公司
125. 上海材料研究所有限公司
126. 保定天威保变电气股份有限公司
127. 国电南瑞科技股份有限公司
128. 江苏焱鑫科技股份有限公司
129. 西安西电变压器有限责任公司
130. 科华恒盛股份有限公司
131. 咸宁核电有限公司
132. 上海凯研机械设备有限公司
133. 河北创科电子科技有限公司

134. 中核启迪科技（北京）有限公司
135. 扬州诚德钢管有限公司
136. 上海纳川核能新材料技术有限公司
137. 核安核电装备技术有限公司
138. 厦门融福电子科技有限公司
139. 江苏达科智能科技有限公司
140. 北京博华信智科技股份有限公司
141. 金瑞致达（北京）科技股份有限公司
142. 扬州工业职业技术学院
143. 华北电力大学
144. 工业和信息化部电子第五研究所
145. 清华海峡研究院（厦门）
146. 中冶检测认证有限公司
147. 北京亚明联合技术发展有限公司
148. 天津市申科技术开发有限公司
149. 上海纳信实业有限公司
150. 深圳市创致新能源科仪有限公司
151. 上海核星核电科技有限公司
152. 北京世纪三拓科技有限公司
153. 沈阳中科腐蚀控制工程技术有限公司
154. 德州艾荷过滤设备有限公司
155. 江苏华洋新思路能源装备股份有限公司
156. 信和新材料股份有限公司
157. 山东伊莱特重工股份有限公司
158. 沈阳三科核电设备制造股份有限公司
159. 中国人民财产保险股份有限公司
160. 西安翌飞核能装备股份有限公司
161. 江苏新华合金电器有限公司
162. 湖南镭目科技有限公司
163. 上海和运工程咨询有限公司
164. 上海莺千新材料科技发展有限公司
165. 纳斯泰克核电技术有限公司
166. 浙江中核金鼎不锈钢有限公司

167. 江苏永和高分子技术有限公司
168. 成都方大炭炭复合材料股份有限公司
169. 万纳神核控股集团有限公司
170. 江苏新恒基特种装备股份有限公司
171. 中国船舶重工集团公司第七一八研究所
172. 湖南工学院
173. 江苏道众能源科技有限公司
174. 中核华纬工程设计研究有限公司
175. 普瑞奇科技（北京）股份有限公司
176. 中广核惠州核电有限公司
177. 中广核苍南核电有限公司
178. 中咨工程管理咨询有限公司
179. 许昌美特桥架股份有限公司
180. 浙江国泰萧星密封材料股份有限公司
181. 中核机械工程有限公司
182. 深圳市核鹏工程监理有限责任公司
183. 浙江海盐力源环保科技股份有限公司
184. 浙江爱力浦科技股份有限公司
185. 浙江上风高科专风实业股份有限公司
186. 广东腐蚀科学与技术创新研究院
187. 贵州航天新力铸锻有限责任公司
188. 成都中科合迅科技有限公司
189. 北京中安瑞力科技有限公司
190. 中国能源建设集团浙江省电力设计院有限公司
191. 成都天保节能环保工程有限公司
192. 南京凯略能源科技有限公司
193. 中航光电科技股份有限公司
194. 湖南湘投金天科技集团有限责任公司
195. 四川凯满核电设备有限公司
196. 西西埃热能（南京）有限公司
197. 贵州玉屏清洁热能有限公司
198. 中核华辰建筑工程有限公司
199. 浙江远算科技有限公司

200. 苏州久美玻璃钢股份有限公司
201. 厦门奥普拓自控科技有限公司
202. 江苏上上电缆集团有限公司
203. 中原运维海外工程有限公司
204. 中国科学院新疆理化技术研究所
205. 重庆市伟岸测器制造股份有限公司
206. 华能信息技术有限公司
207. 达丰兆茂投资集团有限公司
208. 北京博清科技有限公司
209. 时风工业技术（上海）有限公司
210. 圣同智能机械设备（上海）有限公司
211. 广州华盟信息科技有限公司
212. 南京奥特自动化有限公司
213. 湖南鑫海股份有限公司
214. 河北军辉安防科技股份有限公司
215. 四川六合特种金属材料股份有限公司
216. 航天晨光股份有限公司
217. 同方威视技术股份有限公司
218. 深圳市宝新宇机电设备有限公司
219. 兰州兰石换热设备有限责任公司
220. 合肥新沪屏蔽泵有限公司
221. 无锡恒业电热电气有限公司
222. 广东本安本质安全研究有限公司
223. 斯坦德检测集团股份有限公司
224. 上海核原环保科技有限公司
225. 中核港航工程有限公司
226. 上海电器科学研究所（集团）有限公司
227. 中咨工程有限公司
228. 华能核能技术研究院有限公司
229. 苏州雷泰医疗科技有限公司
230. 沈阳鼓风机集团核电泵业有限公司
231. 山东蓝孚高能物理技术股份有限公司
232. 河北玉核科技有限公司

233. 浙江省辐射环境监测站（生态环境部辐射环境监测技术中心）
234. 中国华电集团有限公司
235. 中国广核电力股份有限公司
236. 国电投核能有限公司
237. 兰州大学
238. 一重集团大连核电石化有限公司
239. 核工业华东建设工程集团有限公司
240. 中核燕龙科技有限公司
241. 中核山东核能有限公司
242. 哈尔滨电气动力装备有限公司
243. 浙江浙能电力股份有限公司
244. 国防科工局核应急响应技术支持中心
245. 大连精工自控仪表成套技术开发公司
246. 杭州百子尖科技股份有限公司
247. 上海前山管道技术有限公司
248. 石家庄先楚核能装备股份有限公司
249. 北京浩朴科技有限公司
250. 中核同创（上海）科技发展有限公司
251. 中子科学国际研究院
252. 成都盛帮密封件股份有限公司
253. 杭州安脉盛智能技术有限公司
254. 深圳市中电加美电力技术有限公司
255.EDF（中国）投资有限公司
256. 日立（中国）有限公司
257. 魏德米勒电联接国际贸易（上海）有限公司
258. 欧安诺（北京）科技有限公司
259. 瓦卢瑞克核电管材（广州）有限公司
260. 合瑞迈（上海）材料科技有限公司
261. 西屋电气（亚洲）有限公司北京代表处
262. 艾默生电气（中国）投资有限公司
263. 必维质量技术服务（上海）有限公司
264. 富迪斯工程技术（上海）有限公司
265. 法马通（北京）科技有限公司

266. 山东核电设备制造有限公司
267. 中国航发北京航空材料研究院
268. 北京江河润泽工程管理咨询有限公司
269. 杭州灵伴科技有限公司
270. 上海核烨工程技术有限公司
271. 东方法马通核泵有限责任公司
272. 广东建盛高新材料有限公司
273. 观为监测技术无锡股份有限公司
274. 浙江颐核医疗科技有限公司
275. 中广核智能科技（深圳）有限责任公司
276. 常州格林电力机械制造有限公司
277. 核工业第八研究所
278. 西安中核核仪器股份有限公司
279. 北京诺华制药有限公司
280. 四川佳世特橡胶有限公司
281. 北京启迪敏行管理咨询有限公司
282. 德新钢管（中国）有限公司
283. 北京慧流科技有限公司
284. 烟台金润核电材料股份有限公司
285. 广州景欣复合材料有限公司
286. 深圳图为技术有限公司
287. 西安冠能中子探测技术有限公司
288. 江苏星河阀门有限公司
289. 浙江力高泵业科技有限公司
290. 浙江路帆智能装备科技有限公司
291. 武汉蓝辉机电设备有限公司
292. 宁波蓝盾新材料科技有限公司
293. 北京启明星辰信息安全技术有限公司
294. 罗维智联(北京)科技有限公司
295. 中广核（北京）仿真技术有限公司
296. 杭州炽橙数字科技有限公司
297. 北京挪拉斯坦特芬通信设备有限公司
298. 上海欣安航运有限公司

299. 广州广哈通信股份有限公司
300. 济南中科核技术研究院
301. 格林堡绿色建设科技有限公司
302. 山东山大华天软件有限公司
303. 武汉久源电力有限公司
304. 北京达美盛软件股份有限公司
305. 山东领潮新材料有限公司
306. 长飞光纤光缆股份有限公司
307. 山东鲁阳节能材料股份有限公司
308. 浙江伦特机电有限公司
309. 杭州航天电子技术有限公司
310. 中广核数字科技有限公司
311. 重庆再升科技股份有限公司
312. 北京五隆兴科技发展有限公司
313. 南方风机股份有限公司
314. 中铁隧道集团二处有限公司

图书在版编目（CIP）数据

中国核能年鉴 . 2024 年卷 / 中国核能行业协会编 .
北京 : 中国原子能出版社 , 2024. 11. -- ISBN 978-7
-5221-3847-3
Ⅰ . F426.23-54
中国国家版本馆 CIP 数据核字第 2024LL3434 号

中国核能年鉴 · 2024 年卷

出版发行	中国原子能出版社 (北京市海淀区阜成路 43 号 100048)
特邀编辑	何 玲
责任编辑	胡晓彤
责任校对	刘 铭
责任印制	赵 明
印　　刷	北京中科印刷有限公司
经　　销	全国新华书店
开　　本	787 mm × 1092 mm 1/16
印　　张	17.25　　字　　数 340 千字
版　　次	2024 年 11 月第 1 版 2024 年 11 月第 1 次印刷
书　　号	ISBN 978-7-5221-3847-3　　定　　价 128.00 元

网址：http://www.china-nea.cn/

ISBN 978-7-5221-3847-3
9 787522 138473 >